电子信息前沿技术丛书

Apress®

Deep Reinforcement Learning with Python
With PyTorch, TensorFlow and OpenAI Gym

Python
深度强化学习

使用PyTorch, TensorFlow 和 OpenAI Gym

［印］尼米什·桑吉（Nimish Sanghi）著

罗俊海 译

清華大學出版社
北京

北京市版权局著作权合同登记号　图字：01-2021-7341

First published in English under the title

Deep Reinforcement Learning with Python：With PyTorch，TensorFlow and OpenAI Gym

by Nimish Sanghi，edition：first edition

Copyright © 2021 by Nimish Sanghi

This edition has been translated and published under licence from

APress Media，LLC，part of Springer Nature.

图书在版编目(CIP)数据

Python 深度强化学习：使用 PyTorch，TensorFlow 和 OpenAI Gym/(印)尼米什·桑吉著；罗俊海译. —北京：清华大学出版社，2022.8
(电子信息前沿技术丛书)
ISBN 978-7-302-60772-4

Ⅰ.①P…　Ⅱ.①尼…②罗…　Ⅲ.①软件工具—程序设计　Ⅳ.①TP311.561

中国版本图书馆 CIP 数据核字(2022)第 076069 号

责任编辑：文　怡　李　晔
封面设计：王昭红
责任校对：郝美丽
责任印制：刘海龙

出版发行：清华大学出版社
　　　　　网　　　址：http://www.tup.com.cn，http://www.wqbook.com
　　　　　地　　　址：北京清华大学学研大厦 A 座　　　邮　　　编：100084
　　　　　社　总　机：010-83470000　　　　　　　　　邮　　　购：010-62786544
　　　　　投稿与读者服务：010-62776969，c-service@tup.tsinghua.edu.cn
　　　　　质量反馈：010-62772015，zhiliang@tup.tsinghua.edu.cn
　　　　　课件下载：http://www.tup.com.cn，010-83470236
印　装　者：艺通印刷(天津)有限公司
经　　　销：全国新华书店
开　　　本：185mm×260mm　　印　　张：15.25　　　　字　　　数：372 千字
版　　　次：2022 年 10 月第 1 版　　　　　　　　　　印　　　次：2022 年 10 月第 1 次印刷
印　　　数：1～2500
定　　　价：69.00 元

产品编号：093876-01

前言

PREFACE

本书涵盖了强化学习从基础到高级的大部分知识。本书假设读者没有强化学习的基础,希望读者可以通过本书熟悉机器学习的基础知识,特别是监督学习。在正式阅读本书之前,我想先问读者几个问题。你是否使用过 Python?你是否习惯使用 NumPy 和 scikit-learn 这样的库?你是否听说过深度学习并在 PyTorch 或 TensorFlow 中探索过训练简单模型的基本构建块?如果你对这些问题的答案都是"是",那么这本书将对你有很大的帮助。如果不是,建议你先学习或回顾这些概念,查阅关于这些问题的在线教程或书籍。

本书将带领读者了解强化学习的基础知识,在前几章中我们将花费大量时间来解释一些概念。如果读者已经了解强化学习的相关知识,那么可以快速浏览前 4 章。从第 5 章开始,我们将探索将深度学习与强化学习相结合的方法。GitHub 上托管的配套代码是本书不可分割的一部分。虽然本书包含相关代码的代码块,但代码库中的 Jupyter notebooks 提供了有关这些算法编程的更多见解和实用技巧。读者最好先阅读对应的章节及其代码,然后在 Jupyter notebooks 中研究代码。我们也鼓励读者尝试重写代码,为 OpenAI Gym 库中的不同附加环境训练智能体。

对于深度学习这样的学科,数学是免不了的。但是,我们已尽力将其保持在最低难度。本书引用了许多研究论文,对所采取的方法做了简短的解释。读者如果想要深入了解该理论,那么可以阅读原文。本书旨在向读者介绍该领域许多最新技术的动机和高级算法。但是并没有提供这些技术的完整理论理解,读者可以通过阅读原始论文来研究学习。

本书由 10 章组成。

第 1 章"强化学习导论"介绍了一些相关背景和强化学习如何改变智能机器的真实案例。还介绍了 Python 和相关库的安装,以便读者可以运行本书附带的代码。

第 2 章"马尔可夫决策"详细定义了我们在强化学习领域试图解决的问题。我们讨论了智能体和环境,并深入探讨了奖励、价值函数、模型和策略。我们还研究了各种不同的马尔可夫过程,构建了贝尔曼方程。

第 3 章"基于模型的算法"重点介绍了模型的设置以及智能体如何规划其行动以获得最优结果。我们探索了 OpenAI Gym 环境库,它实现了许多我们将在本书中用于编码和测试算法的常见环境。最后,探讨了"策略迭代"和"价值迭代"的规划方法。

第 4 章"无模型方法"讨论了无模型学习方法。在这种设置下,智能体可以不了解环境/模型。它与环境交互并利用奖励通过试错法来学习最优策略。我们专门研究了蒙特卡洛(Monte Carlo,MC)方法和时序差异(Temporal Difference,TD)学习方法。我们首先分别研究这两种方法，然后在 n-步回报和资格迹的概念下将两者结合起来。

第 5 章"函数逼近"着眼于系统状态从离散（第 4 章之前的情况）变为连续状态的设置。我们研究了如何使用参数化函数来表示状态并带来可扩展性。首先，我们讨论了传统的函数逼近方法，尤其是线性逼近方法。然后，介绍了使用基于深度学习的模型作为非线性函数逼近器的概念。

第 6 章"深度 Q-学习"深入探讨了 DeepMind，成功展示了如何将深度学习和强化学习结合在一起，设计出能够学习玩 Atari 等电子游戏的智能体。首先，我们探讨了 DQN（Deep Q Network）的工作原理以及需要做哪些调整才能使其学习。然后，分析了 DQN 的各种变体，并附有详细的代码示例，包括 PyTorch 和 TensorFlow。

第 7 章"策略梯度算法"将重点转移到在无模型设置中直接学习好的策略的方法。前几章的方法都是先学习价值函数，然后使用这些价值函数来优化策略。本章首先讨论直接策略优化方法的理论基础，然后讨论各种方法，包括一些近期非常成功的算法，并在 PyTorch 和 TensorFlow 中实现了它们。

第 8 章"结合策略梯度和 Q-学习"介绍了如何结合基于值的 DQN 和策略梯度方法来充分利用这两种方法的优势。它还使我们设计出可以在连续动作空间中运行的智能体，这在第 7 章之前的方法下是不容易实现的。我们特别关注 3 种流行的策略：深度确定性策略梯度（Deep Deterministic Policy Gradient，DDPG）、双延迟 DDPG（Twin Delayed DDPG，TD3）和软演员-评论家（Soft Actor Critic，SAC）。与前几章一样，我们在 PyTorch 和 TensorFlow 中有全面的实现，以帮助读者掌握该主题。

第 9 章"综合规划与学习"将第 3 章中的基于模型的方法和第 4～8 章中的无模型方法相结合，探讨了使此类集成成为可能的一般框架。还解释了蒙特卡洛树搜索（Monte Carlo Tree Search，MCTS）以及如何使用它来训练可以击败围棋冠军的 AlphaGo。

第 10 章"进一步的探索与后续工作"综述了强化学习的各种其他扩展，包括可扩展的基于模型的方法、模仿和逆学习、无导数方法、迁移学习和多任务学习以及元学习等概念。广阔的覆盖范围有助于读者全面了解相关的新概念，而不会迷失在细节中。

配套代码

CONTENTS

## 第1章

强化学习导论

强化学习是目前发展最快的学科之一,它有助于使人工智能成为现实。深度学习与强化学习的结合带来了许多重大进步,使机器越来越接近人类的行为方式。本书将从基础知识开始,帮助读者掌握该领域的一些最新发展。本书使用 PyTorch 和 TensorFlow 将理论(精简数学运算)和代码实现很好地结合在一起。

本章将为读者准备好后续所需的基础知识,以便继续阅读本书的其余部分。

1.1 强化学习概述

所有的智能生物都是从获得一些知识开始发展的。然而,当他们与世界互动并获得经验时,他们学会了适应环境,并变得更善于处理事情。在 1994 年 *Wall Street Journal* 的一篇专栏文章中,给出了如下的智能的定义:

智能是一种非常普遍的心理能力,包括推理、计划、解决问题、抽象思考、理解复杂思想、快速学习和从经验中学习的能力。它不仅仅是一种书本知识、狭义的学术技能或应试技巧。相反,它反映了一种更广泛、更深层次的理解周围环境的能力——“获悉”“理解”事物,或者“弄清楚”该做什么。

机器环境中的智能称为**人工智能**(Artificial Intelligence,AI)。牛津词典对人工智能的定义如下:

计算机系统的理论和发展的执行通常需要人类的智能,如视觉感知、语音识别、决策和语言之间的翻译。

这就是我们将在本书中学习的内容:帮助机器(智能体)与环境交互,并不断从其成功、失败和反馈奖励中学习,最终获得拥有执行任务能力的算法的理论和设计。最初,人工智能是将解决方案设计为一系列可以用逻辑和数学符号表示的规则。这些规则由编入知识库的信息集合组成。人工智能系统的设计还包括一个推理引擎,该引擎用户可以查询知识库,并结合单个规则/知识链进行推理。这些系统也称为**专家系统**、**决策支持系统**等。然而,人们很快意识到这些系统太脆弱了。随着问题复杂性的增加,编纂知识或建立一个有效的推理系统的难度也呈指数级增加。

强化学习的现代概念是由两条各自发展的线程结合而来。首先是最优控制的概念。在解决最优控制问题的许多方法中，理查德·贝尔曼在 1950 年提出了动态规划这一学科，我们将在本书中广泛地使用它。然而，动态规划不涉及学习。这都是关于使用贝尔曼递归方程来规划各种选项的空间。我们将在第 2 章和第 3 章详细讨论这些方程。第二条线程是试错学习，它起源于动物训练心理学。爱德华·桑代克是第一个用明确术语描述试错学习这个概念的人。他进行了以下描述：

在几种对同一情形做出的反应中，那些使动物意愿得到满足的反应，在其他条件相同的情况下，将与该情况更加紧密地联系在一起，因此，当这种情形再次发生时，这些反应就更有可能再次发生；那些使动物意愿无法得到满足的事物的反应，在其他条件相同的情况下，会使它们与这种情况的联系减弱，因此，当这种情况再次发生时，这些反应就不太可能发生。满足感或不适感越强，这种联系的加强或减弱就会越大。

我们将在第 7 章关于策略梯度的内容中看到增加好结果发生率和减少坏结果发生率的概念。

在 20 世纪 80 年代，这两个领域合并形成了现代强化学习领域。在过去的十年中，随着强大的深度学习方法的出现，强化学习与深度学习相结合正在产生非常强大的算法，可以使人工智能在未来成为现实。如今的强化系统通过与世界互动来获取经验，并通过总结经验，学会根据它们与世界互动的结果来优化行动。其中，专家知识并没有明确的准则。

1.2 机器学习分类

机器学习从提供给系统的数据中学习，以便系统能够执行指定的任务。系统没有明确被告知如何执行任务。相反，它与数据一起呈现，并且系统根据拟定的目标学习执行某些任务。阅读本书前，需要读者熟悉机器学习的概念，因为我们不会对此进行更多说明。

机器学习方法传统上分为三大类，如图 1-1 所示。

机器学习的三个分类在学习系统可用的"反馈"的意义上有所不同。下面将展开讨论。

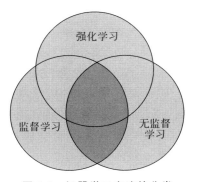

图 1-1　机器学习方法的分类

1.2.1　监督学习

在监督学习中，系统需要使用标记的数据来进行训练，目的是泛化知识，使新的未标记数据能够被标记。我们考虑这样的情况：将猫和狗的图像与具有猫或狗的图像的标记一起呈现给系统。输入数据表示为一组数据 $D = (x_1, y_1), (x_2, y_2), \cdots, (x_n, y_n)$，其中 $x_1, x_2, \cdots, x_n$ 为单个图像的像素值，$y_1, y_2, \cdots, y_n$ 为各自图像的标记。例如，0 表示猫的图像，1 表示狗的图像。系统/模型接收该输入，并学习从图像 x_i 到标记 y_i 的映射。训练完成后，用新的图像 x' 来表示这个系统，根据图像是猫或者是狗，来预测标记 y' 等于 0 或 1。

这是一个系统学习将输入分类到正确的类别中的分类问题。另一种类型的问题是回归问题,比如我们希望根据房子的特征预测房子的价格。输入训练数据再次表示为 $D = (x_1, y_1), (x_2, y_2), \cdots, (x_n, y_n)$。输入是 $x_1, x_2, \cdots, x_n$,其中每个输入 x_i 都是一个具有特定属性的向量,例如一所房子的房间数量、面积和前面草坪的大小等。该系统的标记是 y_i,即房屋的市场价值。该系统使用具有许多房屋数据的输入来学习输入特征值 x_i 与房屋价值 y_i 的映射。然后用向量 x' 来表示训练后的模型,该向量包含了新房子的特征,该模型预测新房子的市场价值 y'。

1.2.2 无监督学习

无监督学习中没有标签,它只有输入 $D = x_1, x_2, \cdots, x_n$。系统使用这些数据来学习数据的隐藏特征,从而能将数据聚类/分类到几个大类中。在学习后,当系统出现一个新的数据点 x' 时,它可以将新的数据点匹配到某一个学习过的集群(类别)中。与监督学习不同的是,每个类别都没有明确的含义。一旦数据被聚集到一个类别中,我们就可以根据集群中最常见的属性为它赋予一些意义。无监督学习的另一个用途是利用底层输入数据来了解数据分布,以便随后可以查询系统以生成新的合成数据点。

很多时候,无监督学习被用于特征提取,并将其输入到监督学习系统。通过对数据进行聚类,我们可以首先识别到隐藏的特征,并将数据映射到一个低维空间。有了这种低维数据,监督学习就能够更快地学习。这里使用无监督学习作为特征提取器。

还有另一种使用无监督学习的方法。考虑这样一种情况:假设已经拥有了少量的标记数据和大量的未标记数据。首先,将标记的数据和未标记的数据聚集在一起。接下来,在每个这样的集群中,基于该集群中的标记数据的强度,为未标记的数据分配标记。我们基本上是利用标记数据为未标记的数据分配标签。然后将完全标记的数据输入监督学习算法,以此来训练分类系统。这种结合监督和无监督学习的方法称为**半监督学习**。

1.2.3 强化学习

首先,让我们看一个例子——尝试设计一种能够自行驾驶的自动驾驶汽车。我们有一辆车,称为**智能体**,也就是说,一个系统或一个算法正在学习自己驾驶。这是学习驾驶的一种**行为**。当它的当前坐标、速度和运动方向组合为数字向量时,我们称这些向量为它的**当前状态**。智能体使用其当前状态来决定踩刹车还是踩油门。它还利用这些信息转动方向盘以改变汽车的运动方向。"刹车/加速"和"汽车转向"的组合决策称为**动作**。特定的当前状态映射到特定的动作被称为**策略**。智能体的动作如果是好的,就会产生好的结果;如果是坏的,就会产生坏的结果。智能体使用该结果的反馈来评估其动作的有效性。作为反馈的结果被称为智能体在特定状态下以特定方式行动所获得的**奖励**。根据当前状态及其动作,汽车将达到一组新的坐标、速度和方向。然后智能体根据其在上一步中的动作就会发现自己处于的**新状态**。那是谁提供了这一结果并决定了新状态呢?答案是汽车的周围环境,它是汽车/智能体无法控制的东西。将智能体无法控制的所有其他事物称为**环境**。本书将详细解释以上提到的每一个术语。

在这种设置中,系统以状态向量、采取的动作和获得的奖励的形式提供的数据是连续且相关的。基于智能体所采取的行动,从环境中获得的下一个状态和奖励可能会发生巨大的变化。在前面的自动驾驶汽车的例子中,想象有一个行人在汽车前面过马路。在这种情况下,踩油门还是踩刹车会产生非常不同的结果。踩油门可能会导致行人和车内人员受伤,汽车受损。踩刹车可以避免任何坏情况,在道路畅通后,汽车可以继续前进。

在强化学习中,智能体不具有系统的先验知识。它收集反馈,并利用反馈来计划/学习动作,以最大化地实现特定的目标。由于智能体最初没有足够的环境信息,它必须通过探索来收集信息。一旦收集了"足够"的知识,它就需要利用这些知识来开始调整自己的动作,以最大化地实现它所追求的目标。难点在于智能体没有办法知道探索什么时候是"足够的"。一方面,如果智能体在获得了足够知识后还继续探索,试图收集已经不存在的新信息,就会浪费资源。另一方面,如果智能体过早地假设它已经收集了足够的知识,那么它可能会基于不完整的信息进行优化,导致表现不佳。该继续探索新信息还是利用已知信息的问题是强化学习算法中反复出现的核心主题。当我们在这本书中讨论不同的动作优化算法时,就会看到这个问题一次又一次地出现。

1.2.4　核心元素

强化学习系统可以分为4个关键组成部分：策略、奖励、价值函数和环境模型。

策略是构成智能体的智力的部分。智能体通过与环境交互来感知环境的当前状态,例如机器人从系统中获得视觉和其他的感官输入,也称为环境的当前状态或机器人感知到的当前观测数据。机器人就像一个智能实体,使用当前的信息和可能的历史来决定下一步要做什么,也就是执行什么动作。策略将状态映射到智能体所采取的动作。策略可以是确定的。换句话说,对于给定的环境状态,智能体采取的是一个固定的动作。有时策略也可以是随机的；换句话说,对于给定的状态,智能体可以采取多种可能的动作。

奖励指智能体试图实现的目标。考虑一个机器人试图从点 A 移动到点 B。它感知当前位置并采取行动。如果这一行动使它接近 B 点,那么我们将预计得到正的奖励。如果它让机器人远离 B 点,这是一个不好的结果,那么我们将预计得到负的奖励。换句话说,奖励是一个表示智能体根据其想要实现的目标采取的行动的好坏程度的数字值。奖励是智能体评估动作是好是坏并使用此信息来调整其动作的主要方式,也就是优化它正在学习的策略。

奖励是环境的固有属性。所获得的奖励是智能体当前状态及其在该状态下采取的动作的函数。奖励和智能体所遵循的策略定义了价值函数。

- 状态中的价值是智能体基于所处的状态和遵循的策略预计获得的总累积奖励。
- 奖励是在环境中基于该状态下的状态和所采取行动的即时反馈。与价值不同,奖励不会因智能体的动作而改变。在特定的状态下采取特定的行动总会产生相同的奖励。

价值函数类似于长期奖励,不仅受环境的影响,还受智能体所遵循策略的影响。价值因奖励而存在。智能体按照策略累积奖励,并使用这些累积奖励评估状态的价值。然后,智能体对其策略进行修改,以增加状态的价值。

我们可以将这一想法与前面提到的探索-利用困境联系起来。在某些状态下,最优动作虽然可能会立即带来负面奖励,但是这样的动作可能仍然是最优的。因为它可能会使智能体处于一种新的状态,从而可以更快地达到目标。例如,跨越障碍物或绕道从而通过一条较短的路径到达目标位置。

除非智能体进行了充分的探索,否则它可能无法发现这些较短的路径,最终可能会选择一条非最优的路径。然而,在发现了较短的路径后,它无法知道是需要进行更多的探索来找到另一条更快通往目标的路径,还是只需利用其先验知识直接朝着目标前进。

本书前 5 章重点介绍使用前面描述的价值函数来寻找最佳行为/策略的算法。

最后一个组成部分是环境模型。在一些寻找最优行为的方法中,智能体利用与环境的交互作用形成环境的内部模型。这样的内部模型有助于智能体规划,例如,考虑一个或多个动作链,以评估最佳的动作序列。这种方法称为基于模型的学习。与此同时,还有其他完全基于反复试验的方法。这些方法不能形成任何环境的模型。因此,这些方法称为无模型方法。大多数智能体通过结合基于模型和无模型的方法来寻找最优策略。

1.3　基于强化学习的深度学习

近年来,基于神经网络的模型的机器学习的一个分支的发展出现了爆炸式增长。随着功能强大的计算机、数据的丰富和新算法的出现,现在可以通过计算机使用原始输入来训练模型,并像人类那样生成图像、文本和语音。在深度学习的分支下,需要特定领域的手工特征来训练模型,这种需求也正在被强大的神经网络模型所取代。

2014 年,DeepMind 成功地将深度学习技术与强化学习相结合,从环境中收集的原始数据中学习,而无须对原始输入进行任何特定领域的处理。它的首要成功之处是将强化学习下的传统 Q-学习算法转换为深度 Q-学习方法,即深度 Q 网络(Deep Q Networks,DQN)。在 Q-学习中,智能体遵循某种策略,并以元组形式的当前状态、采取的行动、获得的奖励及其所处的下一状态来收集其动作的经验。然后,智能体将这些经验用于迭代循环中的贝尔曼方程,以找到最优策略,从而使每个状态的价值函数(如前所述)能够增加。

由于组合方法的性能不稳定,将深度学习与强化学习相结合的早期尝试并不成功。DeepMind 做了一些有趣而明智的改变来解决不稳定性问题。DeepMind 首次将传统强化学习和深度学习相结合的方法应用于开发 Atari 游戏的游戏智能体上。智能体会得到游戏的截图,并且事先不知道游戏的规则。智能体将使用这些原始的视觉数据来学习玩游戏,如 Atari 电子游戏。在许多情况下,其性能达到了人类水平。该公司随后将这种方法扩展以发展能够在游戏如 Go 中击败人类冠军玩家的智能体。深度学习与强化学习的结合使得机器人的行为更加智能化,而不需要人工构建特定领域的知识。这是一个令人兴奋并且快速发展的领域。我们将在第 5 章中讨论这一点。从第 6 章开始,我们学习的大多数算法将涉及深度学习与强化学习的结合。

1.4　实例和案例研究

为了激发读者的兴趣,我们将研究强化学习的各种用途,以及如何用它来解决当今的一些现实问题。

1.4.1　自动驾驶汽车

首先,让我们来看自动驾驶汽车(Autonomous Vehicle,AV)领域。自动驾驶汽车有激光雷达、雷达、摄像机等可以感知附近环境的传感器。这些传感器用于执行物体检测、车道检测等。自动驾驶汽车将原始感官数据和目标检测相结合，以获得用于规划到达目的地的路径的统一场景表示。规划的路径接下来被用于向控制组件提供输入，以使系统/智能体遵循该路径。运动规划是规划轨迹的一部分。

在如逆强化学习这样的概念里，我们观察专家并根据专家的交互学习隐含的目标/奖励，并将其用于优化成本函数，以获得平滑的轨迹。超车、变换车道和自动停车等动作也利用了强化学习的各个部分，来将智能融入行为中。另一种选择是人工制定各种规则，但这些规则永远不可能是详尽无遗或灵活的。

1.4.2　机器人

使用计算机视觉和自然语言处理，或使用深度学习技术的语音识别，为自主机器人增加了类似人类的感知能力。此外，深度学习和强化学习相结合的方法使得机器人能够学习以类似人类的步态来行走、拾取和操纵物体，或者通过摄像机观察人类行为，并学习像人类一样行动。

1.4.3　推荐系统

如今，**推荐系统**随处可见。视频分享/托管应用如 YouTube、TikTok 和 Facebook 会根据观看历史向我们推荐我们可能想要观看的视频。当我们访问电子商务网站时，基于当前正在浏览的产品和过去的购买模式，或基于其他用户的行为方式，我们会看到其他类似的产品推荐。

所有这些推荐引擎都越来越多地受到基于强化学习的系统的驱动。这些系统不断从用户响应引擎提出建议的方式中学习。用户根据系统的建议行事的行为会使系统将这些在给定情况下作为有益的操作进行强化。

1.4.4　金融和贸易

由于强化学习注重序列动作优化，过去的状态和动作会影响未来的结果，因此强化学习在时间序列分析中有着重要的作用，特别是在金融和股票交易领域。许多自动交易策略都使用强化学习的方法，根据过去行为的反馈来不断改进和微调交易算法。银行和金融机构使用聊天机器人与用户互动，以提供有效、低成本的用户支持和参与。这些机器人再次使用强化学习来微调自己的行为。投资组合风险优化和信用评分系统也受益于基于强化学习的方法。

1.4.5　医疗保健

强化学习在医疗保健领域也有着重要的应用，不仅能用来产生预测信号并在早期阶段实施医疗干预，还能用于机器人辅助手术或管理医疗和患者数据。除此之外，它还被用于动态地改善成像数据的结构。基于强化学习的系统提供从其经验中学到建议，并不断发展。

1.4.6　游戏

最后，我们必须再次强调基于强化学习的智能体能够在许多棋盘游戏中击败人类玩家。

虽然设计可以玩游戏的智能体似乎是一种浪费,但这是有原因的。游戏提供了一个更简单的理想化世界,使设计、训练和比较方法变得更容易。在这种理想化环境/设置下,学习的方法可以在后续中得到增强,以使智能体在现实环境中表现良好。游戏为深入研究该领域提供了一个很好控制的环境。

正如之前所说的,深度强化学习是一个迷人的、快速发展的领域,我们希望为读者掌握这一领域的知识提供坚实的基础。

1.5 库与环境设置

本书中的所有代码示例都使用 Python 结合 PyTorch、TensorFlow 和 OpenAI Gym 库。虽然有许多方法可以设置环境,但在本书中将使用 conda 环境。以下是获得完整环境的步骤:

(1)选择 Miniconda install 来安装 Miniconda。请选择最新的 Python 3. x 版本。若已经安装了 Anaconda 或 Miniconda,则可以跳过此步骤。

(2)创建一个新环境来运行本书附带的代码。打开命令终端并输入以下命令:

```
conda create - n apress python = 3.8
```

其中 apress 是环境的名称,我们使用的是 Python 3.8. x。对所有提示回答"是"。

(3)使用以下命令切换到创建的新环境:

```
conda activate apress
```

确保后续步骤中要求你运行的所有命令都在所激活的新 conda 环境的同一终端中执行。

(4)安装 TensorFlow 2. x。可以参考 TensorFlow 官网来了解更多有关详细信息,或者可以在 conda Shell 中运行以下命令:

```
pip install tensorflow
```

按照提示进行操作,并正确回答安装过程中的问题(大部分回答"是")。

(5)安装 PyTorch。访问 PyTorch 官网并选择环境设置。读者不需要一台启用 GPU 的机器。本书中的大多数示例都可以在 CPU 上正常运行,除了第 6 章中的一个示例,在这一章中我们将训练一个智能体来玩 Atari 游戏。即使使用 GPU,训练 Atari 游戏智能体也可能需要很长时间。

在撰写本书时,我们选择了以下组合:

```
PyTorch build: Stable(1.7.0)
Your OS: Windows or Mac
Package: Conda
Language: Python
CUDA: None
```

通过这些选择,生成如下的命令:

```
conda install pytorch torchvision torchaudio cpuonly - c pytorch
```

将命令从网页复制并粘贴到 conda 终端中，在此 conda 终端中将 apress 作为当前被激活的 conda 环境（见步骤（3））。

（6）安装 Jupyter notebook。在之前创建的终端上运行如下命令：

```
conda install - c conda - forge jupyter notebook
```

注意，我们使用的是经典的 Jupyter notebook。但是，读者也可以安装一个 JupyterLab 界面。

（7）安装 OpenAI Gym 库，其中包含各种强化学习环境，我们将使用这些环境对智能体进行训练。请在命令行中输入以下命令：

```
pip install gym
```

详情请参考 https://gym.openai.com/docs/＃installation。

（8）安装 matplotlib 绘图库，它具有绘制图像的功能。请在此终端中执行如下命令：

```
conda install - c conda - forge matplotlib
```

注意，所有命令都必须在命令壳中运行，其中 apress 是当前被激活的 conda 环境。

（9）安装另一个名为 seaborn 的绘图库。它是基于 matplotlib 构建的，并可以帮助安装格式化良好的图形例程。在终端中执行如下命令：

```
conda install - c anaconda seaborn
```

（10）安装一个为训练提供进度条的小型库。在终端运行以下命令：

```
conda install - c conda - forge tqdm
```

（11）为 OpenAI Gym 安装一些附加依赖项。我们将安装与 Atari 相关的依赖项，以便 Atari 游戏可以通过 OpenAI Gym 界面进行训练。我们还将安装 Box2D，以使用第 8 章中将出现的连续控制依赖项。最后安装 pygame，它允许智能体玩 Atari 游戏并使用键盘与之交互。请在终端中使用以下命令：

```
pip install gym[atari]
```

在 Mac 上，你可能需要运行 pip install 'gym[atari]'。请注意命令中的单引号。

接下来在终端上运行以下两个命令：

```
conda install - c conda - forge pybox2d
pip install pygame
```

如果使用的是 Windows 系统，则可能需要重新安装 Atari 模拟器。使用 pip install gym[atari]来直接安装似乎不适合 Windows，并且计算机会显示 dll not found 的错误。但是，请不要跳过运行 pip install gym[atari]。我们需要安装一些其他依赖项才能运行 Atari 模拟器。运行以下两个命令修复此问题，并仅在执行 pip install gym[atari]后运行：

```
pip unistall atari - py
pip install - f https://github.com/Kojoley/atari - py/releases atari_py
```

（12）安装 stable-baselines3，它提供了许多流行的强化学习算法的实现。要安装它，请在终端中运行以下命令：

```
pip install stable - baselines3
```

（13）下载并解压缩本书附带的代码文件。打开终端并在解压后的文件夹中导航。使用以下方法切换到之前安装的 conda 环境：

```
conda activate apress
```

接下来，在终端上用以下命令启动 Jupyter notebook：

```
jypyter notebook
```

此时，可以看到默认浏览器打开，并设置好导航到各自的章节（见图 1-2）。图 1-3 显示了展开后的第 2 章的笔记（部分）。

图 1-2　运行并尝试这些代码

图 1-3　展开示例

安装本地环境的替代方法

解压代码文件夹后，将看到一个名为 environments 的文件夹。文件夹中包含了两个 YML 环境文件：一个是用于 Windows 系统的，被命名为 environment_win；另一个是用于 macOS 系统的，被命名为 environment_mac.yml。你可以使用这些文件在本地计算机上复制环境。导航到此文件夹并运行以下命令。

在 Windows 系统中，

```
conda env create - f environment_win.yml
```

在 macOS 系统中，

```
conda env create - f environment_mac.yml
```

使用这种方法可以替代前面的步骤(2)～步骤(12)。

1.6 总结

本章首先介绍强化学习领域，以及它如何从一个严格的基于规则的决策系统演变为一个灵活的能根据之前的经验进行最优行为学习的系统的历史。

本章讨论机器学习的三大分类：监督学习、非监督学习和强化学习；比较这 3 种方法，详细说明了应用每种方法的问题背景；讨论组成强化设置的子组件和术语，如智能体、行为、状态、动作、策略、奖励和环境；用汽车和机器人的例子来说明这些子组件是如何相互作用的，以及每个术语的含义。

本章讨论奖励和价值函数的概念：奖励是短期反馈，而价值函数是智能体行为的长期反馈；介绍基于模型和无模型的学习方法；讨论深度学习在强化学习领域的影响，以及 DQN 如何开启深度学习与强化学习相结合的趋势；讨论组合方法如何产生扩展学习，包括从图像、文本和声音等非结构化输入进行的学习。

我们接着讨论强化学习的各种使用案例，引用了自动驾驶汽车、智能机器人、推荐系统、金融和贸易、医疗保健以及视频/棋盘游戏等领域的例子。最后，我们给出设置 Python 环境所需的步骤，以便运行本书附带的代码示例。

## 第2章

马尔可夫决策

正如在第 1 章所讨论的,强化学习涉及序列决策。本章将使用概率学中的随机过程的概念,对序列决策行为进行建模。强化学习中研究的大多数问题都可以建模为**马尔可夫决策过程**(Markov Decision Process,MDP)。因此,我们首先介绍**马尔可夫链**(Markov Chain),然后引入**马尔可夫奖励过程**(Markov Reward Process,MRP)。之后,将深入讨论 MDP,同时介绍 MDP 的模型设置和假设。

随后,将介绍状态价值函数和状态-动作价值函数等概念。最后,将详细讨论贝尔曼方程的各种形式,如贝尔曼期望方程和贝尔曼最优方程,同时简要介绍各种类型的学习算法。

自己编写代码是最好的学习方法,因此本章的重点虽然是强化学习的理论基础,但也会提供示例和练习来帮助读者巩固这些概念。

2.1　强化学习的定义

第 1 章讨论了智能体与环境交互的周期循环,智能体基于当前状态采取动作,获得奖励,并确定自己所处的新状态。图 2-1 说明了这一概念。

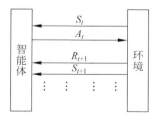

图 2-1　智能体环境交互的循环过程

智能体在时间 t 时处于状态 S_t,在该状态下智能体从一组动作集合中选取了特定的动作 A_t。此时,系统转移到下一个时刻 $t+1$,环境用数值奖励 R_{t+1} 来响应智能体,同时使智能体处于新的状态 S_{t+1},从"状态到动作再到奖励和下一个状态"的循环一直持续到智能体达到某个最终目标状态,如游戏结束、任务完成或指定数量的步长数。

$$S_t \xrightarrow{\text{智能体采取动作}} A_t \xrightarrow{\text{环境反应}} R_{t+1}, S_{t+1}$$

当前状态　　　　　采取的动作　　　　　奖励和新状态

$$S_0, A_0, R_1, S_1, A_1, R_2, S_2, A_2, R_3, S_3, A_3, R_4, S_4, \cdots$$

这是一个状态、动作、奖励和状态(S, A, R, S)的循环。

智能体根据所处的状态采取动作。环境通过给智能体数值奖励和将智能体转移到新的状态来对智能体的动作做出"反应"。智能体的目标是通过采取一系列动作，最大化从环境中获得的奖励总额。

强化学习的目的是让智能体学习它所处的每个状态的最佳动作，并最大化累积奖励。

以象棋为例，棋子在棋盘上的位置是当前状态(S_t)。智能体（玩家）通过移动棋子来采取动作(A_t)，然后获得奖励(R_{t+1})，假设0表示安全的移动，-1表示致死的移动。游戏也会进入一个新状态(S_{t+1})。

在某些文献中，状态有时也称为观测，因为在某些情况下智能体可能只看到实际状态的部分细节，这种部分可观测的状态称为观测。智能体必须使用全部或部分状态信息来决定它应该采取的动作。在实际的实现中，了解智能体将观测到什么以及观测到的细节十分重要，而且部分可观测性水平对学习算法的选择和理论保证有显著影响。我们首先研究状态和观测值相同的情况，即智能体知道当前状态的全部细节。但是从第5章开始，我们将研究状态不是完全已知或是需要使用某种近似来补全为完全已知的情况。

现在通过几个例子来深入理解状态/观测到动作再到奖励和下一个状态的循环。在整本书中，我们将使用一个由OpenAI开发的名为Gym的Python库，它实现了一些常见的简单环境。我们看看第一个环境：MountainCar（山地汽车）。首先启动Jupyter notebook，打开listing_2_1.ipynb文件。

在MountainCar环境中，汽车尝试攀登一座小山，最终目标是到达小山右上角的旗帜，因此需要向左摆动，再向右加速才能达到目标。这种前后摆动需要进行多次，这样汽车才能获得足够的动力，到达右山谷顶部的旗帜。见图2-2。

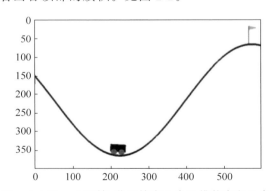

图2-2　MountainCar-v0环境，此环境有1个二维状态和3个离散动作

代码块2-1展示了测试MountainCar环境的代码。

代码块2-1　MountainCar环境

```
import gym
```

```
env = gym.make('MountainCar - v0')

# reset environment and get initial observation/state
# Observation/state is a tuple of (position, velocity)
obs = env.reset()
print("initial observation:", obs)

# possible 3 actions
# {0: "accelerate to left", "1": "do nothing", "2": "accelerate to right"}
print("possible actions:", env.action_space.n)

# reinforcement learning is all
# about learning to take good actions
# from a given state/observation
# right now taking a random action

def policy(observation):
    return env.action_space.sample()

# take 5 random actions/steps
for _in range(5):

    # to render environment for visual inspection
    # when you train, you can skip rendering to speed up
    env.render()

    # based on current policy, use the current observation
    # to find the best action to take
    action = policy(obs)
    print("\ntaking action:", action)

    # pass the action to env which will return back
    # with new state/"observation" and "reward"
    # there is a "done" flag which is true when game ends

    # "info" provides some diagnostic information
    obs, reward, done, info = env.step(action)
    print("got reward: {0}. New state/observation is: {1}".format(reward, obs))

# close the enviroment
env.close()
```

下面浏览代码。首先使用 import gym 导入 OpenAI Gym 库。OpenAI Gym 为强化学习提供了多种环境。本章只使用其中的一些环境。

接下来,用 env＝gym. make('MountainCar-v0')实例化 MountainCar 环境,然后通过 obs＝env. reset()初始化环境,返回初始观测值。在 MountainCar 环境中,观测值是两个值的元组:(x-position,x-velocity)。智能体使用观测值找到最佳动作:action＝policy(obs)。

在代码块 2-1 中,智能体采取的是随机动作。然而在本书中,我们将学习不同的算法来寻找最大化奖励的策略。在 MountainCar 环境中,有 3 种可能的动作:向左加速、保持不动和向右加速。智能体将动作传递给环境。此时,系统从时间 t 移动到时间 $t+1$。

环境执行动作并返回 4 个值的元组:时间 $t+1$ 的观测值、奖励 r_{t+1}、完成标志和一些调试信息。这些值通过 obs,reward,done,info＝env. step(action)实现本地存储。

接下来,智能体使用新的观测值再次采取下一步动作,获取上述 4 个值的新元组,即下一个状态、奖励、完成标志和调试信息。这种"状态到动作、奖励再到新状态"的循环一直持续到游戏结束或在代码中终止为止。设置智能体在每个步长获得-1的奖励,在游戏结束时获得0的奖励。因此,智能体的目标是以尽可能少的步数到达右上角的旗帜。

接下来看看另一个环境。用 env＝gym.make('CartPole-v1') 替换 env＝gym.make('MountainCar-v0'),然后再次运行代码块 2-1 中的代码。结果参见图 2-3。

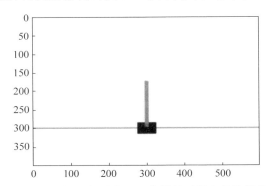

图 2-3 CartPole 环境,目标是在尽可能长的时间内保持杆的直立平衡

CartPole 环境的观测空间由 4 个值组成。前两个值是小车在 x 轴上的位置和沿 x 轴的速度。第三个值是杆的倾斜角度,且必须在 $-24°\sim24°$ 范围内。第四个值是杆的角速度。

可能的动作有 0 和 1,分别表示将小车向左或向右推动。智能体在每个步长获得 1 的奖励,从而激励智能体在能够尽可能长的时间内保持杆平衡,并获得尽可能多的奖励。如果杆在任意一侧倾斜超过 12°,或者小车在任意一侧移动超过 2.4°(即小车到达任意一端),又或者已经走了 200 步,则游戏结束。

读者可能已经注意到两种情况下的代码设置都是相同的。我们只改变了实例化环境的那一行代码。代码的其余部分(遍历环境并接收反馈)是保持不变的。OpenAI Gym 库的抽象属性使我们更容易在多种环境中测试特定的算法。此外,我们还可以根据现有的问题创建自定义的环境。

本节简要介绍了强化学习的定义和将使用的 OpenAI Gym 的基础知识。接下来详细介绍强化学习设置中的不同组成部分。

2.2 智能体和环境

智能体和环境的设置是灵活的。智能体是一个封闭的系统,它从系统外部获取状态/观测细节。智能体使用给定的策略或学习策略来最大化某个目标。它还根据当前的观测值/状态和采取的动作从环境中获得奖励。智能体无法控制这些奖励的内容,也不能控制一个状态到另一个状态的转移。因为状态的转移取决于环境,智能体只能通过在给定的状态下决定采取什么动作来间接影响结果。

另一方面,环境是除智能体之外的一切,它可能是整个世界的其余部分。然而,环境通常是以一种非常狭隘的方式定义的:只包含了可能影响奖励的信息。环境接收智能体想要采取的动作,以奖励的形式向智能体提供反馈,并根据智能体采取的动作将智能体转移到新的状态。环境向智能体提供部分修改后的状态信息,这些信息将成为智能体新的观测值/状态。

智能体和环境之间的边界是抽象的。它是根据现有的任务和在特定情况下想要实现的目标来定义的。我们看一些例子。

以自动驾驶汽车为例,智能体状态可以是来自多个摄像机的图片、光探测和测距(LiDAR)、其他传感器读数以及地理坐标。"环境"是智能体之外的一切,即整个世界,智能体的状态/观测只是与智能体采取动作相关的那些部分。两个街区外的行人的位置和动作可能与自动驾驶汽车的决策无关,因此不需要成为智能体的观测/状态的一部分。自动驾驶汽车的动作空间可以用油门踏板、刹车和转向控制来定义。车辆采取的动作使得汽车转移到新的状态。智能体(即自动驾驶汽车)根据特定的目标(例如从 A 点到 B 点)采取最大化奖励的动作,这个循环会一直保持下去。

让我们看看机器人求解魔方的例子。在这种情况下,观测/状态将是魔方六个面的配置,动作是可以在魔方上执行的操作。

每个步长的奖励是−1,在终止时奖励是0。这样的奖励设置将激励智能体找到最少数量的操作来解决问题。

在 OpenAI Gym 环境的设置中,观测是各种值的元组,其具体的组成取决于特定的Gym 环境。其中,采取的动作取决于特定的环境,奖励将由环境提供,具体的数值也取决于具体的 Gym 环境。本例中的智能体是我们编写的软件程序。智能体(软件程序)的主要工作是接收来自 OpenAI Gym 库的环境的观测,采取动作,并等待环境提供关于奖励和下一个状态的反馈。

在前面的讨论中时间是离散的,即处于状态 S_t 的智能体采取动作 A_t,并且在下一步长中,接收奖励 R_{t+1} 和下一状态 S_{t+1}。然而很多时候实际的问题是连续的。在这种情况下,我们可以在概念上将时间划分为小的离散步长,从而将问题建模为离散时间环境,并使用前面的设置进行求解。

一般来说,当智能体发现自己处于状态 S 时,它可以采取在动作空间上以某种概率分布的多种可能的动作中的一个动作。这种策略称为**随机策略**。此外,在某些情况下,当智能体发现自己处于给定状态时,智能体只对该状态采取一个特定的动作。这种策略称为**确定性策略**。策略的定义如下:

$$\pi = p(a \mid s)$$

即当智能体处于状态 s 时采取动作 a 的概率。

类似地,所接收的奖励和智能体的下一个状态也可能是一种概率分布。这就是**转移动态方法**。

$$p(s', r) = \Pr\{S_t = s', R_t = r \mid S_{t-1} = s, A_{t-1} = a\} \tag{2.1}$$

式中,S_t 和 S_{t-1} 属于所有可能的状态。A_t 属于所有可能的动作,而奖励 r 是一个数值。前面的等式定义了当上一个状态为 s 并且智能体采取了动作 a 时,下一个状态为 s′ 和奖励为 r 的概率。

2.3　奖励

在强化学习中,奖励是从环境发送到智能体的信号,让智能体知道这个动作的好坏。智能体使用这种反馈来微调其知识,并学习采取好的动作来最大化奖励。这就引出了一些重要的问题,比如最大化了什么,是对最后一次动作的即时奖励还是对整个生命史的奖励? 当智能体对环境了解不够时会发生什么? 在开始之前,通过采取一些随机步骤,它应该在多大程度上探索环境? 这种困境称为探索-利用困境。在学习各种算法的过程中,我们会一直强调这一点。智能体最大化累积总奖励的目标称为奖励假设。

重申一下,奖励是一个信号(或者说单一的数值),由环境发回给智能体,告知智能体动作的质量。注意,观测可以是多维的,比如 MountainCar 是二维的,CartPole 是四维的。类似地,动作可以是多维的,例如,自动驾驶汽车场景的加速度值和转向角。然而,在每种的情况下,奖励总是一个标量实数。最后,对智能体进行训练以达到某个目标,并对其进行奖励。

现在来看一个迷宫的例子,其中智能体尝试找到出口。我们将奖励公式化为智能体在每步长获得-1的奖励,在结束时获得 0 的奖励。这样的奖励设置激励智能体以尽可能少的步数走出迷宫,并最小化-1的总和。另一种奖励设置可以是,智能体在所有步长中获得 0 的奖励,当智能体离开迷宫时获得 1 的奖励。智能体的行为在后一种的设置中会发生什么变化呢? 智能体可以走出迷宫领取$+1$的奖励,但并不着急。不管是 5 步出来还是 500 步出来都会得到同样的$+1$。我们如何改变这种情况,使智能体不再只专注于奖励收集,而是在尽可能短的时间内走出迷宫并获得奖励?

这个问题自然地引出了折扣的概念。什么承载了更多的有效性? 5 个步长后奖励"x"还是 500 个步长后同样奖励"x"? 答案是越早越好,因此与 500 步后$+1$奖励相比,5 步后$+1$奖励更有价值。我们通过折扣从未来到现在的奖励来推导这种行为。来自下一个步长的奖励"R"通过折扣因子"γ"得到当前时间。

折扣因子是介于 0 和 1 之间的值。在迷宫的例子中,5 步走出迷宫的奖励是$\gamma^5 \cdot (+1)$,500 步走出迷宫的奖励是$\gamma^{500} \cdot (+1)$。时间"t"的"回报"定义如下:

$$G_t = R_{t+1} + \gamma R_{t+2} + \gamma^2 R_{t+3} + \cdots + \gamma^{T-t+1} R_T \tag{2.2}$$

折扣因子与我们在金融领域看到的相似。这与现在的钱比以后的钱更值钱是同一个概念。

折扣因子还有一个重要的数学目的,即确保连续任务的总回报G_t有界。考虑一个持续任务的场景,其中每个状态给出一些正的数值奖励。由于这是一项没有逻辑终点的持续任务,总奖励将不断增加并爆炸至无穷大。但是,有了折扣因子,总的累积奖励将被限制。因此,折扣总是在持续性任务中引入,而在情节任务中是可选的。

需要注意折扣因子对智能体尝试最大化累积奖励的水平的影响。考虑折扣因子为 0。如果读者在式(2.2)中使用此折扣值,那么将看到累积奖励仅等于下一个即时奖励。这会导致智能体变得目光短浅和贪婪——只考虑下一个步长的奖励。接下来,考虑折扣因子接近 1 的另一个极端。在这种情况下,智能体将变得越来越有远见,我们可以看到式(2.2)中定义的累积奖励将给予所有未来奖励同等的重要性。从当前步长到结束的整个动作序列变得同等重要,而不仅仅是关注下一个步长的奖励。

前面的讨论强调了根据智能体需要优化的行为设计适当奖励机制的重要性。奖励是智能体用来决定状态和动作质量的信号。例如,在一场国际象棋比赛中,如果将奖励设计为捕获的对手棋子数量,那么智能体可能会学习进行危险的移动,只是为了最大限度地从即时动作中获得奖励,而不是牺牲自己的一个棋子来获得优势位置和未来移动步骤中的胜利。奖励设计领域是一个开放的研究领域。但是本书中的示例将使用相当简单和直观的奖励定义。

奖励设计不是一件容易的事情,尤其是在连续控制和机器人领域。考虑机器人的任务是让智能体学习尽可能长时间地运行的例子。

智能体如何知道手臂和腿需要协调移动以学习运行任务?将智能体的重心与地面的距离、采取动作所消耗的能量、躯干与地面的角度等具体措施与试错相结合,使智能体学习到一个好的策略。在没有好的奖励信号塑造我们想让智能体学习的行为的情况下,智能体学习将需要很长时间。更糟糕的是,智能体有时可能会学到违反直觉的行为。一个例子是OpenAI 的"海岸赛跑者",它的目标是快速完成划船比赛并领先于其他玩家。游戏提供了一个击中途中目标的分数,而完成游戏则没有明确的分数。在这个环境中,智能体学会了一种滑稽且具有破坏性的行为,即反复击中一组目标,在比赛中没有进步,但得分却比人类选手高 20%。读者可以在 OpenAI blog 中阅读更多关于它的内容,并看到一个行为视频。因此奖励需要谨慎设计,以确保自主强化学习智能体不会学习潜在的危险行为。

在某些其他情况下,如何对奖励函数建模我们一点儿也不清楚。考虑一个机器人尝试学习类似人类的行为,比方说,从一个罐子里往玻璃杯里倒水,不会因为过度用力而溅水或者打碎玻璃杯。在这种情况下,有一种强化学习的扩展方法称为**逆强化学习**,观看人类专家执行这项任务来学习隐式奖励函数,我们将在第 10 章简要讨论它。然而,对奖励形成和发现的详细研究可能需要另写一本书。

因此,简言之,就像数据质量对于监督学习很重要一样,适合的奖励函数对于算法训练智能体实现所期望的行为也很重要。

2.4 马尔可夫过程

强化学习领域基于马尔可夫过程。在深入学习(行为优化)算法之前,我们需要很好地掌握马尔可夫过程的基本理论结构。本节将讨论马尔可夫链、马尔可夫奖励过程和马尔可夫决策过程。

2.4.1 马尔可夫链

我们先来谈谈什么是马尔可夫性。对于如图 2-4 所示的图,其正在尝试模拟一个城市每天的降雨情况。它有两种状态:在任何一天,要么下雨,要么不下雨。从一个状态到另一个状态的箭头表示在当前状态的情况下,第二天处于两个状态之一的概率。比如今天下雨,第二天下雨的概率是 0.3,第二天不下雨的概率是 0.7。同样,如果今天不下雨,明天不下雨的概率是 0.8,而明天下雨的概率是 0.2。

在这个模型中,我们假设某一天是否下雨取决于前一天的状态,即如果今天下雨,那么明天下雨的概率为 0.3;如果今天不下雨,那么明天下雨的概率为 0.2。昨天下雨还是之前

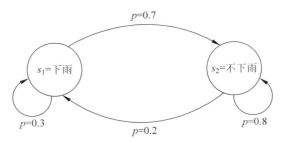

图 2-4 简单的双态马尔可夫链：一种状态是"下雨"，第二种状态是"不下雨"

下雨，对明天下雨没有影响。这是一个重要的概念，称为**独立性**，即知道现在（时间 t 的当前状态）使得未来（时间 $t+1$ 的未来状态）独立于过去（时间 $0,1,\cdots,t-1$ 所有的过去状态）。在数学上，可以这样表达：

$$P(S_{t+1}=s' \mid S_0,S_1,\cdots,S_{t-1},S_t=s)=P(S_{t+1}=s' \mid S_t=s) \qquad (2.3)$$

简单来说就是 $t+1$ 时刻处于某个状态的概率只取决于 t 时刻的状态，而不依赖于时间 t 之前的状态，即不依赖于状态 S_0 到 S_{t-1}。

如果环境向智能体提供了足够详细的观测，那么智能体可以从其当前状态了解其应该知道的内容，并且不需要记住从过去到现在所经历的一系列状态/事件。这种**马尔可夫独立性**是证明强化学习算法的理论正确性的一个重要假设。实际上，对于非马尔可夫系统，很多时候我们仍然可以得到相当好的结果。然而，要记住在缺乏马尔可夫性的情况下，结果无法根据在理论上最坏情况的界限来进行评估。

回到图 2-4 中的马尔可夫链图，我们将转移概率定义为从先前步长中的状态 S_t 转移到状态 S_{t+1} 的概率。如果一个系统有 m 个状态，那么转移概率将是一个有 m 行 m 列的方阵。图 2-4 的转移概率矩阵如下所示：

$$\boldsymbol{P}=\begin{bmatrix} 0.3 & 0.7 \\ 0.2 & 0.8 \end{bmatrix}$$

每行值的总和为 1。行值表示从一个给定状态到系统中所有状态的概率。例如，第 1 行表示从 s_1 到 s_1 的概率为 0.3，从 s_1 到 s_2 的概率为 0.7。

前面的马尔可夫链有一个稳定状态，其中定义了某一天处于两种状态之一的概率。假设处于状态 s_1 和 s_2 的概率由向量 $\boldsymbol{S}=\begin{bmatrix} s_1 s_2 \end{bmatrix}^T$ 给出。从图 2-4 可以看出

$$s_1=0.3 \times s_1+0.2 \times s_2 \qquad (a)$$
$$s_2=0.7 \times s_1+0.8 \times s_2 \qquad (b)$$

又知

$$s_1+s_2=1 \qquad (c)$$

因为系统在任何时间点都必须处于两种状态之一。

式（a）、式（b）和式（c）中的方程形成一个可解方程组。

从式（a）中可以得到，$0.7 \times s_1=0.2 \times s_2$ 或 $s_1=(0.2/0.7)s_2$。

在式（c）中替换 s_1，可以得到

$$0.2/0.7s_2+s_2=1$$

从中可以得到 $s_2=0.7/0.9=0.78$，因此 $s_1=0.2/0.9=0.22$。

在向量代数符号中,可以将稳态下的关系指定如下:

$$S^T = S^T P$$

该关系可用于迭代求解稳态概率。代码块 2-2 给出了相关代码片段。

代码块 2-2 马尔可夫链实例及其迭代解法

```python
# import numpy library to do vector algebra
import numpy as np

# define transition matrix
P = np.array([[0.3, 0.7], [0.2, 0.8]])
print("Transition Matrix:\n", P)

# define any starting solution to state probabilities
# Here we assume equal probabilities for all the states
S = np.array([0.5, 0.5])

# run through 10 iterations to calculate steady state
# transition probabilities
for i in range(10):
    S = np.dot(S, P)
    print("\nIter {0}. Probability vector S = {1}".format(i, S))

print("\nFinal Vector S = {0}".format(S))
```

当我们运行 listing_2_2.ipynb,产生的输出如下所示,这与从式(a)、式(b)和式(c)中得到的值相匹配。

Final Vector S＝[0.22222222 0.77777778]

图 2-4 中没有起始和结束状态。这是一个持续任务的例子。还有另一类情况具有一个或多个终态。我们来看一看图 2-5。这就是所谓的**情节任务**,在该任务中,智能体从某种状态开始,经过多次状态转移,达到最终状态。可能有一个或多个具有不同结果的最终状态。在图 2-5 中,最终状态为通过考试获得证书。在一盘棋中可能有 3 种结束状态:赢、输或平局。

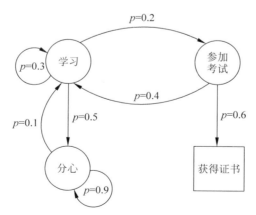

图 2-5 一个情节性马尔可夫链的例子(其中最终状态以方框的方式描述)

与连续公式一样,存在转移概率矩阵的概念。在图 2-5 中,

$$s_1 = \text{"学习"}; \quad s_2 = \text{"分心"}; \quad s_3 = \text{"参加考试"}; \quad s_4 = \text{"获得证书"}$$

$$P = \begin{bmatrix} 0.3 & 0.5 & 0.2 & 0 \\ 0.1 & 0.9 & 0 & 0 \\ 0.4 & 0 & 0 & 0.6 \\ 0 & 0 & 0 & 1 \end{bmatrix}$$

在前面的情节任务的情况下，可以多次运行，每次运行称为一个情节。让起始状态始终为 s_1。多次情节可能看起来是一样的。在前面的例子中，我们只有一个最终状态，因此情节总是在 s_4 结束，如下所示：

$$s_1, s_2, s_2, s_1, s_3, s_4$$

$$s_1, s_2, s_2, s_1, s_3, s_1, s_2, s_3, s_4$$

$$s_1, s_2, s_2, s_2, s_2, s_2, s_2, s_2, s_2, s_2, s_2, s_2, s_2, s_2, s_1, s_3, s_4$$

在情节任务中没有稳态的概念。不管转移的顺序是什么，系统最终都将转移到其中一个最终状态。

2.4.2　马尔可夫奖励过程

接下来讨论马尔可夫奖励过程，我们现在介绍奖励的概念。查看图 2-6 和图 2-7 中修改后的状态图。这些问题与 2.4.1 节（分别为图 2-4 和图 2-5）中的问题相同，只是在每次转移时增加了奖励。

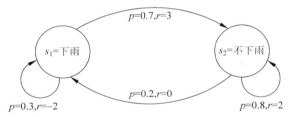

图 2-6　连续马尔可夫奖励过程（与图 2-4 中的马尔可夫链类似，为每个转移箭头添加奖励）

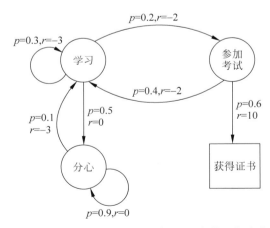

图 2-7　情节性马尔可夫奖励过程（与图 2-5 类似，每次转移都会获得额外的奖励）

在前面的两个 MRP 设置中，我们可以像以前一样计算类似于 MC 中的转移概率。此外，也可以计算状态 $v(s)$ 的价值，这是智能体在时间 t 处于状态 $S = s$ 时获得的累积奖励，它遵循系统的动态。

$$v(s) = E[G_t \mid S_t = s] \qquad (2.4)$$

其中，G_t 的定义见式(2.2)

$$G_t = R_{t+1} + \gamma R_{t+2} + \gamma^2 R_{t+3} + \cdots$$

当 t 时刻的起始状态为 $S_t = s$ 时，记符号 $E[G_t \mid S_t = s]$ 为回报 G_t 的期望值。"期望"一词是指在大量执行模拟时 G_t 的平均值。期望算子（$E[\cdot]$）用于推导公式和证明理论结果。然而，在实践中，它由许多样本模拟的平均值所取代，也称为**蒙特卡洛模拟**。

我们还使用 γ 作为折扣因子。如前所述，γ 保证了今天的奖励比明天的奖励更好。在数学上，避免连续任务的无限回报也很重要。在这里我们就不讨论这些数学细节了。

$\gamma = 1$ 的值意味着智能体是有远见的，它像关心眼前的奖励一样关心未来的奖励。$\gamma = 0$ 的值意味着智能体目光短浅，只关心下一个时间的即时回报。读者可以通过在 $G_t = R_{t+1} + \gamma R_{t+2} + \gamma^2 R_{t+3} + \cdots$ 中代入不同的 γ 值来了解这个概念。

综上所述，到目前为止，我们已经介绍了转移概率矩阵 $\boldsymbol{P}$、回报 G_t 和状态价值 $v(s) = E[G_t \mid S_t = s]$ 的概念。

2.4.3 马尔可夫决策过程

马尔可夫决策过程(MDP)通过引入额外的"动作"概念来扩展奖励过程。在 MRP 中，智能体无法控制结果。一切都受环境的控制。然而，在 MDP 机制下，智能体可以根据当前状态/观测选择动作。智能体可以学习采取最大化累积奖励(总回报 G_t)的动作。

让我们看一看图 2-7 中情节 MRP 的扩展。从图 2-8 可以看出，在状态学习中，智能体可以采取两种动作之一，要么继续学习，要么参加考试。智能体以相等的概率 0.5 选择这两个动作。

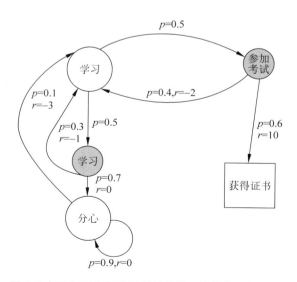

图 2-8　图 2-7 中马尔可夫奖励过程的扩展：情节性马尔可夫决策过程
(灰色圆圈代表智能体可以做出的决定)

这个动作会影响下一个状态的概率和奖励值。如果智能体决定继续学习，那么智能体有 0.7 的概率分心于社交媒体，有 0.3 的概率继续专注于学习。然而，"参加考试"的决定会导致两种结果。要么智能体失败，以概率为 0.4 返回继续学习，获得奖励－2，要么概率为 0.6 成功完成考试，"获得证书"，获得奖励 10。

转移函数现在是从当前状态和动作到下一个状态和奖励的映射。它定义了每当智能体在状态 s 中采取动作 a 时，转移到下一个状态 s' 并获得奖励 r 的概率。其定义如下：

$$p(s',r \mid s,a) = \Pr\{S_t = s', R_t = r \mid S_{t-1} = s, A_{t-1} = a\} \tag{2.5}$$

可以用式(2.5)推导出许多有用的关系。转移概率可以由转移函数推导得出。转移概率定义了智能体在状态 s 中采取动作 a 时处于下一个状态 s' 的概率。其定义如下：

$$p(s' \mid s,a) = \Pr\{S_t = s' \mid S_{t-1} = s, A_{t-1} = a\} = \sum_{r \in R} p(s',r \mid s,a) \tag{2.6}$$

通过平均智能体从 (s,a) 转移到 s' 时可能获得的所有奖励可以得到式(2.6)。

再来看看 MDP 的另一个例子，它是一个持续的任务。想象一下在机场有一辆电动车将乘客从一个终点站运送到另一个终点站。电动车有两种状态，"高电量"和"低电量"，在每个状态，电动车都可以"空闲""充电""摆渡"。如果电动车运送乘客，它将获得 b 的奖励，但在"低电量"状态下，运送乘客的车辆可能会完全耗尽电池，需要营救，从而获得－10 的奖励。图 2-9 显示了该任务的 MDP。

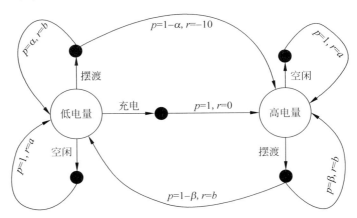

图 2-9　电动车具有两种状态的连续马尔可夫决策过程，
每个状态有 3 个动作：空闲、摆渡或充电

在"低电量"状态下，电动车可以从{充电、空闲、摆渡}动作集中采取动作。在"高电量"状态下，电动车可以从{空闲，摆渡}中采取动作。所有其他转移概率为零。给定 $p(s',r|s,a)$，就可以计算 $p(s'|s,a)$。在这个例子中，它与 $p(s',r|s,a)$ 相同。这是因为从 (s,a) 到 s' 的每次转移只有一个固定的奖励。也就是说，奖励不存在不确定性或概率分布。每当处于状态 s 的智能体采取动作 a 并转移到下一个状态 s' 时，奖励都是相同的固定值。

前面的设置是实际问题中最常见的设置之一。然而，从理论上讲，在大多数情况下，奖励可以是概率分布，就像"摆渡"动作的奖励与运送的乘客数量相关联。我们将在本章的以下部分继续使用这个例子。

2.5 策略和价值函数

如前所示,MDP 具有状态,智能体可以采取动作从当前状态转移到下一个状态。此外,智能体以"奖励"的形式从环境中获得反馈。MDP 的动态定义为 $p(S_t = s', R_t = r \mid S_{t-1} = s, A_{t-1} = a)$。我们还看到了"累积回报"$G_t$,这是从时间 t 获得的所有奖励的总和。智能体没有控制转移动态方法,它超出了智能体的控制范围。但是,智能体可以控制决策,即在哪个状态下采取什么动作。

这正是智能体基于系统的转移动态方法中尝试学习的。智能体这样做的目的是最大化每个状态 S_t 的 G_t,这可以在多次运行中平均得到。状态到动作的映射称为策略。其定义如下:

$$\pi(A_t = a \mid S_t = s) \tag{2.7}$$

策略被定义为智能体在时间 t 处于状态 s 时,采取动作 a 的概率。智能体试图学习从状态到动作的映射函数,以最大化总回报。

策略可以有两种类型,如图 2-10 所示。第一类策略是随机策略,其中 $\pi(a|s)$ 是概率函数。对于给定的状态,智能体可以采取多个动作,采取每个动作的概率由 $\pi(a|s)$ 定义。第二种是确定性策略,对于给定的状态,只有一个唯一的动作。换句话说,概率函数 $\pi(A_t = a | S_t = s)$ 变成了一个简单的映射函数,对于某些动作 $A_t = a$,函数的值为 1,而对于所有其他动作 A_t,函数的值为 0。

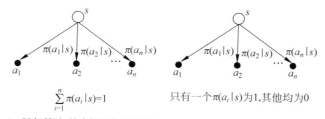

(a) 随机策略,其中智能体可以采取基于概率分布的多个动作中的一种　　(b) 确定性策略,智能体只学习采取一个最优的动作

图 2-10　策略类型

智能体在时间 t 处于状态 S_t 可以获得的累积奖励 G_t(即回报)依赖于状态 S_t 和智能体遵循的策略,称为状态价值函数。G_t 的值取决于时间 t 后智能体的状态的轨迹,而时间 t 后的状态轨迹又取决于智能体将遵循的策略。因此价值函数始终在智能体遵循的策略的背景中定义。它也称为智能体的**行为**。其定义如下:

$$v_\pi(s) = E_\pi[G_t \mid S_t = s] \tag{2.8}$$

我们把它分解一下。$v_\pi(s)$ 指定了智能体遵循策略 π 时状态 s 的"状态价值"。$E_\pi[\cdot]$ 表示方括号内的内容是许多样本的平均值。虽然它在数学上称为策略 π 下方括号内表达式的**期望值**,但实际上我们通常使用模拟来计算这些值。通过多次迭代计算,然后取平均值。根据统计学的一个基本定律,在一般情况下,平均值会收敛到期望值。这个概念被大量使用,并称为蒙特卡洛模拟。方括号内的表达式是 $G_t \mid S_t = s$,即在智能体遵循策略 π 的行为下,在时间 t 处于状态 s 时获得的多次运行的平均回报 G_t。

现在介绍**回溯图**。它显示了智能体从时间 t（处于状态 S_t）到时间 $t+1$ 时后续状态的路径。它取决于智能体在时间 t 采取的动作，即 $\pi(A_t=a \mid S_t=s)$。此外，它也取决于环境/模型转移函数 $\Pr\{S_{t+1}=s', R_{t+1}=r \mid S_t=s, A_t=a\}$，该函数可以根据状态 S_t 及其采取的动作 A_t，使得智能体的状态变为 S_{t+1}，奖励为 R_{t+1}。形象地说，从当前状态到可能的后续状态的一步转移称为回溯图，类似于图 2-11。

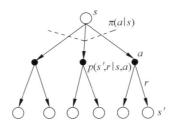

图 2-11　回溯图（从状态 S 开始，采取动作，空心圆圈表示状态，黑色圆圈表示动作）

我们将广泛使用回溯图，尤其是在下一节讨论贝尔曼方程时。回溯图有助于对方程进行概念化和推理，以及对各种学习算法进行证明，也有助于推理训练智能体所需的数据集。

与价值函数相关的另一个概念是动作价值函数。价值函数是智能体基于策略 π 采取动作时获得的期望累积奖励。但是，假设智能体可以在时间 t 自由采取任何动作，条件是它必须在接下来的所有步长中遵循策略 π。智能体在时间 t 获得的期望回报称为动作值函数 $q_\pi(s,a)$。定义如下：

$$q_\pi(s,a)=E_\pi[G_t \mid S_t=s, A_t=a] \tag{2.9}$$

v 值（状态价值）和 q 值（状态-动作价值）之间有一种简单微妙的关系，这将在 2.6 节中详细探讨。

至此，基本上完成了 MDP 的各个组成部分的定义。下一节将探讨 t 时刻状态/状态-动作的 v 值和 q 值与 $t+1$ 时刻后继值之间的递归关系。几乎所有的学习算法都利用了这种递归关系。

2.6　贝尔曼方程

式(2.8)和式(2.2)分别定义了价值函数和回报 G_t，式(2.10)和式(2.11)重新显示了它们的定义。

$$G_t=R_{t+1}+\gamma R_{t+2}+\gamma^2 R_{t+3}+\cdots+\gamma^{T-(t+1)}R_T \tag{2.10}$$

$$v_\pi(s)=E_\pi[G_t \mid S_t=s] \tag{2.11}$$

也就是说，若处于状态 s 的智能体遵循策略 π，则该状态的价值是累积奖励的期望值/平均值。智能体所处的状态和从环境中获得的回报取决于它所遵循的策略，即它在给定状态下采取的动作。G_t 和 G_{t+1} 之间存在递归关系，其中 G_t 的表达式可以用 G_{t+1} 来表示。

$$G_t=R_{t+1}+\gamma(R_{t+2}+\gamma R_{t+3}+\gamma^2 R_{t+4}+\cdots+\gamma^{T-(t+1)-1}R_T) \tag{2.12}$$

我们把注意力集中在括号内的表达上。

$$R_{t+2}+\gamma R_{t+3}+\gamma^2 R_{t+4}+\cdots+\gamma^{T-(t+1)-1}R_T$$

接下来,将变量从 t 改为 t',其中 $t'=t+1$。前面的表达式可以改写如下:

$$R_{t'+1} + \gamma R_{t'+2} + \gamma^2 R_{t'+3} + \cdots + \gamma^{T-t'-1} R_T \tag{2.13}$$

将式(2.13)与式(2.10)中给出的 G_t 表达式进行比较,可以看到

$$R_{t'+1} + \gamma R_{t'+2} + \gamma^2 R_{t'+3} + \cdots + \gamma^{T-t'-1} R_T = G_{t'} = G_{t+1} \tag{2.14}$$

接下来,式(2.14)代入式(2.12),有

$$G_t = R_{t+1} + \gamma G_{t+1} \tag{2.15}$$

式(2.11)中的 G_t 可以用递归的表达式替换,得到

$$v_\pi(s) = E_\pi[R_{t+1} + \gamma G_{t+1} \mid S_t = s] \tag{2.16}$$

期望 E_π 涉及智能体在状态 $S_t = s$ 下可能采取的所有动作 a 和环境将智能体转移到由转移函数 $p(s',r \mid s,a)$ 定义的所有新状态,期望的展开形式使得修正后的 $v_\pi(s)$ 表达式如下:

$$v_\pi(s) = \sum_a \pi(a \mid s) \sum_{s',r} p(s',r \mid s,a)[r + \gamma v_\pi(s')] \tag{2.17}$$

解释这个等式的方法是,状态 s 的状态价值是后继状态 s' 的所有奖励和状态价值的平均值。平均是根据在状态 s 中采取动作 a 的策略 $\pi(a|s)$ 进行的,然后根据状态-动作 (s,a) 使用奖励 r 将智能体转移到 s' 的环境转移概率 $p(s',r|s,a)$。式(2.17)中的等式显示了将当前状态 s 的状态价值与后续状态 s' 的状态价值联系起来的递归性质。

动作价值函数也存在类似的关系。从式(2.9)开始,逐步推导 q 值之间的递归关系。即

$$q_\pi(s,a) = E_\pi[G_t \mid S_t = s, A_t = a]$$
$$= E_\pi[R_t + \gamma G_{t+1} \mid S_t = s, A_t = a]$$

将期望扩展为所有可能性的总和,得到

$$q_\pi(s,a) = \sum_{s',r} p(s',r \mid s,a)[r + \gamma v_\pi(s')] \tag{2.18}$$

现在来看看 $v_\pi(s)$ 和 $q_\pi(s,a)$ 的关系。它们通过智能体遵循的策略 $\pi(a|s)$ 相关联。q 值是元组 (s,a) 的价值,v 是状态 s 的价值。该策略通过概率分布将状态与可能的一组动作联系起来。梳理关系中的这些结果,可得到如下结论:

$$v_\pi(s) = \sum_a \pi(a \mid s) \cdot q_\pi(s,a) \tag{2.19}$$

前面的关系也可以从式(2.17)和式(2.18)中推断出来,其中按照式(2.18)用 $q_\pi(s,a)$ 替换了式(2.17)中右侧的部分表达式。

就像式(2.17)根据 $v_\pi(s')$ 给出了 $v_\pi(s)$ 的递归关系一样,也可以用 $q_\pi(s',a')$ 在式(2.18)中表示 $q_\pi(s,a)$。这是通过将式(2.1)中的 $v_\pi(s')$ 替换为式(2.19)中的表达式来实现的。这种操作给出了 q 值之间的递归关系。

$$q_\pi(s,a) = \sum_{s',r} p(s',r \mid s,a)\left[r + \gamma \sum_{a'} \pi(a' \mid s') \cdot q_\pi(s',a')\right] \tag{2.20}$$

将当前状态价值或 q 值与后续值联系起来的式(2.17)和式(2.20)可以通过回溯图来表示。我们现在扩展图 2-12 中的回溯图,以覆盖前面的两种情况。该图遵循标准惯例:状态 s 显示为空心圆圈,表示 a 的动作节点显示为实心圆圈。

方程(2.17)是 $v_\pi(s)$ 的贝尔曼方程,方程(2.20)是 $q_\pi(s,a)$ 的贝尔曼方程。这些方程以公式形式给出了序列决策设置(如强化学习)中的递归关系。强化学习中的所有算法都基

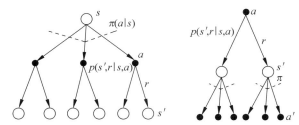

图 2-12　状态价值和动作价值的回溯关系图（空心圆圈表示状态，实心圆圈表示动作）

于这两个方程的变形，目的是最大化不同假设和近似下的价值函数。使用这些算法时，我们将不断强调在某些假设下方程的近似部分，以及各种方法的优缺点。

作为强化学习的实践者，读者的大部分专业知识将首先围绕将现实问题转化为强化学习设置，然后根据约束和假设选择正确的算法集。因此，本书的重点放在使算法发挥最佳效果所需的条件和假设，以及针对给定问题的竞争选项的优缺点。我们将提供数学方程来形式化这种关系，但核心重点将是帮助读者直观地了解给定的方法/算法在何时有意义。

2.6.1　贝尔曼最优方程

解决强化学习问题意味着找到（学习）使状态价值函数最大化的策略。假设有一套策略，我们的目标是选择最大化状态价值 $v_\pi(s)$ 的策略。一个状态的最优价值函数定义为 $v^*(s)$。最优状态价值的关系可以表述如下：

$$v^*(s) = \max_\pi v_\pi(s) \tag{2.21}$$

式（2.21）表明，最优状态价值是在所有可能的策略 π 上可以获得的最大状态价值。假设这个最优策略用策略加上标（$*$）表示，即 π^*。若智能体遵循最优策略，则处于状态 s 的智能体将采取动作 a，这将最大化在最优策略下获得的 $q(s,a)$。也就是说，将式（2.19）从期望值修改为最大值，如下所示：

$$v^*(s) = \max_a q_{\pi^*}(s,a) \tag{2.22}$$

此外，类似于式（2.17）和式（2.21），最优状态价值函数和动作价值函数的递归形式如下：

$$v^*(s) = \max_a \sum_{s',r} p(s',r \mid s,a)[r + \gamma v^*(s')] \tag{2.23}$$

$$q^*(s,a) = \sum_{s',r} p(s',r \mid s,a)[r + \gamma \max_{a'} q^*(s',a')] \tag{2.24}$$

这些最优方程可以用如图 2-13 所示的回溯图来表示，突出了当前值和后续值之间的递归关系。

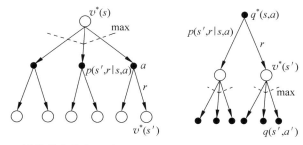

图 2-13　最优状态价值和动作价值的回溯图（策略 π 被 max 操作替换）

如果有了所有的 v^* 值,那么很容易找到最优策略。使用如图 2-12 所示的一步回溯图来查找得到最优值 v^* 的 a^*。这可以看作是一步搜索。如果知道了 $q^*(s,a)$,找到最优策略就更容易了。在状态 s 下,我们只选择 q 值最高的动作 a,这从式(2.22)中可以明显看出。我们将把这些概念应用于图 2-9 中介绍的电动车问题,该问题在图 2-14 中重现。

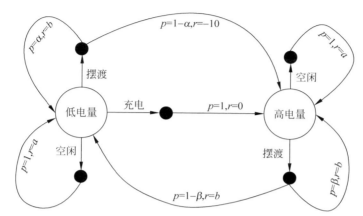

图 2-14 图 2-9 的重现,电动车:具有双状态的连续马尔可夫决策过程,
每个状态有 3 个动作:空闲、摆渡或充电

表 2-1 描述了各种值。这个表列出了(s,a,s',r)的所有可能组合以及概率 $p(s',r|s,a)$。

表 2-1 图 2-14 中 MDP 的系统动态

状态 s	动作 a	新的状态 s'	奖励 r	$p(s',r|s,a)$
低电量	空闲	低电量	a	1.0
低电量	充电	高电量	0	1.0
低电量	摆渡	低电量	b	α
低电量	摆渡	高电量	-10	$1-\alpha$
高电量	空闲	高电量	a	1.0
高电量	摆渡	高电量	b	β
高电量	摆渡	低电量	b	$1-\beta$

使用表 2-1 和式(2.23)来计算最优状态价值。

$$v^*(\text{low}) = \max \begin{cases} a + \gamma v^*(\text{low}) \\ \gamma v^*(\text{high}) \\ \alpha[b + \gamma v_0(\text{low})] + (1-\alpha)[-10 + \gamma v^*(\text{high})] \end{cases}$$

$$v^*(\text{high}) = \max \begin{cases} a + \gamma v^*(\text{high}) \\ \beta[b + \gamma v^*(\text{high})] + (1-\beta)[b + \gamma v^*(\text{low})] \end{cases}$$

对于给定的 a,b,α,β,γ 值,将有一组唯一的 $v^*(\text{high})$ 和 $v^*(\text{low})$ 满足前面的等式。然而,方程的显式求解仅适用于简单的玩具问题。现实生活中大规模的问题需要使用其他可扩展的方法。这正是我们将在本书的其余部分中研究的内容:用于求解最优策略的贝尔曼方程的各种方法和途径,该最优策略是智能体在给定的情景中应当遵循的。

2.6.2　解决方法类型的思维导图

有了强化学习设置和贝尔曼方程的背景,我们来看一看强化学习世界中的算法。图 2-15 展示了强化学习空间中各种类型的学习算法的高级视图。

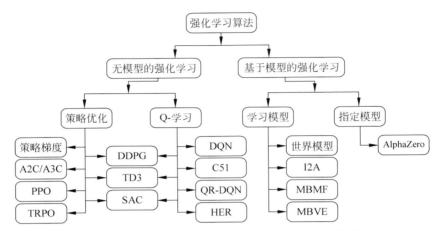

图 2-15　强化学习算法的思维导图,仅显示广义分类

如贝尔曼方程所示,系统转移动态方法 $p(s',r|s,a)$ 构成了中心部分。转移动态方法描述了环境模型。然而,转移动态方法并不总是已知的。因此,学习算法的第一个分类是基于模型的知识(或缺乏模型的知识)来完成的,即基于模型和无模型算法的分类。

基于模型的算法可以进一步分为两类:一类是我们给定模型的算法,例如围棋或象棋,第二类是智能体需要探索和学习模型的算法。"学习模型"下的一些流行方法包括世界模型、想象力增强的智能体(I2A)、带有无模型微调的基于模型方法(MBMF)和基于模型的价值探索(MBVE)。

在无模型设置中,我们注意到贝尔曼方程提供了一种方法来找到状态-动作价值,并使用它们来找到最优策略。这些算法大多采用迭代优化的方法。最终,我们希望智能体有一个最优策略,算法使用贝尔曼方程来评估策略的优劣,并引导优化朝着正确的方向进行。然而,还有另一种方法。为什么不直接改进策略,而是使用价值对策略的间接方式呢? 这种直接改善策略的方法被称为策略优化。

回到无模型世界的范畴,Q-学习形成了无模型贝尔曼驱动的状态-动作价值优化的主要部分。这种方法下包括深度 Q 网络(DQN)以及 DQN 的各种变体,如 categorical 51-Atom DQN(C51)、分位数回归深度 Q 网络(QR-DQN)和事后经验回放(HER)。

直接遵循策略优化路径的算法是策略梯度、演员-评论家及其变体(A2C/A3C)、近似策略优化(PPO)和信赖域策略优化(TRPO)。

最后,有一组算法介于 Q-学习和策略优化之间。这一类别中最受欢迎的是深度确定性策略梯度(DDPG)、双延迟的深度确定性策略梯度(TD3)和软演员-评论家(SAC)。

这些分类只是为了帮助读者理解不同的方法和流行的算法。然而,这些分类并非详尽无遗。强化学习领域发展迅速,新的方法定期出现。这一思维导图仅作为参考。

2.7　总结

　　本章介绍强化学习的背景、设置和各种定义；然后讨论贝尔曼方程和贝尔曼最优方程，以及状态-动作价值函数和回溯图；最后对算法进行概述。

　　接下来的章节将从动态规划开始更深入地研究这些算法。

第3章

基于模型的算法

第 2 章讨论了构成智能体的设置和构成环境的内容。智能体获取状态 $S_t = s$ 并学习将状态映射到动作的策略 $\pi(a \mid s)$。当状态为 $S_t = s$ 时，智能体使用此策略执行 $A_t = a$ 的动作。然后系统转移到下一个时间 $t+1$。环境通过将智能体置于新状态 $S_{t+1} = s'$，并以奖励 R_{t+1} 的形式向智能体提供反馈来响应动作（$A_t = a$）。智能体无法控制新的状态 S_{t+1} 和奖励 R_{t+1} 的值。$(S_t = s, A_t = a) \rightarrow (R_{t+1} = r, S_{t+1} = s')$ 的转移由环境决定，这就是所谓的转移动态方法。对于给定的一对 (s, a)，可能有一对或者多对的 (r, s')。在确定性的世界中，对于固定的组合 (s, a)，将有一对单一的 (r, s')。然而，在随机环境中，即有不确定结果的环境中，对于给定的 (s, a) 可以有许多成对的 (r, s')。

本章将重点讨论已知转移动态方法 $\Pr\{S_{t+1} = s', R_{t+1} = r \mid S_t = s, A_t = a\}$ 的算法。智能体将使用这些知识来"规划"一个策略，最大化状态价值 $v_\pi(s)$ 的累积回报。所有这些算法都将基于动态规划，这允许我们将问题分解成更小的子问题，并使用在第 2 章中讲解的贝尔曼方程的递归关系。在此过程中，读者将了解如何从一般意义上改进策略。

但在深入研究算法之前，我们将先介绍本章中将要使用的强化学习环境。然后，我们将专注于基于模型的算法。

3.1 OpenAI Gym

这里的编码练习基于第 2 章简要介绍的 OpenAI Gym 环境。Gym 是 OpenAI 开发的用于比较强化学习算法的库。

它提供了一组标准化的环境，可用于开发和比较各种强化学习算法。所有这些环境都有一个共享的接口，允许我们编写通用算法。

Gym 的安装很简单，这已经在第 1 章的设置部分解释过了。第 2 章介绍了学习强化学习时使用的两个流行环境：MountainCar-v0 和 CartPole-v1。本章将使用一个更简单的环境来讨论动态规划。如图 3-1 所示，它是一个 4×4 的网格。左上和右下的位置是终止状态，图中显示为阴影单元。在给定的单元格中，智能体可以向 4 个方向中的任何一个移动：上、右、下和左。如果碰到墙，智能体将保持当前位置，否则智能体将确定性地朝动作的方向移动。直到它到达终止状态,智能体每一步都能得到为 -1 的奖励。

0	1	2	3
4	5	6	7
8	9	10	11
12	13	14	15

图 3-1 网格世界环境(一个 4×4 网格,在左上角和右下角有终止状态 且网格中的数字表示状态 S)

Gym 库中没有提供这种环境。我们将在 OpenAI Gym 中创建一个自定义环境。如果要将环境发布到外部世界,由于它只供我们个人使用,所以需要遵循文档化的文件结构,并使用一个简单的单文件结构来定义网格世界环境。环境必须实现以下函数:step(action)、reset() 和 render()。

我们需要扩展 Gym:DiscreteEnv 中提供的一个模板环境。它已经实现了 step 和 reset 功能。只需要提供 nA(每个状态中的动作数量)、nS(状态总数)和一个字典 P,其中 $P[s][a]$ 给出了一个元组列表(probability, next_state, reward, done),即它提供了转移动态方法。即对于一个给定的状态 s 和动作 a,它给出了下一个可能的状态 s',奖励 r 和概率 $p(s',r|s,a)$。第四个元组是一个布尔变量(Boolean flag),指示下一个状态 s' 是否为终止状态。

在基于模型的算法设置下,转移动态方法 P 是已知的,这是本章的重点。然而,P 不应该直接被用于无模型算法,即在没有模型知识的情况下就能学习的算法(转移动态方法)。我们将在后续章节中学习无模型算法。代码块 3-1 显示了脚本文件 gridworld.py。

代码块 3-1 网格世界环境

```python
import numpy as np
import sys
from gym.envs.toy_text import discrete
from contextlib import closing
from io import StringIO

# define the actions
UP = 0
RIGHT = 1
DOWN = 2
LEFT = 3
class GridworldEnv(discrete.DiscreteEnv):
    """
    A 4×4 Grid World environment from Sutton's Reinforcement
    Learning book chapter 4. Terminal states are top left and
    the bottom right corner.
    Actions are (UP = 0, RIGHT = 1, DOWN = 2, LEFT = 3).
    Actions going off the edge leave agent in current state.
    Reward of -1 at each step until agent reaches a terminal state.
    """

    metadata = {'render.modes': ['human', 'ansi']}
    def __init__(self):
```

```python
        self.shape = (4, 4)
        self.nS = np.prod(self.shape)
        self.nA = 4
        P = {}
        for s in range(self.nS):
            position = np.unravel_index(s, self.shape)
            P[s] = {a: [] for a in range(self.nA)}
            P[s][UP] = self._transition_prob(position, [-1, 0])
            P[s][RIGHT] = self._transition_prob(position, [0, 1])
            P[s][DOWN] = self._transition_prob(position, [1, 0])
            P[s][LEFT] = self._transition_prob(position, [0, -1])
        # Initial state distribution is uniform
        isd = np.ones(self.nS) / self.nS
        # We expose the model of the environment for dynamic programming
        # This should not be used in any model-free learning algorithm
        self.P = P
        super(GridworldEnv, self).__init__(self.nS, self.nA, P, isd)

    def _limit_coordinates(self, coord):
        """
        Prevent the agent from falling out of the grid world
        :param coord:
        :return:
        """
        coord[0] = min(coord[0], self.shape[0] - 1)
        coord[0] = max(coord[0], 0)
        coord[1] = min(coord[1], self.shape[1] - 1)
        coord[1] = max(coord[1], 0)
        return coord

    def _transition_prob(self, current, delta):
        """
        Model Transitions. Prob is always 1.0.
        Chapter 3 Model-Based Algorithms
        :param current: Current position on the grid as (row, col)
        :param delta: Change in position for transition
        :return: [(1.0, new_state, reward, done)]
        """

        # if stuck in terminal state
        current_state = np.ravel_multi_index(tuple(current), self.shape)
        if current_state == 0 or current_state == self.nS - 1:
            return [(1.0, current_state, 0, True)]

        new_position = np.array(current) + np.array(delta)
        new_position = self._limit_coordinates(new_position).astype(int)
        new_state = np.ravel_multi_index(tuple(new_position), self.shape)

        is_done = new_state == 0 or new_state == self.nS - 1
        return [(1.0, new_state, -1, is_done)]

    def render(self, mode='human'):
        outfile = StringIO() if mode == 'ansi' else sys.stdout

        for s in range(self.nS):
```

```
position = np.unravel_index(s, self.shape)
if self.s == s:
output = " x "
# Print terminal state
elif s == 0 or s == self.nS − 1:
    output = " T "
else:
    output = " o "

if position[1] == 0:
    output = output.lstrip()
if position[1] == self.shape[1] − 1:
    output = output.rstrip()
    output += '\n'
outfile.write(output)

outfile.write('\n')
# No need to return anything for human
if mode != 'human':
    with closing(outfile):
        return outfile.getvalue()
```

　　GridworldEnv 是通过扩展 Gym 库中提供的模板环境 discrete.DiscreteEnv 创建的。在__init__(self)中，我们根据图 3-1 所示的动态定义了 nA、nS 和转移函数 P。代码块 3-1 完整地描述了在本章其余部分中使用的自定义 Gym 环境。

　　现在讨论无模型算法，也就是将在本章的"动态规划"部分(3.2 节)学习的内容。

3.2　动态规划

　　动态规划是理查德·贝尔曼在 20 世纪 50 年代提出的一种优化技术。它指将一个复杂的问题分解成简单的子问题，找出子问题的最优解，然后结合子问题的最优解得到原问题的最优解。让我们看一下贝尔曼方程(2.17)，它用策略 $\pi(a|s)$ 系统动态 $p(s',r|s,a)$ 和后续状态的状态价值 $v_\pi(s')$ 来表示 $v_\pi(s)$。

$$v_\pi(s) = \sum_a \pi(a \mid s) \sum_{s',r} p(s',r \mid s,a)[r + \gamma v_\pi(s')]$$

　　我们用其他状态价值 $v_\pi(s')$ 来表示价值 $v_\pi(s)$，其中所有的状态价值都是未知的。如果能以某种方式得到当前状态的所有后续状态价值，就能计算 $v_\pi(s)$。这表明了这个方程的递归性质。

　　我们还注意到，当 s' 是某个状态 s 的后续状态时，就需要多次使用特定的值 $v_\pi(s')$。因为这种性质，我们可以缓存(即存储)$v_\pi(s')$ 并多次使用它，以避免每次需要 $v_\pi(s')$ 时又重新计算。

　　动态规划是一种被广泛使用的优化技术，它可以将复杂的问题分解成更小的问题。一些常见的应用包括调度算法、图形算法(如最短路径)、图形模型(如维特比算法)和生物信息学中的格子模型。

　　由于本书是关于强化学习的，所以我们将尽量少地使用动态规划来求解贝尔曼期望方程、最优方程、价值函数和动作价值函数。式(2.17)、式(2.20)、式(2.23)和式(2.24)给出了这些方程，现在再次给出这些方程以备参考。

价值函数的贝尔曼期望方程：

$$v_\pi(s) = \sum_a \pi(a \mid s) \sum_{s',r} p(s',r \mid s,a)[r + \gamma v_\pi(s')] \tag{3.1}$$

动作价值函数的贝尔曼期望方程：

$$q_\pi(s,a) = \sum_{s',x} p(s',r \mid s,a)[r + \gamma \sum_{a'} \pi(a' \mid s')q(s',a')] \tag{3.2}$$

价值函数的贝尔曼最优方程：

$$v^*(s) = \max_a \sum_{s',r} p(s',r \mid s,a)[r + \gamma v_*(s')] \tag{3.3}$$

动作价值函数的贝尔曼最优方程：

$$q^*(s,a) = \sum_{s',x} p(s',r \mid s,a)[r + \gamma \max_{a'}(s',a')] \tag{3.4}$$

这4个方程都满足动态规划递归性质：用后续状态或状态-动作的价值来表示当前状态或状态-动作对的 v 值或 q 值。我们将首先使用期望方程来评估策略，这称为评估或预测。然后，我们将利用最优方程找到一个最优策略，最大化状态价值和状态-动作价值。接下来将介绍一种广泛使用的策略改进的广义框架。本章最后将讨论大规模问题设置中的实际挑战和在这种环境下优化动态规划的各种方法。

本章主要关注有限状态集的这一类问题，在这类问题中，每个状态中有一个有限的动作集。包含连续状态和连续动作的问题可以利用动态规划来解决（先将状态和动作离散化）。读者将在第4章的末尾看到这种方法的一个例子。这也是第5章的主要内容。

3.3　策略评估/预测

现在利用式(3.1)的迭代性质和动态规划的概念来推导状态价值。式(3.1)表示状态 s 在其后续状态下的状态价值。状态价值还取决于智能体所遵循的策略，该策略被定义为 $\pi(a \mid s)$。由于与策略和价值相关，所有状态价值将都被加上下标 π，以表示式(3.1)中的状态价值是通过遵循一个特定的策略 $\pi(a \mid s)$ 获得的。注意，改变策略 π 将产生一组不同的 $v_\pi(s)$ 和 $q_\pi(s,a)$。

式(3.1)中的关系可以通过回溯图表示，如图3-2所示。

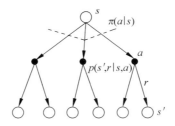

图3-2　状态价值函数贝尔曼期望方程的回溯图（空心圆圈表示状态，实心圆圈表示动作）

智能体从状态 s 开始。它根据其当前的策略 $\pi(a \mid s)$ 采取动作 a。环境基于系统动态 $p(s',r \mid s,a)$ 将智能体转移到一个新的状态 s' 并获得奖励 r。正如读者所看到的，式(3.1)是一个方程组，每个状态都有一个方程。若有 $|S|$ 种状态，则会有 $|S|$ 个这样的方程。方程

的数目等于$|S|$,与未知$v(s)$的数目相同,每个$S=s$对应一个状态价值。因此,式(3.1)表示一个具有$|S|$个未知数的$|S|$个方程系统。我们可以用任何线性规划技术来解方程组。但因为它涉及一个矩阵的逆,所以对现实生活中的大多数强化学习问题不是很实用。

相反地,我们可以使用迭代解来解决问题。这是通过在第一次迭代$k=0$时从一些随机状态价值$v_0(s)$开始的,并通过式(3.1)的右侧使用它们来获得下一个迭代步骤的状态价值来实现的。

$$v_{k+1}(s) \leftarrow \sum \pi(a \mid s) \sum p(s',r \mid s,a)[r + \gamma v_k(s')] \tag{3.5}$$

注意,上式中下标从π到k和$k+1$的变化。也请注意等于符号($=$)到符号赋值($\leftarrow$)的变化。现在用前一次迭代k的状态价值来表示迭代$k+1$的状态价值,并且在每次迭代中都会有$|S|$(状态总数)个这样的更新。可以证明,当k趋近于正无穷(∞)时,V_k收敛于V_π。这种找到给定策略的所有状态价值的方法称为策略评估。在$k=0$时,选择任意的值V_0,并使用方程(3.5)迭代状态价值,直到状态价值V_k停止变化。策略评估的另一个名称是预测,即预测给定策略的状态价值。

通常,在每次迭代中,我们都会创建一个现有状态价值v的新副本,并从前一个数组中所有状态价值更新新数组中的所有值。我们设置状态价值数组:V_k和V_{k+1}。这称为同步更新,即基于前一个迭代的状态价值更新所有状态价值。然而,还有另一种方法:只设置一个状态价值数组,并在每个新值立即覆盖旧值处进行就地更新。如果每个状态更新的次数足够多,那么就地更新有助于更快地收敛。这种就地更新称为异步更新。在本章的后面,专门用一节介绍各种类型的就地更新。

图 3-3 给出了迭代策略评估的伪代码。

输入:待评估的策略π和收敛阈值θ

输出:状态价值V

初始化状态值$V(s)=0$或者任意数值($s \in S$的所有状态),但终止状态总是初始化为0

创建副本:$V'(s) \leftarrow V(s)$(对所有的s)

循环:

$\quad \Delta=0$

$\quad$**For** $s \in S$:

$$V'(s) \leftarrow \sum_a \pi(a \mid s) \sum_{s',a} p(s',r \mid s,a)[r + \gamma V(s')]$$

$\quad \quad \Delta = \max(\Delta, |V(s)-V'(s)|)$

$\quad \quad V(s) \leftarrow V'(s)$,对$s \in S$的所有状态;即创建$V(s)$的副本

$\quad \quad$**Until** $\Delta < \theta$

$\quad$**End for**

图 3-3 策略评估算法

现在将前面的算法应用到如图 3-1 所示的网格世界环境中。假设有一个随机策略$\pi(a \mid s)$,其中每一个动作(上、右、下、左)的概率都是0.25。代码块 3-2 给出应用于网格世界的策略评估代码。这来自文件 listing3_2.ipynb。

注意,本书中的代码块只会展示在讨论的上下文中相关的代码。完整的代码实现请查

看 Python 脚本文件或 Python notebooks。

代码块 3-2 策略评估/策略规划：Listing3_2.ipynb

```python
def policy_eval(policy, env, discount_factor = 1.0, theta = 0.00001):
    """
    Evaluate a policy given an environment and
    a full description of the environment's dynamics.

    Args:
        policy: [S, A] shaped matrix representing the policy. Random in our case
        env: OpenAI env. env.P -> transition dynamics of the environment.
            env.P[s][a] [(prob, next_state, reward, done)].
            env.nS is number of states in the environment.
            env.nA is number of actions in the environment.
        theta: Stop evaluation once value function change is
            less than theta for all states.
        discount_factor: Gamma discount factor.

    Returns:
        Vector of length env.nS representing the value function.
    """
    # Start with a (all 0) value function
    V = np.zeros(env.nS)

    V_new = np.copy(V)
    while True:
        delta = 0
            # For each state, perform a "backup"
        for s in range(env.nS):
            v = 0
            # Look at the possible next actions
            for a, pi_a in enumerate(policy[s]):
                # For each action, look at the possible next states...
                for prob, next_state, reward, done in env.P[s][a]:
                    # Calculate the expected value as per backup diagram
                    v + = pi_a * prob * \
                        (reward + discount_factor * V[next_state])
            # How much our value function changed (across any states)
            V_new[s] = v
            delta = max(delta, np.abs(V_new[s] - V[s]))
            V = np.copy(V_new)
            # Stop if change is below a threshold
        if delta < theta:
            break
    return np.array(V)
```

当运行代码时，智能体会遵循随机策略，图 3-4 中给出了每个网格单元的状态价值 $v_\pi(s)$。

可以看到值是收敛的。让我们看一下最后一列的第三行，状态价值为 $v_\pi(s) = -14$。在这种状态下，动作"上"会将智能体带到状态价值为 -20 的单元格，动作"左"将智能体带到状态价值为 -18 的单元格，动作"下"将智能体带到状态价值为 0 的单元格，而动作"右"会撞到边界，使得智能体的状态保持不变。我们将式(3.1)的右侧展开，动作顺序为上、右、下、左。

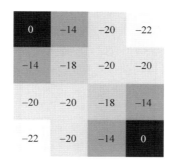

图 3-4　图 3-1 所示的网格世界的策略评估 $v_\pi(s)$（智能体遵循随机策略，
上、下、左、右 4 个动作的概率都是 0.25）

$$-14 = 0.25 \times [-1 + (-20)] + 0.25 \times [-1 + (-14)] + 0.25 \times (-1 + 0) +$$
$$0.25 \times [-1 + (-18)] - 14 = -14$$

两边的值是匹配的，这证明了值的收敛性。如图 3-4 所示为智能体遵循随机策略时的状态价值。注意，我们考虑了 $\gamma = 1.0$ 的折扣因子。

了解了策略评估之后，在 3.4 节中将讨论如何针对特定环境改进策略。

3.4　策略改进和迭代

3.3 节展示了如何迭代获取给定策略的状态价值 $v_\pi(s)$。我们可以利用这些信息来改进策略。在网格世界中，可以在任意状态中采取 4 个动作。现在不遵循随机的策略 $\pi(a \mid s)$，而是考虑单独采取 4 个动作，然后遵循策略 π。将得到 4 个 $q(s,a)$ 的值，这是在网格世界中采取 4 种可能动作的动作价值。

$$q(s,a) = \sum_{s',r} p(s',r \mid s,a)[r + \gamma v_\pi(s')]$$

注意，$q(s,a)$ 没有下标 π。我们将评估状态 $S = s$ 时所有可能动作的 $q(s,a)$。如果任意一个 $q(s,a)$ 大于当前的状态价值 $v_\pi(s)$，那么这意味着当前的策略 $\pi(a \mid s)$ 没有采取最优的动作，我们可以改进当前状态 $S = s$ 的策略。采取 q 值最大化的动作 $A = a$，并将其定义为状态 $S = s$ 的策略，与当前策略 $\pi(a \mid s)$ 相比，我们可以得到更高的状态价值。也就是说，有如下定义：

$$\pi'(a \mid s) = \underset{a}{\mathrm{argmax}}\, q(s,a) \tag{3.6}$$

由于有一个称为策略改进定理的一般结果（在这里我们不详细讲述），新策略 π' 下的所有状态的价值都等于或大于策略 π 下的状态价值。也就是说，在特定状态 $S = s$ 下选择最大化动作可以提高该状态的状态价值，但不能降低其他状态的价值。它既可以保持不变，也可以改进依赖于 $S = s$ 的其他状态。在数学上，可以表达为

$$v'_\pi(s) \geqslant v_\pi(s), \quad s \in S$$

根据当前的 q 值，可以对所有状态应用前面的最大化步骤（贪婪步骤）。这种在所有状态下最大化动作的扩展称为贪婪策略，递归状态价值关系由贝尔曼最优方程(3.4)给出。

我们现在有了一个策略改进的框架。对于给定的 MDP，首先迭代地进行策略评估以获

得状态价值 $v(s)$,然后根据式(3.6)应用动作的贪婪选择最大化 q 值。但是这将导致状态价值与贝尔曼方程不同步,因为最大化步骤应用于每个单独的状态,而没有经过所有的后续状态。因此,我们需要再次在新策略 π' 下进行策略迭代,求出改进策略下的状态-动作价值。一旦获得状态价值,可以再次应用最大化动作进一步将策略改进为 π''。这个循环一直持续到没有进一步的改善为止。这个动作的顺序可以描述如下:

$$\pi_0 \xrightarrow{\text{评估}} v_{\pi_0} \xrightarrow{\text{改进}} \pi_1 \xrightarrow{\text{评估}} v_{\pi_1} \xrightarrow{\text{改进}} \pi_2 \cdots \rightarrow \pi^* \xrightarrow{\text{改进}} v^*$$

从策略改进定理中,我们知道每一次贪婪改进和策略评估,$v_\pi \xrightarrow{\text{改进}} \pi' \xrightarrow{\text{评估}} v_\pi$ 都给了我们一个比以前更好的策略,对于具有有限数量的离散状态和每个状态中有限数量的动作的MDP,上述过程每进行一次便会改进策略,一旦停止观察状态价值的任何进一步改进,就会找到最优策略。这必然会在有限数量的改进周期内发生。

这种寻找最优策略的方法称为策略迭代。图 3-5 显示了策略迭代的伪代码。

输入：策略 π 和收敛阈值 θ

输出：最优状态价值 V^* 和最优策略 π^*

初始化状态值 $V(s)$ 和策略 π

例如：$V(s)=0(s\in S)$，$\pi(a\mid s)$ 作为任意定义的收敛阈值 θ

策略评估

循环：

    $\Delta=0$

    For $s\in S$：

        $V'(s) \leftarrow \sum_a \pi(a\mid s) \sum_{s',a} p(s',r\mid s,a)[r+\gamma V'(s)]$

        $\Delta=\max(\Delta,|V(s)-V'(s)|)$

        $V(s) \leftarrow V'(s)$

        Until $\Delta < \theta$

    End

策略改进

policy-changed←false

循环：

    For $s\in S$：

        old-action←$\pi(s)$

        $\pi(s) \leftarrow \operatorname*{argmax}_a \sum_{s',a} p(s',r\mid s,a)[r+\gamma V(s')]$

        If $\pi(S) \neq$ old-action

            Policy-changed＝true

        End if

    If Policy-changed＝true

        策略评估

    Otherwise

        返回 $V(s)$ 为 v^*，返回 $\pi(s)$ 为 π^*

图 3-5 有限 MDP 的策略迭代算法

将前面的算法应用到图 3-1 中的网格世界中。代码块 3-3 显示了应用于网格世界的策略迭代的代码。完整的代码可见 Listing3_3.ipynb。函数 policy_evaluation 与代码块 3-2 相同。有一个新的函数 policy_improvement，它使用贪婪最大化来返回一个对现有策略进行改进的策略。Policy_iteration 函数在循环中运行 policy_evaluation 和 policy_improvement，直到状态价值停止增加并收敛到一个固定值。

代码块 3-3 策略迭代：listing3_3.ipynb

```python
# Policy Improvement
def policy_improvement(policy, V, env, discount_factor = 1.0):
    """
    Improve a policy given an environment and a full description
    of the environment's dynamics and the state - values V.

    Args:
        policy: [S, A] shaped matrix representing the policy.
        V: current state - value for the given policy
        env: OpenAI env. env.P -> transition dynamics of the environment.
            env.P[s][a] [(prob, next_state, reward, done)].
            env.nS is number of states in the environment.
            env.nA is number of actions in the environment.
        discount_factor: Gamma discount factor.
    Returns:
        policy: [S, A] shaped matrix representing improved policy.
        policy_changed: boolean which has value of 'True' if there
                        was a change in policy
    """
    def argmax_a(arr):
        """
        Return idxs of all max values in an array.
        """
        max_idx = []
        max_val = float('- inf')
        for idx, elem in enumerate(arr):
            if elem == max_val:
                max_idx.append(idx)
            elif elem > max_val:
                max_idx = [idx]
                max_val = elem
        return max_idx

    policy_changed = False
    Q = np.zeros([env.nS, env.nA])
    new_policy = np.zeros([env.nS, env.nA])

    # For each state, perform a "greedy improvement"
    for s in range(env.nS):
        old_action = np.array(policy[s])
        for a in range(env.nA):
            for prob, next_state, reward, done in env.P[s][a]:
```

```
    # Calculate the expected value as per backup diagram
    Q[s,a] + = prob * (reward + discount_factor * V[next_state])

  # get maximizing actions and set new policy for state s
  best_actions = argmax_a(Q[s])
  new_policy[s, best_actions] = 1.0 / len(best_actions)

if not np.allclose(new_policy[s], policy[s]):
    policy_changed = True

    return new_policy, policy_changed

# Policy Iteration
def policy_iteration(env, discount_factor = 1.0, theta = 0.00001):
    # initialize a random policy
    policy = np.ones([env.nS, env.nA]) / env.nA
    while True:
        V = policy_evaluation(policy, env, discount_factor, theta)
        policy_changed = policy_improvement(policy, V, env, discount_factor)

if not changed: # terminate iteration once no improvement is observed
    V_optimal = policy_evaluation(policy, env, discount_factor, theta)
    print("Optimal Policy\n", policy)
    return np.array(V_optimal)
```

图 3-6 显示了在网格世界上运行 policy_iteration 时每个网格单元格的状态价值。

状态价值

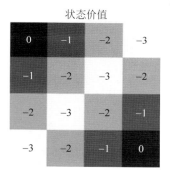

图 3-6　图 3-1 中的网格世界的策略迭代 $v^*(s)$（智能体遵循通过应用
代码块 3-3 中的 policy_iteration 找到的最优策略）

我们看到，最优状态价值为达到最近终止状态所需步数的负数。由于在智能体到达终止状态之前，每个步长的奖励都是−1，所以最优策略将使智能体尽可能以最少的步数到达终止状态。对于某些状态，多个动作可以以相同的步数到达终止状态。例如，状态价值为−3 的右上角状态，3 个步数可以到达左上角的终止状态或右下角的终止状态。也就是说，状态价值是状态与最近终止状态间的曼哈顿距离的负数。

我们也可以提取最优策略，如图 3-7 所示。图的左侧显示了从代码块 3-3 中的代码中提取的策略，图的右侧以图形方式显示了相同的策略叠加在网格上。

策略评估也称为预测，因为我们试图找到与智能体所遵循的当前策略一致的状态价值。类似地，使用策略迭代来找到最优策略也称为控制，即控制智能体并找到最优策略。

Optimal Policy

```
[[ 0.25  0.25  0.25  0.25 ]
 [0.    0.    0.    1.   ]
 [0.    0.    0.    1.   ]
 [0.    0.    0.5   0.5  ]
 [1.    0.    0.    0.   ]
 [0.5   0.    0.    0.5  ]
 [0.    0.    0.5   0.5  ]
 [1.    0.    0.    0.   ]
 [0.5   0.5   0.    0.   ]
 [0.    1.    0.    0.   ]
 [1.    0.    0.    0.   ]
 [0.    1.    0.    0.   ]
 [0.    1.    0.    0.   ]
 [0.25  0.25  0.25  0.25 ]]
```

图 3-7　图 3-6 所示的图 3-1 的网格世界的策略迭代 $v^*(s)$，
左：最优策略，网格中每个单元的动作概率；右：网格与最优策略叠加

3.5　价值迭代

我们来看看策略迭代，并评估需要多少次遍历才能找到最优策略。策略迭代在一个循环中有两个步骤。第一个步骤是策略评估，它是针对当前策略运行的，需要多次遍历状态空间，以便状态价值达到收敛并与当前策略保持一致。第二个步骤是策略改进，这需要遍历一次状态空间来找到每个状态的最佳动作，即对当前状态-动作价值的贪婪改进。由此可见，大部分时间都花在了策略评估和价值收敛上。

另一种方法是截断策略评估中的循环。当我们将策略评估的循环截断为只有一个循环时，便有了一种称为价值迭代的方法。与方程(3.5)的方法类似，我们对状态价值使用贝尔曼最优方程(3.3)，并通过迭代为其赋值。修正公式如下：

$$v_{k+1}(s) \leftarrow \max_a \sum_{s',r} p(s',r \mid s,a)[r + \gamma v_k(s')] \qquad (3.7)$$

在迭代过程中，状态价值将不断改进，并收敛到 v^*，也就是最优值。

$$v_0 \rightarrow v_1 \rightarrow \cdots v_k \rightarrow v_{k+1} \rightarrow \cdots \rightarrow v_n$$

一旦值收敛到最优状态价值，就可以使用一步回溯图来找到最优策略。

$$\pi^*(a \mid s) = \operatorname*{argmax}_a \sum_{s',r} p(s',r \mid s,a)[r + \gamma v_*(s')] \qquad (3.8)$$

前面迭代中每一步取最大值的价值的过程称为价值迭代。伪代码如图 3-8 所示。

将前面的价值迭代算法应用到图 3-1 所示的网格世界中。代码块 3-4 包含了应用于网格世界的价值迭代的代码。详细实现见文件 listing3_4.ipynb。函数 value_iteration 是图 3-8 中伪代码的直接实现。

代码块 3-4　价值迭代：listing3_4.ipynb

```
# Value Iteration
def value_iteration(env, discount_factor = 1.0, theta = 0.00001):
    """
    Carry out Value iteration given an environment and a full description
    of the environment's dynamics.
```

输入：收敛阈值 θ

输出：最优策略和最优状态价值

初始化状态值 $V(s)$（终止总是初始化为 0）。例如，$V(s)=0(s \in S)$，定义收敛阈值 θ

创建副本：对所有 s，$V'(s) \leftarrow V(s)$

循环：

$\Delta \leftarrow 0$

For $s \in S$：

$$V'(s) \leftarrow \max_a \sum_{s',a} p(s',r \mid s,a)[r + \gamma V(s')]$$

$$\Delta = \max(\Delta, |V(s) - V'(s)|)$$

$V(s) \leftarrow V'(s)$

Until $\Delta < \theta$

End

初始化 $\pi(s)$，长度为 $|S|$ 的数组

对于每个 $s \in S$ 循环：

$$\pi(s) \leftarrow \underset{a}{\operatorname{argmax}} \sum_{s',a} p(s',r \mid s,a)[r + \gamma V(s')]$$

返回 $V(s)$ 和 $\pi(s)$

图 3-8　有限 MDP 的价值迭代算法

```
Args:
    env: OpenAI env. env.P -> transition dynamics of the environment.
        env.P[s][a] [(prob, next_state, reward, done)].
        env.nS is number of states in the environment.
        env.nA is number of actions in the environment.
    discount_factor: Gamma discount factor.
    theta: tolerance level to stop the iterations
Returns:
    policy: [S, A] shaped matrix representing optimal policy.
    value : [S] length vector representing optimal value
"""

def argmax_a(arr):
    """
    Return idx of max element in an array.
    """
    max_idx = []
    max_val = float('-inf')
    for idx, elem in enumerate(arr):
        if elem == max_val:
            max_idx.append(idx)
        elif elem > max_val:
            max_idx = [idx]
            max_val = elem
        return max_idx

    optimal_policy = np.zeros([env.nS, env.nA])
```

```
V = np.zeros(env.nS)
V_new = np.copy(V)
while True:
    delta = 0
    # For each state, perform a "greedy backup"
    for s in range(env.nS):
        q = np.zeros(env.nA)
        # Look at the possible next actions
    for a in range(env.nA):
        # For each action, look at the possible next states
        # to calculate q[s,a]
        for prob, next_state, reward, done in env.P[s][a]:
            # Calculate the value for each action as per backup diagram
            if not done:
                q[a] += prob * (reward + discount_factor * V[next_
                state])
            else:
                q[a] += prob * reward
        # find the maximum value over all possible actions
        # and store updated state value
        V_new[s] = q.max()
        # How much our value function changed (across any states)
        delta = max(delta, np.abs(V_new[s] - V[s]))

    V = np.copy(V_new)

    # Stop if change is below a threshold
    if delta < theta:
        break
# V(s) has optimal values. Use these values and one step backup
# to calculate optimal policy
for s in range(env.nS):
    q = np.zeros(env.nA)
    # Look at the possible next actions
    for a in range(env.nA):
        # For each action, look at the possible next states
        # and calculate q[s,a]
        for prob, next_state, reward, done in env.P[s][a]:
            # Calculate the value for each action as per backup diagram
            if not done:
                q[a] += prob * (reward + discount_factor * V[next_state])
            else:
                q[a] += prob * reward
    # find the optimal actions
    # We are returning stochastic policy which will assign equal
    # probability to all those actions which are equal to maximum value
    best_actions = argmax_a(q)
    optimal_policy[s, best_actions] = 1.0 / len(best_actions)
return optimal_policy, V
```

对网格世界运行价值迭代算法将产生最优状态价值 $v^*(s)$ 和最优策略 $v_{\pi^*}(a|s)$，如

图 3-7 和图 3-8 所示。

现在总结一下。到目前为止，我们所研究的都是同步动态规划算法，如表 3-1 所示。

表 3-1　同步动态规划算法

算　　法	贝尔曼方程	问 题 类 型
迭代策略评估	期望方程	预测
策略迭代	期望方程和贪婪改进	控制
价值迭代	最优方程	控制

3.6　广义策略迭代

前面描述的策略迭代有两个步骤：第一步，策略评估，它使状态价值与智能体所遵循的策略同步，需要多次遍历所有状态的价值以收敛到 v；第二步，进行贪婪动作选择以改进策略。如前所述，改进的第二步会导致当前状态价值与新策略不同。因此，我们需要进行新一轮的策略评估，使状态价值与新策略保持同步。当状态价值没有进一步变化时，评估和改进的循环停止。当智能体达到最优策略且状态价值也是最优并且与最优策略同步时，循环便会终止。图 3-9 直观地描绘了 v_π 收敛到最优策略（固定值）的过程。

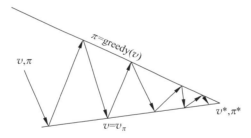

图 3-9　两个步骤之间的迭代（第一步是评估使状态价值与所遵循的策略保持同步，
第二步是改进策略，对动作进行贪婪最大化）

我们已经看到了策略评估步骤中要迭代的循环次数的两个极端。而且，每次迭代，无论是策略评估还是策略改进，都遍历了模型中的所有状态。然而，在一次迭代中，我们只能访问部分状态集，通过贪婪选择来评估和/或改进状态-动作。策略改进定理保证即使访问部分状态也可以改进策略，除非智能体已经遵循最优策略。即状态价值同步不需要被完成。它可能在中途终止，这将导致图 3-9 中的箭头未触及 $v=v_\pi$ 的下线。同样，策略改进的步骤可能不会对所有的状态都进行改进，这又导致图 3-9 中的箭头没有达到 $\pi=\text{greedy}(v)$ 的上线。

总之，只要每个状态在评估和改进过程中被访问足够多次，不管在策略评估和策略改进这两个步骤和它们的变式中扫描了多少个状态，或在策略评估中经历了多少次迭代都会使值达到收敛。这称为广义策略迭代（Generalized Policy Iteration，GPI）。我们将要研究的大多数算法都可以归类为某种形式的 GPI。当我们讨论各种算法时，请记住图 3-10 所示的图片。

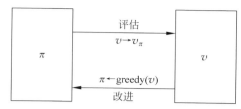

图 3-10　两个步骤之间的迭代(第一步是评估,使状态价值与所遵循的策略保持同步;
第二步是策略改进,对动作进行贪婪最大化)

3.7　异步回溯

　　基于动态规划的算法存在可扩展性问题。与线性规划等直接求解方法相比,动态规划方法具有更好的可扩展性,而线性规划涉及求解矩阵方程。然而,动态规划仍然不能很好地适应实际问题。考虑策略迭代下的一次迭代。它需要访问每个状态,并且在每个状态下,都需要访问所有可能的动作。此外,每个动作都涉及一个计算,理论上可能涉及所有状态,这取决于状态转移函数 $p(s',r \mid s,a)$。也就是说,每次迭代都有复杂度 $O(|A| \times |S|^2)$。我们将从策略迭代开始,在策略迭代下,进行多次迭代使得状态价值达到收敛。第二个控制方法是价值迭代。通过利用贝尔曼最优方程,我们将评估迭代减少到只有一步。以上这些方法都是同步动态规划算法,在此算法下所有状态都使用贝尔曼方程(3.1)~(3.4)进行更新。

　　但是,没有必要在每次迭代中更新每个状态。我们可以在只访问系统部分状态的情况下,以任何顺序更新和/或优化。只要每个状态被访问的次数足够多,所有这些扫描状态的方法都会达到最优状态价值和最优策略。有各种各样的方法来进行扫描。

　　第一个方法是就地动态规划。到目前为止,我们一直有着状态的两个副本:第一个副本保存现有的状态价值,第二个副本保存正在更新的新状态价值。

　　就地策略仅使用状态价值数组的一个副本。读取旧的状态价值和更新新的状态价值在同一个数组进行。举个例子,如式(3.7)中的价值迭代公式。请注意,原始价值迭代方程的左右两边状态价值的索引与就地版本之间的细微差别。原始版本使用数组 V_k 来更新新数组 V_{k+1},而就地策略则更新相同的数组。

　　以下是原始版本:

$$v_{k+1}(s) \leftarrow \max_a \sum_{s',r} p(s',r \mid s,a)[r + \gamma v_k(s')]$$

　　以下是就地更新版本(箭头两边使用相同的 $v(s)$ 数组):

$$v(s) \leftarrow \max_a \sum_{s',r} p(s',r \mid s,a)[r + \gamma v(s')]$$

实验表明,即使在迭代的中途,当值向上移动时,就地策略提供了更快的收敛速度。

　　第二个方法围绕着各状态更新的顺序。在同步规划中,我们在一次迭代中更新所有的状态。然而,如果使用优先扫描,价值可能会收敛得更快。要使用优先扫描,需要了解一个状态之前的状态。假设刚刚更新了一个状态 $S=s$,价值被一定的数值 Δ 更改。状态 $S=s$ 的之前的所有状态都被添加到优先级为 Δ 的优先队列中。如果状态 $S=s$ 之前的某个状态在优先级大于 Δ 的优队列中已经存在,那么它将不受影响。在下一次迭代中,具有最高优先级的新状态被从队列中取出并更新，循环重新开始。优先扫描策略需要逆动态知识，即给定状态之前的所有状态。

第三个方法是实时动态规划。使用这种方法，我们只更新智能体当前看到的状态的价值，即与智能体相关的状态，并使用智能体当前的探索路径对更新进行优先级排序。该方法避免了对不在智能体当前路径范围内的状态进行不必要的更新，这些状态大多是不相关的。

无论是同步还是异步，动态规划都使用如图 3-2 所示的全宽回溯。对于给定的状态，我们需要知道每个可能的动作和每个后续状态 $S = s'$ 和环境的动态 $p(s', r | s, a)$。然而，使用异步方法并不能完全解决可扩展性问题。它只是稍微增加了可扩展性。也就是说，即使使用异步更新，动态规划也只适用于中等规模的问题。

从下一章开始，我们将研究使用更具可扩展性的方法（基于样本的方法）来解决强化学习问题。在基于样本的方法下，我们将不知道环境动态，也不进行全宽回溯。

3.8　总结

本章介绍动态规划的概念及其在强化学习领域中的应用，研究预测的策略评估和控制的策略迭代，以及价值迭代和广义的策略迭代；最后快速回顾异步动态规划，以获得更有效的状态更新方法。

## 第4章

无模型方法

第 3 章研究了 DP,知道了动态学模型 $p(s',r|s,a)$,并且利用这些知识来"规划"最优行动。这个过程称为规划问题。本章将研究重点转移到学习问题,即事先未知模型动态学。我们将通过采样来学习价值函数和动作价值函数,通过在现实世界中遵循某些策略或通过在仿真中运行某个策略来收集经验。我们发现无模型方法更适用于另一类问题。在某些问题中,采样比计算转移动态学更容易。例如,如何找到 21 点这类游戏的最优策略这类问题。可以获得分数的组合方式有很多种,这取决于到目前为止看到的纸牌和牌组中的纸牌。要准确计算一种状态到另一种状态的转移概率几乎是不可能的,但从环境中采样状态却是很容易的。总之,当不知道动态学模型或我们知道模型但是采样比计算转移动态学更容易时,我们使用无模型方法。

本章将研究两大类无模型学习方法:蒙特卡洛(Monte Carlo,MC)方法和时序差分(Temporal Difference,TD)方法。我们首先学习如何在无模型设置中进行策略评估,然后学习控制,即找到最优策略。我们还将学习自举法、探索-利用的困境以及在线策略与离线策略学习等重要概念,重点研究 MC 和 TD 方法,还会涉及如 n-步回报、重要性采样和资格迹等概念,以便将 MC 和 TD 方法合并成一个更为通用的方法 TD(λ)。

4.1　蒙特卡洛估计/预测

当我们不知道动态学模型时,怎么办? 请读者回想一下,当不知道某个问题时,会做什么? 一般情况下,读者会进行实验,采取一些步骤,并查看实验后的反应。例如,假设读者想知道骰子或硬币是否有偏差,那么便会多次抛硬币或掷骰子并观察结果,然后得到答案。显然,读者在这个过程中使用了采样的方法。统计学中的大数定律告诉我们,样本的平均值可以替代整体的平均值。并且,随着样本数量的增加,这些样本平均值会更贴近整体平均值。如果回顾一下第 3 章的贝尔曼方程,读者会注意到在这些方程中有期望算子 $E[\cdot]$;例如,状态的价值是 $v(s)=E[G_t|S_t=s]$。此外,为了计算 $v(s)$,我们使用了需要转移动态学 $p(s',r|s,a)$ 的 DP。在没有模型动态学知识的情况下,又该怎么办呢? 可以从模型中采样,观察状态 $S=s$ 从开始直到结束的回报。然后对所有情节运行的回报进行平均,并使用

该平均值作为智能体遵循的策略 π 的 $v_\pi(s)$ 估计值。这就是蒙特卡洛方法：用样本回报的平均值代替期望回报。

有几个点需要注意。第一，MC 方法不需要模型知识。唯一需要的是我们能够从中进行采样。我们需要知道一个状态从开始到结束的回报，因此我们只能在每次运行最终终止的部分 MDP 上使用 MC 方法。它不能在非终止的环境中工作。第二点是，对于一个大规模的 MDP，可以重点采样 MDP 的相关部分，避免研究 MDP 的不相关部分。这样使 MC 方法对于大规模问题具有高度可扩展性。如 OpenAI 使用 MC 方法的一种变体——蒙特卡洛树搜索来训练围棋游戏智能体。

第三点是关于马尔可夫假设，即过去完全被编码在现在的状态中。或者说，已知现在使未来独立于过去。我们在第 2 章中讨论过这个性质。马尔可夫独立性构成了贝尔曼方程递归性质的基础，其中当前状态仅取决于后继状态值。然而，在 MC 方法中，我们观察到从状态 S 开始直到结束的全部回报，都不依赖于后续状态的值来计算当前状态值。这里没有马尔可夫性质。正是因为 MC 方法中没有马尔可夫假设，这使得它们更适用于 POMDP（Partially Observable MDP，部分可观测 MDP）类。在 POMDP 环境中，我们只能得到部分状态信息，这称为观测。

接下来，我们来看一种评估给定策略状态值的一般方法。智能体开始一个新的情节，并观察智能体在该情节中从首次处于状态 $S=s$ 直到该情节结束的回报。执行多个情节，并将平均回报作为 $v_\pi(S=s)$ 的估计值。这称为首次访问蒙特卡洛方法。注意，根据动态情况，智能体可能会在同一情节的某个后续步骤中访问相同的状态 $S=s$。然而，在首次访问蒙特卡洛方法中，我们只获取从一个情节中的第一次访问到结束的总回报。该方法还有一种变体，即取该状态每次访问的平均回报，直到该情节结束。这种方法称为每次访问蒙特卡洛方法。

MC 方法的回溯图如图 4-1 所示。在 DP 中，我们覆盖了一个状态中所有可能的动作，和状态-动作对 $(S=s,A=a)$ 所有可能转换到的新状态。从状态 $S=s$ 到 $A=a$，再到下一个状态 $S=s'$，我们只前进了一层。在 MC 方法中，回溯包含了从当前状态 $S=s$ 到终止状态的完整样本轨迹。它没有涵盖所有分支；仅涵盖了从起始状态 $S=s$ 到终止状态采样的单个路径。

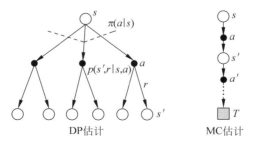

图 4-1　基于贝尔曼方程的 DP 回溯与 MC 方法回溯的比较图

让我们来看图 4-2 中给出的首次访问版本的伪代码。我们输入智能体当前遵循的策略 π。初始化两个数组：一个保存对当前 $V(s)$ 的估计，另一个保存访问状态 $S=s$ 的次数 $N(s)$。执行多个情节，我们在每个情节中更新智能体访问的 $V(s)$ 和对应状态的 $N(s)$，在

"首次访问"版本中只在首次访问时更新,在"每次访问"版本中每次访问都更新。

伪代码只给出了"首次访问"的部分。但"每次访问"的实现很容易,只需删除条件"除非 S_t 出现在 $S_0,S_1,\cdots,S_{t-1}$ 中"。根据蒙特卡洛模拟所依据的统计定律和大数定律,当每个状态的访问次数趋于无穷大时,$V(s)$ 将收敛到真正的 $v_\pi(s)$。

```
输入:待评估的策略 π
初始化:
    所有 s∈S 的累积状态值 S(s)=0
    所有 s∈S 的估计状态值 V(s)=0
    所有 s∈S 的访问次数 N(s)=0
循环:
    遵循策略 π 的采样情节:S₀,A₀,R₁,S₁,A₁,R₂,⋯,A_{t-1},R_t,S_t
    G←0
    对情节的每一步向后循环,t=T-1,T-2,⋯,1,0
        G←γG+R_{t+1}
        除非 S_t 出现在 S₀,S₁,⋯,S_{t-1} 中
                        N(s)←N(s)+1
                        S(s)←S(s)+G
                        V(s)←S(s)/N(s)
```

图 4-2　用于估计 $v_\pi(s)$ 的"首次访问"MC 预测(当收到采样值时,伪代码使用在线版本更新价值)

我们存储累积的总数和"首次访问"某个状态的次数。通过将总数除以这个次数来计算平均值。每访问一个状态时,都会执行以下更新:

$$N(s)=N(s)+1;\quad S(s)=S(s)+G;\quad V(s)=S(s)/N(s)$$

把这个等式稍作改动一下,就可以用另一种方式更新,而不需要累积总数 $S(s)$。在下面的公式中,有一个数组 $V(s)$,它会在每次访问时直接更新,而无须将总数除以次数。本次更新规则的推导如下:

$$
\begin{aligned}
N(s)_{n+1} &= N(s)_n + 1 \\
V(s)_{n+1} &= [S(s)_n + G]/N(s)_{n+1} \\
&= [V(s)_n N(s)_n + G]/N(s)_{n+1} \\
&= V(s)_n + 1/N(s)_{n+1} \times [G - V(s)_n]
\end{aligned}
\tag{4.1}
$$

差值 $[G-V(s)_n]$ 可以看作最新采样值 G 与当前估计值 $V(s)_n$ 之间的误差。然后通过将 $(1/N \times error)$ 添加到当前估计值的方式,使用差值/误差来更新当前估计值。随着访问次数的增加,新的样本值对修正 $V(s)$ 估计的影响越来越小。这是因为当 N 变得非常大时,乘法因子 $1/N$ 会趋近于零。

有时我们会使用常数 α 作为差值 $[G-V(s)_n]$ 前面的乘法因子,而不使用递减因子 $1/N$。

$$V_{n+1}=V_n+\alpha(G-V_n) \tag{4.2}$$

常数乘法因子更适合于非平稳问题,或当我们想要给所有误差赋予一个恒定权重时。当旧的估计值 V_n 不太准确时,可能会出现需要给误差一个恒定的权重这种情况。

　　现在让我们看看蒙特卡洛价值预测的实现。相关代码如代码块 4-1 所示，完整的代码在文件 listing4_1.ipynb 中。

代码块 4-1　用于估计的 MC 预测算法

```python
def mc_policy_eval(policy, env, discount_factor = 1.0, episode_count = 100):
    # Start with (all 0) state value array and a visit count of zero
    V = np.zeros(env.nS)
    N = np.zeros(env.nS)
    i = 0

    # run multiple episodes
    while i < episode_count:
        # collect samples for one episode
        episode_states = []
        episode_returns = []
        state = env.reset()
        episode_states.append(state)
        while True:
            action = np.random.choice(env.nA, p = policy[state])
            (state, reward, done, _) = env.step(action)
            episode_returns.append(reward)
            if not done:
                episode_states.append(state)
            else:
                break

        # update state values
        G = 0
        count = len(episode_states)
        for t in range(count - 1, - 1, - 1):
            s, r = episode_states[t], episode_returns[t]
            G = discount_factor * G + r
            if s not in episode_states[:t]:
                N[s] += 1
                V[s] = V[s] + 1/N[s] * (G - V[s])
        i = i + 1
    return np.array(V)
```

　　代码块 4-1 中的代码是图 4-2 中伪代码的直接实现。该代码实现了式（4.1）描述的在线版本更新，即 $N[s] += 1$；$V[s] = [s] + 1/N[s] \times (G - V[s])$。该代码还实现了"首次访问"版本，并可以通过一些简单的调整转换为"每次访问"版本。只需要删除 if 检查，即"if s not in episode_states[:t]"，就可以在每一步执行更新了。

　　为了确保收敛到真正的状态价值，需要保证每个状态都被访问足够多的次数。如 Python notebook 末尾的结果所示，状态价值在 100 个情节内没有很好地收敛，但在 10 000 个情节内，这些值就很好地收敛了，并且与代码块 3-2 中给出的 DP 方法产生的价值相匹配。

MC 预测方法的偏差和方差

　　现在让我们看看"首次访问"与"每次访问"的优缺点。它们都能收敛到 $V(s)$ 吗？它们在收敛时波动大吗？是否可以更快地收敛到真实值？在回答这些问题之前，我们先回顾一下在统计模型估计中（如在监督学习中）看到的偏差-方差权衡的基本概念。

偏差是指模型收敛于我们想要估计的真实值的特性，在我们的例子中是 $v_\pi(s)$。有些估计器是有偏差的，无法收敛到真实值，因为它们的固有灵活性不足，即对于给定的真实模型这些估计器过于简单或受限。在有些情况下，随着样本数量的增加，模型的偏差会下降到零。

方差是指模型估计对使用的具体样本数据的敏感性。估计值可能会有很大的波动，因此可能需要大量的数据集或试验，以使估计平均值收敛到一个稳定值。

有些模型非常灵活，偏差小，所以它们能够适应数据集的任何设置。但也正是因为其灵活性，它们可能会过度拟合数据，使得估计值随着训练数据的变化而变化很大。另一方面，简单的模型会有更高的偏差。由于其固有的简单性和限制，此类模型可能无法表示真正的底层模型。但因为它们不会过度拟合，所以它们的方差很小。这就是偏差-方差权衡，如图 4-3 所示。

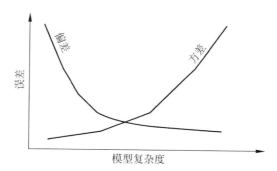

图 4-3　偏差-方差权衡（模型复杂度在 x 轴上向右增加。当模型受到限制时，偏差起点较高，当模型变得灵活时，偏差会下降。方差与模型复杂性反相关）

将"首次访问"与"每次访问"进行比较，"首次访问"是无偏差的但具有很高的方差，"每次访问"有偏差，但随着试验次数的增加，偏差会降至零。另外，"每次访问"的方差很小，通常比"首次访问"能够更快地收敛到真实估计值。

4.2　蒙特卡洛控制

接下来讲解在无模型设置中的控制。我们需要在不知道动态学模型的情况下在此设置中找到最优策略。作为复习，我们先看看第 3 章中介绍的广义策略迭代（Generalized Policy Iteration，GPI）。在 GPI 中，我们在两个步骤之间进行迭代。第一步是找到给定策略的状态价值，第二步是使用贪婪优化对策略进行改进。我们将使用相同的 GPI 方法在 MC 下进行控制。不过会进行一些调整，以表示我们处于无模型世界中，并没有转移动态学的知识。

第 3 章研究了状态价值 $v(s)$。但是在没有转移动态学知识的情况下，只有状态价值是不够的。对于贪婪优化，我们还需要访问动作价值 $q(s,a)$。我们需要知道所有可能动作的 q 值，即 $S=s$ 状态下所有可能动作 a 的 $q(S=s,a)$。只有有了这些信息，才能应用贪婪最大化来选择最优动作,即 $\underset{a}{\mathrm{argmax}}\, q(s,a)$。

与 DP 相比,还有一个复杂的步骤。智能体在产生样本时会遵循一种策略。然而,这样的策略可能会导致许多状态-动作对永远不会被访问,如果策略是确定性的,那么可能会有更多状态-动作对不会被访问。如果智能体没有访问状态-动作对,它不知道给定状态的所有 $q(s,a)$,因此它无法找到产生动作的最大 q 值。而解决这个问题的一种方法是:通过探索开始来确保足够多的探索量,即确保智能体从随机的状态-动作对开始一个情节,并在多个情节中探索每个状态-动作对足够多的次数,最好是无限多次。

图 4-4 为 v 值和 q 值之间转换的 GPI 图。现在的评估步骤是上一节介绍的 MC 预测步骤。一旦 q 值稳定下来,就可以应用贪婪最大化来获得新的策略。策略改进定理确保了新策略比旧策略更好或相同。前面的 GPI 方法将会反复被提及。根据设置的不同,评估步骤可能会发生变化,但改进步骤始终是贪婪最大化。

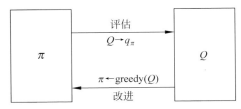

图 4-4　两个步骤之间的迭代(第一步是获取所遵循的策略同步的状态-动作价值的评估;第二步是策略改进,对动作进行贪婪最大化)

"探索开始"的假设并不是很实用和有效。在很多情况下,这都是不切实际的。因为智能体无法选择启动条件,如在训练自动驾驶汽车时。这种假设无效的,因为它很可能行不通,而且智能体无限次(在有限的时间内)访问每个状态-动作对也是一种浪费。但是我们仍然需要继续探索,让智能体访问当前策略所访问的状态中的所有动作。不过这是通过使用 ε-贪婪策略来实现的。

在 ε-贪婪策略中,智能体以 $1-\varepsilon$ 的概率采取最大 q 值的动作,并以 $\varepsilon/|A|$ 的概率随机采取任何动作。也就是说,ε 的剩余概率平均分配给所有动作,以确保智能体继续探索非最大化动作。或者说,智能体以 $1-\varepsilon$ 的概率利用知识,并以概率 ε 进行探索。

$$\pi(a \mid s)=\begin{cases}1-\varepsilon+\dfrac{\varepsilon}{|A|}, & a=\underset{a}{\mathrm{argmax}}\, Q(s,a) \text{ 时}\\[2mm]\dfrac{\varepsilon}{A}, & \text{其他}\end{cases} \tag{4.3}$$

作为随机探索的一部分,以概率 $1-\varepsilon$ 从贪婪最大值和 $\varepsilon/|A|$ 中选取具有最大 q 值的动作。其他所有动作均以概率 $\varepsilon/|A|$ 选取。当智能体在多个情节中学习时,ε 值会缓慢地减小到零,以达到最优贪婪策略。

让我们对迭代的估计/预测步骤再做一次优化。在上一节中,我们看到,即使对于一个简单的 4×4 网格 MDP,我们也需要 10 000 个情节才能使其价值收敛。如图 3-9 所示,该图展示了 GPI 的收敛性:MC 预测步骤将 v 值或 q 值与当前策略同步。在第 3 章中,我们知道智能体不需要一直访问到价值的收敛。类似地,我们可以先运行 MC 预测,然后逐个情节地进行策略改进。该方法可以消除估计/预测步骤中的大量迭代,从而使该方法可以扩展到大型 MDP 中。与图 3-9 中的收敛图相比,这种方法产生的收敛效果如图 4-5 所示。

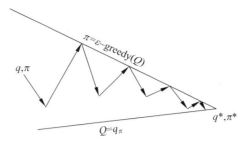

图 4-5 两个步骤之间的迭代(第一步是 MC 预测/评估,用于将 q 值沿当前策略的方向移动;第二步是策略改进,对动作进行 ε-贪婪最大化)

结合之前所有的调整,我们提出了一种基于 MC 控制的算法,用于改进策略学习。即无限探索的极限贪婪(Greedy in the Limit with Infinite Exploration,GLIE)算法。我们在 q 值预测步骤中使用"每次访问"版本。但可以对它稍加调整,使它成为"首次访问"版本(同图 4-6 中的 MC 预测)。

初始化:

　　对于所有的 $s \in S$ 和 $a \in A$ 的状态-动作价值 $Q(s,a) = 0$

　　对于所有的 $s \in S$ 的访问次数 $N(s) = 0$

　　有足够探索量的策略 π,如随机策略

循环:

　　遵循策略 π 的采样情节(k):$S_0, A_0, R_1, S_1, A_1, R_2, \cdots, A_{t-1}, R_t, S_t$

　　$G \leftarrow 0$

　　对情节的每一步向后循环,$t = T-1, T-2, \cdots, 1, 0$

$$G \leftarrow \gamma G + R_{t+1}$$

$$N(s,a) \leftarrow N(s,a) + 1$$

$$Q(s,a) \leftarrow Q(s,a) + 1/N(s,a) \times [G - Q(s,a)]$$

　　使用 $\varepsilon = 1/k$ 来减小 ε

　　使用 ε-贪婪和已更新的 $Q(s,a)$ 来更新策略

图 4-6 用于策略优化的每次访问(GLIE)MC 控制

接下来看看 listing4_2.ipynb 中给出的代码实现。代码块 4-2 是完整代码的一部分。该代码遵循伪代码实现。有一些函数如 argmax_a(),可以帮助我们找到给定状态的最大 $Q(s,a)$ 的动作。函数 get_action(state) 为当前策略返回一个 ε-贪婪动作。我们鼓励读者对这个代码进行调整并将其转换为"首次访问"版本。读者还可以比较"首次访问"和"每次访问"MC 控制的结果。

代码块 4-2 GLIE MC 控制算法

```
def GLIE(env, discount_factor = 1.0, episode_count = 100):
    """
    Find optimal policy given an environment.
    Returns:
```

```
    Vector of length env.nS representing the value function.
    policy: [S, A] shaped matrix representing the policy. Random in our case
"""
# Start with (all 0) state value array and state-action matrix.
# also initialize visit count to zero for the state-action visit count.
V = np.zeros(env.nS)
N = np.zeros((env.nS, env.nA))
Q = np.zeros((env.nS, env.nA))
# random policy
policy = [np.random.randint(env.nA) for _ in range(env.nS)]
k = 1
eps = 1
def argmax_a(arr):
    """
    Return idx of max element in an array.
    Break ties uniformly.
    """
    max_idx = []
    max_val = float('-inf')
    for idx, elem in enumerate(arr):
        if elem == max_val:
            max_idx.append(idx)
        elif elem > max_val:
            max_idx = [idx]
            max_val = elem
    return np.random.choice(max_idx)
def get_action(state):
    if np.random.random() < eps:
        return np.random.choice(env.nA)
    else:
        return argmax_a(Q[state])

# run multiple episodes
while k <= episode_count:
    # collect samples for one episode
    episode_states = []
    episode_actions = []
    episode_returns = []
    state = env.reset()
    episode_states.append(state)
    while True:
        action = get_action(state)
        episode_actions.append(action)
        (state, reward, done, _) = env.step(action)
        episode_returns.append(reward)
        if not done:
            episode_states.append(state)
        else:
            break

    # update state-action values
```

```
        G = 0
        count = len(episode_states)
        for t in range(count - 1, -1, -1):
            s, a, r = episode_states[t], episode_actions[t], episode_returns[t]
            G = discount_factor * G + r
            N[s, a] += 1
            Q[s, a] = Q[s, a] + 1/N[s, a] * (G - Q[s, a])

        # Update policy and optimal value
        k = k + 1
        eps = 1/k
        # uncomment this to have higher exploration initially
        # and then let epsilon decay after 5000 episodes

    # if k <= 100:
    #     eps = 0.02

    for s in range(env.nS):
        best_action = argmax_a(Q[s])
        policy[s] = best_action
        V[s] = Q[s, best_action]

    return np.array(V), np.array(policy)
```

到目前为止,我们已经研究了用于预测和控制的在线策略算法。即使用相同的策略来生成样本和策略改进。对相同的 ε-贪婪策略的 q 值进行了策略改进。我们需要通过使用 ε-贪婪策略找到所有状态-动作对 $Q(s,a)$。但随着学习研究的不断进行,发现有限制的 ε-贪婪策略是次优的。我们对环境的理解随情节的增多而增长,我们需要利用更多知识。虽然该策略在理论上可以收敛到最优,但需要精确控制 ε 值才能收敛到最优策略。MC 方法的一个大缺点是,需要先完成情节,然后才能更新 q 值并执行策略改进。因此,MC 方法只能应用于情节性环境和情节结束处。从 4.3 节开始,我们将开始研究另一类算法:时序差分法(TD),它结合了 DP(单步长更新)和 MC(无须了解系统动态学)的优点。在深入研究 TD 方法之前,让我们先来比较一下在线策略学习和离线策略学习。

4.3 离线策略 MC 控制

在 GLIE 中,为了进行充分的探索,需要使用 ε-贪婪策略,以便在有限的时间内访问所有的状态-动作。循环结束时学习到的策略用于生成循环的下一次迭代的情节。我们使用与正在被最大化的策略相同的策略进行探索。这种方法称为在线策略,其样本是从正在优化的同一策略生成的。

还有另一种方法,即使用更具探索性且 ε 值更高的策略生成样本,尽管正在优化的策略的 ε 值可能很低,甚至是完全确定的策略。这种使用与被优化的策略不同的策略进行学习的方法称为离线策略学习。用于生成样本的策略称为行为策略,正在被学习(最大化)的策略称为目标策略。离线策略 MC 控制算法的伪代码如图 4-7 所示。

初始化：
  对于所有的 $s \in S$ 和 $a \in A$ 的状态-动作价值 $Q(s,a)=0$
  对于所有的 $s \in S$ 的访问次数 $N(s)=0$
  策略 $\pi = \underset{a}{\arg\max} Q(S,a)$

循环：
  $b \leftarrow a$ 有足够探索量的"行为策略"
  遵循策略 b 的采样情节 (k)：$S_0,A_0,R_1,S_1,A_1,\cdots,A_{t-1},R_t,S_t$
  $G \leftarrow 0$
  对情节的每一步向后循环，$t=T-1,T-2,\cdots,1,0$
    $G \leftarrow \gamma G + R_{t+1}$
    $N(s,a) \leftarrow N(s,a)+1$
    $Q(s,a) \leftarrow Q(s,a)+1/N(s,a) \times [G-Q(s,a)]$
  $\pi = \underset{a}{\arg\max} Q(S,a)$

图 4-7 用于策略优化的离线策略 MC 控制

4.4 TD 学习方法

参考图 4-1，研究 DP 和 MC 方法的回溯图。在 DP 中，我们只在一个步骤上使用后续状态的价值来估计当前状态的价值。我们还根据所遵循的策略，从 (s,a) 对到所有可能的奖励和后续状态，对动作概率计算期望。

$$v_\pi(s) = \sum_a \pi(a \mid s) \sum_{s',r} p(s',r \mid s,a[r+\gamma v_\pi(s')])$$

状态价值 $v_\pi(s)$ 是基于后继状态 $v_\pi(s')$ 的当前估计值来估计的。这称为自举。该估计是基于另一组估计值的。这两个总和是图 4-1 中 DP 回溯图中分支节点的总和。与 DP 相比，MC 方法是从一个状态开始，并基于智能体遵循的当前策略的结果进行抽样。价值估算是多次运行的平均值。或者说，平均值替代了模型转移概率之和。因此 MC 的回溯图是从一个状态到终止状态的一条长路径。MC 方法允许我们建立一个可扩展的学习方法，并且不需要知道确切的动态学模型。但这却产生了两个问题：MC 方法仅适用于情节性环境，而更新仅在情节终止发生。但是 DP 的优点是使用后继状态的估计值来更新当前状态价值，而无须等待情节结束。

TD 学习法是一种结合 DP 和 MC 优点的方法，使用了 DP 的自举法和 MC 的基于样本的方法。TD 的更新等式如下：

$$V(s) = V(s) + \alpha[R+\gamma V(s')-V(s)] \tag{4.4}$$

现在可以在对样本运行的后续状态 (s') 的当前估计使用自举法来给出状态 $S=s$ 的总回报的当前估计 G_t。也就是说，式(4.2)中的 G_t 被估计值 $R+\gamma V(s')$ 取代。而在 MC 方法中，G_t 是样本运行的总回报的折扣。

这里所描述的 TD 方法称为 TD(0)，它是一步估计方法。将其称为 TD(0) 的原因会在本章末尾讨论 TD(λ) 时说清楚。为了更加直观地了解 TD(0)，TD(0) 进行价值估计的伪代码如图 4-8 所示。

输入：需要估计状态值的策略 π

初始化：

　　对于所有的 $s \in S$ 的状态价值 $V(s)=0$

　　α——步长

每个情节循环：

　　选择一个开始状态 S

　　每个情节的每一步的循环：

　　　　根据状态 S 和策略 π 采取行动 A

　　　　观测奖励 R 和下一状态 S'

　　　　$V(s) \leftarrow V(s)+\alpha[R+\gamma V(s')-V(s)]$

　　　　$S \leftarrow S'$

图 4-8　TD(0)策略估计

我们已经研究了 3 种方法（DP 法、MC 法和 TD 法），现在把这 3 种方法的回溯图放在一起，如图 4-9 所示。TD(0)与 DP 法有相似之处，因为它们都使用自举法，即使用了下一个状态价值的估计来估计当前状态的价值。TD(0)与 MC 法也有相似之处，因为它都对情节进行采样，并使用观察到的奖励和下一个状态来更新估计。

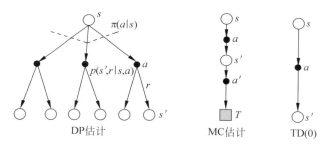

图 4-9　DP、MC、TD(0)回溯图的比较

现在介绍一个读者会在强化学习文献中反复看到的量。在式（4.4）中，$R+\gamma V(s')$ 是状态 $S=s$ 的总回报的修正估计值，它是基于后续状态的一步回溯；等式右侧的 $V(s)$ 为当前估计值。更新是将估计值从 $V(s)$ 转换到 $V(s)+\alpha$（差值），其中差值 δ_t 由以下表达式给出：

$$\delta_t = R_{t+1}+\gamma V(S_{t+1})-V(S_t) \tag{4.5}$$

差值 δ_t 称为时序差分误差。它是奖励 R_{t+1} 加上下一步长状态价值 $V(S_{t+1})$ 的折扣，然后与 $V(s)$ 的当前估计即 $V(S_t)$ 的差值。状态价值按误差 δ_t 的比例（学习率/步长 α）变化。

由于 TD 不需要模型知识（转移函数），所以 TD 比 DP 法更有优势，并且 TD 可以在每一步更新状态价值。也就是说，它们可以用于在线设置，我们可以不等待情节结束就可以了解情况的发展。

4.5　TD 控制

本节将带读者进入在强化学习世界中真实使用的算法领域。在本章剩余部分中，我们将介绍 TD 学习中使用的各种方法。我们将从一个简单的一步策略学习方法（State，

Action，Reward，State，Action，SARSA)开始。然后研究一种强大的离线策略技术，即 Q-学习。本章将研究 Q-学习的基础部分，下一章将把深度学习与 Q-学习结合起来，形成一种强大的方法：深度 Q 网络(DQN)。读者可以在 Atari 模拟器上使用 DQN 来训练游戏智能体。在本章中，我们还将介绍一种 Q-学习的变体——期望 SARSA，这是一种离线策略学习算法。然后我们还将讨论 Q-学习中的最大化偏差问题，再学习双 Q-学习。当与深度学习相结合来表示状态空间时，Q-学习的所有变体都变得非常强大，这也是第 5 章的主要内容。在本章末尾，我们将介绍一些概念，如经验回放，它使得离线学习算法在学习最优策略所需的样本数量方面变得高效。然后，我们讨论一种强大且复杂的方法——TD(λ)，它试图在一个连续统一体上把 MC 和 TD 方法结合起来。最后，我们将研究一个具有连续状态空间的环境，以及如何对状态价值进行二值化并应用到前面提到的 TD 方法。该练习证明了下一章中讨论的方法的必要性，包括状态表示的函数逼近和深度学习。在第 5 章和第 6 章研究了深度学习和 DQN 之后，我们将研究一种策略优化的方法，该方法直接学习策略而不需要找到最优状态-动作价值。

之前我们一直使用 4×4 网格环境，但在本章的剩余部分将介绍更多的环境。我们可以对智能体进行封装，以便相同的智能体/算法可以在不同的环境中应用，而无须进行任何更改。

我们使用的第一个环境是网格环境的一个变体，它是 Gym 库的一部分，称为 cliff-walking 环境。在这个环境中，我们有一个 4×12 的网格，左下角的单元格是开始状态 S，右下角的单元格是目标状态 G。底部一行的其余部分是"悬崖"；踩到"悬崖"将获得 −100 的奖励，并且智能体会回到开始状态。每次执行步骤都会获得 −1 的奖励，直到智能体到达目标状态。与 4×4 网格类似，智能体可以向任何方向[UP，RIGHT，DOWN，LEFT]迈出一步。当智能体到达目标状态时，情节终止。相关设置如图 4-10 所示。

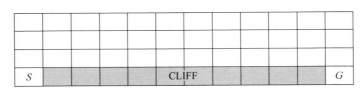

图 4-10　4×12 网格(踩在"悬崖"上的奖励是 −100，其他转移的奖励是 −1。我们要得到 S 到 G 的最大奖励)

接下来，研究的环境是"出租车问题"。有 4 个位置被标记为 R、G、Y 和 B。当一个情节开始时，乘客随机站在这 4 个位置之一。再随机选择 4 个位置中的一个作为目标位置。"出租车"可能到达的位置有 25 个。乘客有 5 个可能出现位置：起始位置或"出租车"内部。目的地的可能位置有 4 个。所有这些采用状态空间的可能值的组合有 500 种。状态价值表示为元组(taxi_row，taxi_col，passenger_location，destination)。有 6 种动作可以被直接采取，"出租车"可以向北、向南、向西、向东行驶，也可以把乘客接走或放下。每个步长的奖励为 −1，成功接走/放下奖励为 +20，从错误位置接走/放下的奖励为 −10。当乘客成功上车并下车时，本情节结束。环境示意图如图 4-11 所示。

现在来看第三种环境——CartPole。这个环境在第 2 章中介绍过。在这种状态下，空间是连续的，有 4 个观测值：[Cart position，Car velocity，Pole angle，Pole angular

```
----------
|R: | : :G|
| : | : : |
| : : : : |
| | : | : |
|Y| : |B: |
----------
```

图 4-11　5×5 网格"出租车问题"(所有转移都有－1 的奖励,乘客在目的地下车时,情节结束)

velocity]。智能体有两个动作:向左推车或向右推车,即两个离散动作。每个步长的奖励为＋1,智能体希望在最长的时间内保持杆子平衡来最大化奖励。当任意方向的杆角超过 12°,或小车位置距离中心超过 2.4,即<－2.4 或> 2.4,或智能体让杆子平衡了 200 个步长,情节便会终止。运行环境如图 4-12 所示。

图 4-12　Cartpole 问题(每一步的奖励为＋1,我们的目标是让杆子垂直平衡到最大的步长)

在研究了各种环境之后,我们开始使用 TD 算法来解决这些问题,首先是一种基于在线策略的方法——SARSA。

4.6　在线策略 SARSA

与 MC 控制方法一样,我们将再次利用 GPI。使用 TD 驱动方法进行策略价值估算/预测,并使用贪婪最大化来进行策略改进。我们需要进行充分的探索,并无限次地访问所有状态,以找到最优策略。还可以使用 ε-贪婪策略,并慢慢地将 ε 值减少到零。即在极限情况下将探索降低到零。

TD 设置是无模型的,即我们没有关于转移的知识。为了能够通过选择正确的动作来最大化回报,我们需要知道状态-动作价值 $Q(S,A)$。使用 $Q(S,A)$ 替换 $V(s)$,可以将式(4.4)的 TD 估计重新表述为式(4.6)。这两种设置都是马尔可夫过程,式(4.4)关注状态到状态的转移,而式(4.6)关注的是状态-动作到状态-动作的转移。

$$Q(S_t,A_t)=Q(S_t,A_t)+\alpha[R_{t+1}+\gamma Q(S_{t+1},A_{t+1})-Q(S_t,A_t)] \qquad (4.6)$$

式(4.5)也采取相应的变化,现在的 TD 误差是根据 q 值给出的。

$$\delta_t=R_{t+1}+\gamma Q(S_{t+1},A_{t+1})-Q(S_t,A_t) \qquad (4.7)$$

为了按照式(4.6)进行更新,需要 5 个值 S_t、A_t、R_{t+1}、S_{t+1} 和 A_{t+1},这也是该方法称为 SARSA 的原因。按照 ε-贪婪策略来生成样本,使用式(4.6)更新 q 值,然后根据更新的

q 值创建新的 ε-贪婪策略。策略改进定理保证了新策略将比旧策略更好,除非旧策略已经是最优的了。当然,为了保证有效性,我们需要在极限内将探索概率 ε 降低到零。

另请注意,对于所有情节性策略,终止状态的 $Q(S,A)$ 为 0;即一旦进入终止状态,就无法再进行转移,并获得 0 奖励。或者说,情节结束并且所有终止状态的 $Q(S,A)$ 都为 0。因此,当 S_{t+1} 为终止状态时,式(4.6)将有 $Q(S_{t+1},A_{t+1})=0$,更新等式如下所示:

$$Q(S_t,A_t)=Q(S_t,A_t)+\alpha[R_{t+1}-Q(S_t,A_t)] \tag{4.8}$$

SARSA 算法的伪代码如图 4-13 所示。

初始化：
　　对于所有的 $s\in S$ 和 $a\in A$ 的状态-动作价值 $Q(s,a)=0$
　　策略 $\pi=$ε-贪婪策略,其中 $\varepsilon\in[0,1]$
　　学习率(步长)$\alpha\in[0,1]$
　　折扣因子 $\gamma\in[0,1]$
每个情节循环：
　　初始状态 S,根据 ε-贪婪策略选择动作 A
　　每一步循环,直到情节结束：
　　　　采取动作 A,观测奖励 R 和下一状态 S'
　　　　根据 ε-贪婪策略和 Q 值来选择动作 A'
　　　　If S'不是终止状态：
　　　　　　$Q(S,A)\leftarrow Q(S,A)+\alpha[R+\gamma Q(S',A')-Q(S,A)]$
　　　　Else：
　　　　　　$Q(S,A)\leftarrow Q(S,A)+\alpha[R-Q(S,A)]$
　　　　$S\leftarrow S';A\leftarrow A'$
　　　　[选择性地把 ε 周期性地减少到 0]
返回根据最终 Q 值得到的策略 π

图 4-13　SARSA 在线策略 TD 控制

现在浏览一下 listing4_3.ipynb 中的代码,它是实现 SARSA 的代码。代码中有一个名为 SARSAAgent 的类,该类实现了 SARSA 学习智能体。它有两个关键函数,一个函数是 update(),它接收 state、action、reward、next_state 和 next_action 以及 done 标志的值。使用 TD 更新式(4.6)和式(4.8)从而更新 q 值;另一个函数是 get_action(state),它以概率 ε 返回一个随机动作和以概率 $1-\varepsilon$ 返回 argmax $Q(S,A)$。

另外有一个泛型函数 train_agent(),用于在给定环境中训练智能体。还有两个辅助函数:plot_rewards(),用于在训练过程中绘制每个情节的奖励,print_policy()用于打印得到的最优策略。这里仅展示了 SARSAAgent 的代码。其余部分的代码,请参阅 listing4_3.ipynb(代码块 4-3)。

代码块 4-3 SARSA 在线策略 TD 控制

```
# SARSA Learning agent class
from collections import defaultdict

class SARSAAgent:
    def __init__(self, alpha, epsilon, gamma, get_possible_actions):
```

```python
        self.get_possible_actions = get_possible_actions
        self.alpha = alpha
        self.epsilon = epsilon
        self.gamma = gamma
        self._Q = defaultdict(lambda: defaultdict(lambda: 0))

    def get_Q(self, state, action):
        return self._Q[state][action]

    def set_Q(self, state, action, value):
        self._Q[state][action] = value

    # carryout SARSA updated based on the sample (S, A, R, S', A')
    def update(self, state, action, reward, next_state, next_action, done):
        if not done:
            td_error = reward + self.gamma * self.get_Q(next_state, next_action) - self.
get_Q(state,action)
        else:
            td_error = reward - self.get_Q(state,action)

        new_value = self.get_Q(state,action) + self.alpha * td_error
        self.set_Q(state, action, new_value)

    # get argmax for q(s,a)
    def max_action(self, state):
        actions = self.get_possible_actions(state)
        best_action = []
        best_q_value = float('-inf')

        for action in actions:
            q_s_a = self.get_Q(state, action)
            if q_s_a > best_q_value:
                best_action = [action]
                best_q_value = q_s_a
            elif q_s_a == best_q_value:
                best_action.append(action)
        return np.random.choice(np.array(best_action))

    # choose action as per ε-greedy policy
    def get_action(self, state):
        actions = self.get_possible_actions(state)
        if len(actions) == 0:
            return None

        if np.random.random() < self.epsilon:
            a = np.random.choice(actions)
            return a
        else:
            a = self.max_action(state)
            return a
```

学习过程中每个情节的奖励和学习到的最优策略的曲线图如图 4-14 所示。可以看到,奖励很快就接近了最优值。智能体学习到的策略是先一路向上,然后右转走向目标,以此来避免"悬崖"。这很令人意外,因为我们原本期望智能体学会绕过悬崖并达到目标的策略,这是比现在智能体学习到的策略还短的四步最短路径。

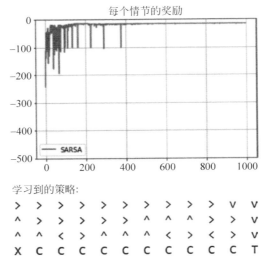

图 4-14　SARSA 下学习的奖励图和智能体学习到的策略

　　然而，随着策略继续使用 ε-贪婪进行探索，在智能体靠近"悬崖"时，它有一定的可能性采取一个随机动作并掉入"悬崖"。这证明了当将同样的 ε-贪婪策略用于采样和优化时，即使对环境有足够的了解，也仍然存在连续探索的问题。我们会在 Q-学习中研究如何避免这个问题，在 Q-学习中，离线策略学习使用探索性行为策略来生成训练样本，并学习一个确定性策略作为最优目标策略。

　　接下来研究第一个离线策略 TD 算法——Q-学习。

4.7　Q-学习：离线策略 TD 控制

　　在 SARSA 中，我们使用由以下策略生成的值 S、A、R、S' 和 A' 的样本。状态 S' 的动作 A' 是使用 ε-贪婪策略产生的，该策略随后会在 GPI 的"改进"步骤中得到改进。如果不从策略中生成 A'，而是查看所有 $Q(S',A')$ 并选择动作 A'，那么这会把在 S' 状态下可用的动作 A' 的值 $Q(S',A')$ 最大化吗？我们可以继续使用探索性策略（如 ε-贪婪策略）生成样本 (S,A,R,S')（注意该元组中没有 A'）。我们选择 A' 的 $\underset{A'}{\operatorname{argmax}}Q(S',A')$ 来改进策略。这种微小变化创造了一种学习最优策略的新方法，也就是 Q-学习。它不再是一种在线策略学习，而是一种离线策略控制方法，其中样本 (S,A,R,S') 由探索性策略生成，通过最大化 $Q(S',A')$ 来找到确定性的最优目标策略。

　　我们使用 ε-贪婪策略来生成样本 (S,A,R,S')。同时利用已有的知识，找到状态 S' 下的 Q 最大化动作 $\underset{A'}{\operatorname{argmax}}Q(S',A')$。第 9 章将讨论探索和利用之间的权衡。

　　q 值的更新规则定义如下：

$$Q(S_t,A_t) \leftarrow Q(S_t,A_t) + \alpha[R_{t+1} + \gamma\underset{A_{t+1}}{\max}Q(S_{t+1},A_{t+1}) - Q(S_t,A_t)] \qquad (4.9)$$

　　将式(4.9)与式(4.8)进行比较，读者会注意到两种方法之间的细微差别，以及 Q-学习是怎么成为一种离线策略方法的。Q-学习的离线策略行为很便利,并且它使得样本高效。后面讨论经验回放或回放池时会涉及这一点。Q-学习的伪代码如图 4-15 所示。

初始化:

对于所有的 $s \in S$ 和 $a \in A$ 的状态-动作价值 $Q(s,a)=0$

策略 $\pi = \varepsilon$-贪婪策略,其中 $\varepsilon \in [0,1]$

学习率(步长)$\alpha \in [0,1]$

折扣因子 $\gamma \in [0,1]$

每个情节循环:

初始状态 S

每一步循环,直到情节结束:

根据 ε-贪婪策略选择动作 A

采取动作 A,观测奖励 R 和下一状态 S'

If S' 不是终止状态:

$$Q(S,A) \leftarrow Q(S,A) + \alpha[R + \gamma \max_{A'} Q(S',A') - Q(S,A)]$$

Else:

$$Q(S,A) \leftarrow Q(S,A) + \alpha[R - Q(S,A)]$$

$S \leftarrow S'$

返回根据最终 q 值得到的策略 π

图 4-15 Q-学习,离线策略 TD 控制

Q-学习的代码实现可见文件 listing4_4.ipynb。与 SARSA 一样,它也有一个 Q-学习智能体,除了它的更新规则是遵循式(4.9)外,它与代码块 4-3 中的 SARSA 智能体几乎一样。它的学习函数也和 SARSA 有些许不同。Q-学习不再需要 SARSA 中的第五个值,即来自 S' 的 next_action A'。我们现在选择状态 S' 的最优动作 A' 来改进类似于贝尔曼最优方程的策略。Q-学习的代码的其余部分和 SARSA 的剩余部分基本一致。Q-学习智能体的实现如代码块 4-4 所示。请注意与 SARSA 智能体相比,更新规则的变化。

代码块 4-4 Q-学习离线策略 TD 控制

```
# Q-learning agent class
from collections import defaultdict

class QLearningAgent:
    def __init__(self, alpha, epsilon, gamma, get_possible_actions):
        self.get_possible_actions = get_possible_actions
        self.alpha = alpha
        self.epsilon = epsilon
        self.gamma = gamma
        self._Q = defaultdict(lambda: defaultdict(lambda: 0))

    def get_Q(self, state, action):
        return self._Q[state][action]

    def set_Q(self, state, action, value):
        self._Q[state][action] = value

    # Q-learning update step
```

```python
def update(self, state, action, reward, next_state, done):
    if not done:
        best_next_action = self.max_action(next_state)
        td_error = reward + self.gamma * self.get_Q(next_state,
        best_next_action) - self.get_Q(state, action)
    else:
        td_error = reward - self.get_Q(state, action)
    new_value = self.get_Q(state, action) + self.alpha * td_error
    self.set_Q(state, action, new_value)

# get best A for Q(S, A) which maximizes the Q(S, a) for actions in state S
def max_action(self, state):
    actions = self.get_possible_actions(state)
    best_action = []
    best_q_value = float('-inf')

    for action in actions:
        q_s_a = self.get_Q(state, action)
        if q_s_a > best_q_value:
            best_action = [action]
            best_q_value = q_s_a
        elif q_s_a == best_q_value:
            best_action.append(action)
    return np.random.choice(np.array(best_action))

# choose action as per ε - greedy policy for exploration
def get_action(self, state):
    actions = self.get_possible_actions(state)

    if len(actions) == 0:
        return None

    if np.random.random() < self.epsilon:
        a = np.random.choice(actions)
        return a
    else:
        a = self.max_action(state)
        return a
```

让我们看看 Q-学习在"悬崖世界"环境中的应用。每个情节的奖励随着训练不断提高，与 SARSA 的一17 相比，Q-学习的最优值达到了一13。如图 4-16 所示，显而易见，Q-学习的策略更好。在 Q-学习下，智能体学会了通过"悬崖"上方那一排的单元格导航到目标。在 Q-学习下，智能体正在学习一种确定性策略，并且环境也是确定性的。也就是说，如果智能体采取向右移动的动作，那么它肯定会向右移动，并且在任何其他方向上采取随机步骤的可能性为零。因此，智能体学习了通过越过悬崖向目标前进的最优策略。

文件 listing4_4.ipynb 展示了 Q-智能体应用于"出租车"环境时的学习曲线。第 5 章关于状态价值逼近的深度学习方法中将重新谈论 Q-学习。在这种情况下，Q-学习又称为 DQN。DQN 及其变体可以用于训练某些 Atari 游戏的游戏智能体。

为了总结关于 Q-学习的讨论，我们来看看 Q-学习中可能会碰到的一个特殊问题——最大偏差。

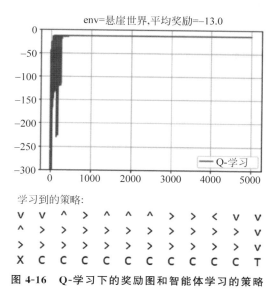

图 4-16　Q-学习下的奖励图和智能体学习的策略

4.8　最大偏差和双重学习

如果回头看式(4.9),就会发现我们对 A' 进行了最大化以获得最大值 $Q(S',A')$。类似地,在 SARSA 中,我们找到了一个新的 ε-贪婪策略,该策略也最大化 Q 以获得 q 值最大的动作。此外,这些 q 值本身就是对真实状态-动作价值的估计。总之,我们使用了 q 估计的最大值作为最大价值的"估计"。这种将"估计的最大值"作为"最大值的估计"的方法引入了＋ve 偏差。

为了理解这一点,可以考虑这样一个场景,在某些转移中的奖励有 3 个值:5、0 和＋5,且每个值的概率都是 1/3。期望的奖励是 0,但当我们看到一个＋5 的奖励时,就把它作为最大化的一部分,并且它永远不会减小。所以＋5 是真实奖励的估计值,否则期望应该是 0。这就是最大化步骤引入的正偏差。

消除＋ve 偏差的一种方法是使用两个 q 值:一个 q 值被用来找出使 q 值最大化的动作,另一个 q 值被用来找出最大动作的 q 值。数学上可以表示为

用 $Q_1(S,\operatorname*{argmax}_A Q_2(S,A))$ 替换 $\max_A Q(S,A)$

我们用 Q_2 来找到最大动作 A,然后用 Q_1 来找到最大 q 值。可以证明,这种方法消除了＋ve 偏差或最大化偏差。在讨论 DQN 时我们会重新讨论这个概念。

4.9　期望 SARSA 控制

接下来研究一种 Q-学习和 SARSA 的混合方法。它称为期望 SARSA。它与 Q-学习相似,只是式(4.9)中的 max 被替换成了一个期望,如下所示:

$$Q(S_t,A_t) \leftarrow Q(S_t,A_t) + \alpha\left[R_{t+1} + \gamma\sum_a \pi(a \mid S_{t+1})\cdot Q(S_{t+1},a) - Q(S_t,A_t)\right]$$

$$(4.10)$$

由于随机选择 A_{t+1}，因此期望 SARSA 的方差低于 SARSA 的方差。在期望 SARSA 中，我们不进行采样，而是对所有可能的动作进行期望。

在"悬崖世界"问题中，我们有确定性的动作，因此可以设置学习率 $\alpha=1$，而不会对学习质量产生任何重大影响。我们给出了算法的伪代码。除了采用期望而不是最大化的更新逻辑之外，它和 Q-学习一样。我们可以将期望 SARSA 作为在线策略方法使用，在"悬崖"和"出租车"环境中进行测试时，我们也是这么做的。它也可以作为离线策略方法使用，其行为策略更具有探索性，目标策略 π 遵循确定性的贪婪策略。如图 4-17 所示。

初始化：

对于所有的 $s \in S$ 和 $a \in A$ 的状态-动作价值 $Q(s,a)=0$

策略 $\pi=\varepsilon$-贪婪策略，其中 $\varepsilon \in [0,1]$

学习率（步长）$\alpha \in [0,1]$

折扣因子 $\gamma \in [0,1]$

每个情节循环：

初始状态 S

每一步循环，直到情节结束：

根据 ε-贪婪策略选择动作 A

采取动作 A，观测奖励 R 和下一状态 S'

If S' 不是终止状态：

$$Q(S,A) \leftarrow Q(S,A) + \alpha[R + \gamma \max_{A'} Q(S',A') - Q(S,A)]$$

Else：

$$Q(S,A) \leftarrow Q(S,A) + \alpha[R - Q(S,A)]$$

$S \leftarrow S'$

返回根据最终 q 值得到的策略 π

图 4-17　期望 SARA TD 控制

文件 listing4_5.ipynb 展示了期望 SARSA 智能体的代码。它与 Q-智能体相似，只是用期望过程代替了最大化过程。这种改变略微增加了算法的复杂度，但提供了比 SARSA 和 Q-学习更快的收敛速度。期望 SARSA 智能体类的代码如代码块 4-5 所示。

代码块 4-5　期望 SARSA TD 控制

```
# Expected SARSA Learning agent class
class ExpectedSARSAAgent:
    def __init__(self, alpha, epsilon, gamma, get_possible_actions):
        self.get_possible_actions = get_possible_actions
        self.alpha = alpha
        self.epsilon = epsilon
        self.gamma = gamma
        self._Q = defaultdict(lambda: defaultdict(lambda: 0))

    def get_Q(self, state, action):
        return self._Q[state][action]

    def set_Q(self, state, action, value):
        self._Q[state][action] = value
```

```python
# Expected SARSA Update
def update(self, state, action, reward, next_state, done):
    if not done:
        best_next_action = self.max_action(next_state)
        actions = self.get_possible_actions(next_state)
        next_q = 0
        for next_action in actions:
            if next_action == best_next_action:
                next_q += (1 - self.epsilon + self.epsilon/len(actions)) * \
                self.get_Q(next_state, next_action)
            else:
                next_q += (self.epsilon/len(actions)) * self.get_Q(next_state,
                next_action)
        td_error = reward + self.gamma * next_q - self.get_Q(state, action)
    else:
        td_error = reward - self.get_Q(state, action)
    new_value = self.get_Q(state, action) + self.alpha * td_error
    self.set_Q(state, action, new_value)
# get best A for Q(S,A) which maximizes the Q(S,a) for actions in state S
def max_action(self, state):
    actions = self.get_possible_actions(state)
    best_action = []
    best_q_value = float('-inf')

    for action in actions:
        q_s_a = self.get_Q(state, action)
        if q_s_a > best_q_value:
            best_action = [action]
            best_q_value = q_s_a
        elif q_s_a == best_q_value:
            best_action.append(action)
    return np.random.choice(np.array(best_action))
# choose action as per ε - greedy policy for exploration
def get_action(self, state):
    actions = self.get_possible_actions(state)

    if len(actions) == 0:
        return None

    if np.random.random() < self.epsilon:
        a = np.random.choice(actions)
        return a
    else:
        a = self.max_action(state)
        return a
```

图 4-18 展示了"悬崖世界"的期望 SARSA 智能体的训练结果。与 SARSA 和 Q-学习相比，它收敛到最优值的速度最快。通过实验可以看到，在极限范围内，变化的学习速率 α 对收敛性没有重大影响。值得注意的是，期望 SARA 学习的策略介于 Q-学习和 SARSA 之间。此策略下的智能体通过"迷宫"的中间一行到达目标。在例子中，我们把期望 SARSA 作为在线策略方法，即使用相同的 ε-贪婪策略来探索和优改进。但可能正是因为期望的原

因,它学会了从一般的 SARSA 中改进,并发现可以安全地从中间一排通过。在 Python notebook 中,读者还可以看到此算法在"出租车世界"的运行结果。

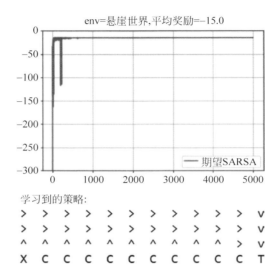

图 4-18　"悬崖世界"的期望 SARSA 的奖励图和智能体学习的策略

4.10　回放池和离线策略学习

离线策略学习涉及两种不同的策略:用于探索和生成示例的行为策略 $b(a|s)$;智能体试图作为最优策略学习的目标策略 $\pi(a|s)$。我们可以反复使用行为策略生成的样本来训练智能体。该方法使样本更加有效,因为智能体观察到的单个转移可以多次使用。

智能体从环境中收集经验并多次回放这些经验的过程称为经验回放。在经验回放中,把样本 $(s,a,r,s',done)$ 存储在回放池中。当我们使用 q 值改进确定性目标策略时,使用探索性行为策略生成样本。所以可以反复使用行为策略中的旧样本。

我们将回放池固定为某个预定大小,并在收集新样本时删除旧样本。这个过程多次重复使用样本,从而提高了学习样本的效率。该方法的其余部分与离线策略智能体相同。

我们把这种方法应用到 Q-学习智能体中。这次没有给出伪代码,因为除了在每次转移中多次使用了回放池中的样本之外没有任何变化。我们在回放池中存储一个新的转移,然后从回放池中采集 batch_size 个样本。这些样本用来训练 Q-智能体。然后智能体在环境中执行下一个步骤,开始再次循环。listing4_6.ipynb 给出了回放池的实现以及它在学习算法中的使用方式,如代码块 4-6 所示。

代码块 4-6　带回放池的 Q-学习

```
class ReplayBuffer:
    def __init__(self, size):
        self.size = size # max number of items in buffer
        self.buffer = [] # array to hold buffer

    def __len__(self):
```

```
        return len(self.buffer)
    def add(self, state, action, reward, next_state, done):
        item = (state, action, reward, next_state, done)
        self.buffer = self.buffer[-self.size:] + [item]

    def sample(self, batch_size):
        idxs = np.random.choice(len(self.buffer), batch_size)
        samples = [self.buffer[i] for i in idxs]
        states, actions, rewards, next_states, done_flags =
        list(zip(*samples))
        return states, actions, rewards, next_states, done_flags

# training algorithm with reply buffer
def train_agent(env, agent, episode_cnt = 10000, tmax = 10000,
anneal_eps = True, replay_buffer = None, batch_size = 16):

    episode_rewards = []
    for i in range(episode_cnt):
        G = 0
    state = env.reset()
    for t in range(tmax):
        action = agent.get_action(state)
        next_state, reward, done, _ = env.step(action)
        if replay_buffer:
            replay_buffer.add(state, action, reward, next_state, done)
            states, actions, rewards, next_states, done_flags = replay_
            buffer(batch_size)
            for i in range(batch_size):
                agent.update(states[i], actions[i], rewards[i], next_
                states[i], done_flags[i])

        else:
            agent.update(state, action, reward, next_state, done)

        G += reward
        if done:
            episode_rewards.append(G)
            # to reduce the exploration probability epsilon over the
            # training period.
            if anneal_eps:
                agent.epsilon = agent.epsilon * 0.99
            break
        state = next_state
    return np.array(episode_rewards)
```

　　具有回放池的 Q-智能体通过从池中重复采样来提高初始收敛性。当应用到 DQN 时，样本效率的提升将变得更加明显。从长远来看，使用或不使用回放池得到的最优值不会有显著差异。但它还有一个优点是打破了样本之间的相关性。当我们用 Q-学习研究深度学习（即 DQN）时，这些优势会体现得更明显。

4.11　连续状态空间的 Q-学习

到目前为止，我们看过的所有例子都是离散状态空间。研究的所有方法都可以归类为表格法。状态-动作空间表示为一个矩阵，其中状态为列，动作为行。

现在要过渡到连续状态空间，并大量使用深度学习以用神经网络来表示状态。我们仍然可以通过一些简单的方法来解决连续状态问题。为了准备第 5 章的学习，让我们来看看将连续值转换为离散值最简单的方法。对连续的浮点数进行四舍五入，例如，将 $-1 \sim 1$ 之间的连续状态空间值转换为 $-1, -0.9, -0.8, \cdots, 0, 0.1, 0.2, \cdots, 1.0$。

listing4_7.ipynb 展示了这种方法的实际应用。我们会继续使用 listing4_6 中的 Q-学习智能体、经验回放和学习算法。但是在连续环境中应用学习，即在本章开头有详细描述的 CartPole 环境中。我们需要做的最关键的更改是从环境中接收状态价值，并将这些价值离散化，然后将其作为观测值传递给智能体。因为智能体只能基于离散值来学习使用 Q-智能体的最优策略。代码块 4-7 重现了将连续状态价值转换为离散状态价值的方法，如图 4-19 所示。

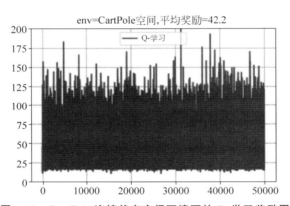

图 4-19　CartPole 连续状态空间环境下的 Q-学习奖励图

代码块 4-7　连续状态环境下的 Q-学习（离线策略）

```
# We will use ObservationWrapper class from gym to wrap our environment.
# We need to implement observation() method which will receive the
# original state values from underlying environment
# In observation() we will discretize the state values
# which then will be passed to outside world by env
# the agent will use these discrete state values
# to learn an effective policy using q - learning
from gym.core import ObservationWrapper

class Discretizer(ObservationWrapper):
    def observation(self, state):
        discrete_x_pos = round(state[0], 1)
        discrete_x_vel = round(state[1], 1)
        discrete_pole_angle = round(state[2], 1)
        discrete_pole_ang_vel = round(state[3], 1)
```

```
return (discrete_x_pos, discrete_x_vel,
        discrete_pole_angle, discrete_pole_ang_vel)
```

状态离散化的 Q-智能体只能够获得大约 50 的奖励,而最大奖励为 200。在接下来的章节中,我们将学习其他更有效的获取奖励的方法。

4.12　n-步回报

本节会将 MC 和 TD 方法结合起来。MC 方法从一个状态采样回报直到情节结束,而没有使用自举法。因此,MC 方法不能应用于连续空间。而 TD 方法使用一步回报来估计剩余奖励的价值。TD 方法会一个步骤之后,查看轨迹并进行自举。

这两种方法是两个极端,在很多情况下,两者之间的方法可以产生更好的结果。n-步方法使用接下来 n 步的奖励,对 $n+1$ 步自举来估计剩余奖励的价值。图 4-20 展示了不同 n 值的回溯图。一个极端是一步方法,也就是在 SARSA、Q-学习等方法中看到的 TD(0)方法。另一个极端是 ∞-步 TD 方法,它是一种 MC 方法。所以 TD 和 MC 方法是同一连续体的两个极端。

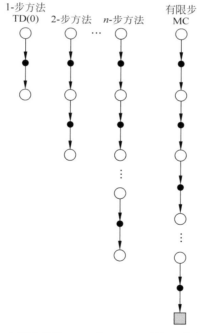

图 4-20　TD(0)和 MC 在两个极值 $n=1$ 和 $n=\infty$ 时的 n-步方法回溯图(情节末尾)

n-步方法可以用于在线策略设置。比如 n-步 SARSA 和 n-步期望 SARSA,这些是之前所学知识的延伸。然而,在离线策略学习中使用 n-步方法还需要考虑一个问题,即在行为策略和目标策略下观测跨状态的特定 n-步转移的相对差异。为了使用来自行为策略 $b(a|s)$ 的数据来改进目标策略 $\pi(a|s)$,需要把在行为策略下观察到的 n-步回报乘以一个重要性采样率。

考虑一个初始状态为 S_t，其行动轨迹和状态序列（到情节的结束）：$A_t, S_{t+1}, A_{t+1}, \cdots$，$S_T$。在线策略为 π 的情况下观测到该序列的概率如下：

$$\Pr\{\text{trajectory}\} = \pi(A_t \mid S_t) \cdot p(S_{t+1} \mid S_t, A_t) \cdots \pi(A_{T-1} \mid S_{T-1}) p(S_T \mid S_{T-1}, A_{T-1})$$

重要性采样率是目标策略 π 下的轨迹概率与行为策略 b 下的轨迹概率的比值，即

$$\rho_{t:T-1} = \frac{\Pr_\pi\{\text{trajectory}\}}{\Pr_b\{\text{trajectory}\}} = \prod_{k=t}^{T-1} \frac{\pi(A_k \vee S_k)}{b(A_k \vee S_k)} \tag{4.11}$$

重要性采样率确保了在行为策略下观测到的轨迹的回报是根据目标策略下观测到的轨迹的相对概率与行为策略下观测到的相同轨迹的概率的比值来上下调整的。

没有什么是完美无缺的，重要性采样也是这样。重要性采样率可能会引起较大的方差，而且计算效率不高。并且有很多先进的技术，如折扣感知重要性采样和决策重要性抽样，它们以不同的方式研究重要性采样和奖励，以减少方差，使这些算法更有效率。

本书不会详细介绍这些算法的实现。我们主要是在概念层面上介绍这些内容，让读者了解到这些高级技术。

4.13 资格迹和 TD(λ)

资格迹在让算法以更有效的方式统一了 MC 方法和 TD 方法。当 TD 方法与资格迹相结合时，会产生 TD(λ)，若 $\lambda = 0$，则它等效于之前研究的一步 TD 方法。这就是为什么一步 TD 方法也称为 TD(0)。若 $\lambda = 1$，则类似于一般的 ∞-步 TD 方法或 MC 方法。资格迹使 MC 方法可以应用于非情节性任务。这里只讨论资格迹和 TD(λ) 的深层概念。

4.11 节研究了 n-步回报，其中 $n = 1$ 便为一般 TD 方法，$n = \infty$ 便为 MC 方法。并且这两个极端方法都不好。算法在 n 取中间值时性能最佳。n-步方法提供了一个如何统一 TD 方法和 MC 方法的思路。

资格迹则是提供一种有效的方式来组合它们，而无须跟踪每一步的 n-步转移。到目前为止，我们已经研究了一种基于未来 n-步转移更新状态价值的方法。这称为前向视图。当然也可以向后看，即在每个步长 t，查看步长 t 的奖励对过去前 n 个状态的影响。这称为后向视图，也是 TD(λ) 的核心。该方法允许在 TD 方法学习中有效地集成 n-步回报。

回头看图 4-20。如果不选择不同的 n 值，而是将所有的 n-步回报与某个权值相乘，会如何呢？这也就是 λ-回报，其公式如下：

$$G_t^\lambda = (1-\lambda) \sum_{n=1}^{T-t-1} \lambda^{n-1} G_{t:t+n} + \lambda^{T-t-1} G_t \tag{4.12}$$

这里的 $G_{t:t+n}$ 是 n-步回报，使用了第 n 步结束时剩余步骤的自举值。定义如下：

$$G_{t:t+n} = R_{t+1} + \gamma R_{t+2} + \cdots + \gamma^{n-1} R_{t+n} + \gamma^n V(S_{t+n}) \tag{4.13}$$

若将 $\lambda = 0$ 代入式(4.12)，则有

$$G_t^0 = G_{t:t+1} = R_{t+1} + \gamma V(S_{t+1})$$

上面的表达式与式(4.7)中 TD(0) 状态-动作更新的目标价值类似。

将 $\lambda = 1$ 代入式(4.12)，使 G_t^1 模拟 MC 并返回 G_t，如下所示：

$$G_t^1 = G_t = R_{t+1} + \gamma R_{t+2} + \cdots + \gamma^{T-t-1} R_T$$

TD(λ) 算法使用了前面的 λ-回报和称为资格迹的迹向量，以使用"后向视图"来获得有

效的在线 TD 方法。资格迹记录了过去观测到的状态的距离，以及当前回报对该状态的估计的影响。

我们将在这里结束对 λ-回报、资格迹和 TD(λ) 的基本介绍。关于数学推导以及基于它们的各种算法的详细研究，请参阅 *Reinforcement Learning：An Introduction by Barto and Sutton*（第 2 版）。

4.14　DP、MC 和 TD 之间的关系

在本章的开始，我们讨论比较了 DP、MC 和 TD 方法。首先介绍了 MC 方法和 TD 方法，然后利用 n-步和 TD(λ) 将 MC 和 TD 作为两种极端的样本无模型学习方法结合起来。

作为本章的总结，表 4-1 比较了 DP 和 TD 方法。

表 4-1　贝尔曼方程中 DP 和 TD 方法的比较

	完全回溯（DP）	采样回溯（TD）
$V_\pi(s)$ 的贝尔曼期望方程	迭代的策略评估	TD 预测
$q_\pi(s,a)$ 的贝尔曼期望方程	Q-策略迭代	SARSA
$q_\pi(s,a)$ 的贝尔曼最优性方程	Q-值迭代	Q-学习

4.15　总结

本章研究强化学习的无模型方法。首先使用 MC 方法估计状态价值，研究"首次访问"和"每次访问"方法。然后研究在一般情况下和在 MC 方法下的偏差和方差的权衡。在 MC 估计的基础上，研究 MC 控制方法，并将其与第 3 章介绍的用于策略优化的 GPI 框架联系了起来。我们详细研究如何通过交换基于 DP 方法的估计步骤与基于 MC 的方法的估计步骤来应用 GPI，需要平衡地探索与利用困境，尤其是在转移概率未知的无模型世界中。然后简要讨论在 MC 方法背景中的离线策略方法。

TD 方法是我们学习的关于无模型学习的另一种方法。我们从建立 TD 学习的基础（基于 TD 的价值估计）开始。随后深入研究 SARSA——一种在线策略的 TD 控制方法。然后我们研究 Q-学习——一种强大的离线策略 TD 学习方法，还研究它的一些变体，如期望 SARSA。

在 TD 学习的背景下，我们还引入状态逼近的概念，将连续的状态空间转换成近似的离散状态价值。状态逼近是第 5 章的主要内容，并且我们会将深度学习与强化学习结合起来学习。

在本章结束之前，我们最后讨论 n-步回报、资格迹和 TD(λ)，它们能够把 TD 和 MC 组合成一个整体。

第5章

函 数 逼 近

前 3 章研究了各种规划和控制的方法,并分别介绍了动态规划、蒙特卡洛方法和时序差分方法。在前面的大部分内容中,我们在状态空间和动作都是离散的情况下讨论了这些方法。只有在第 4 章的最后才讨论了连续状态空间中的 Q-学习。我们使用任意一种方法将状态价值离散化,并训练了一个学习模型。本章通过讨论逼近理论基础以及它如何影响强化学习的设置来扩展这些方法。然后,我们将研究各种逼近价值的方法,如具有良好理论基础的线性方法,专门用于神经网络的非线性方法。这种将深度学习与强化学习相结合的方法的发展,使强化学习算法得以规模化。

通常,我们使用的方法是:在预测/估计设置的背景下查看所有内容,其中,智能体试图遵循给定的策略来学习状态价值和/或动作价值。然后,我们将讨论控制,即寻找最优策略。我们还是处于一个无模型的世界,即不知道转移动态。然后我们讨论函数逼近中的收敛性和稳定性问题。到目前为止,在精确的离散状态空间的背景下,收敛不是一个大问题。但是,函数逼近却带来了新的问题,需要考虑理论保证和最佳实践。我们还将讨论批处理方法,并将它们与本章第一部分讨论的增量学习方法进行比较。

本章的最后将概述深度学习、基本理论和使用 PyTorch 和 TensorFlow 构建/训练模型的基础知识。

5.1　概述

强化学习可以解决具有多个离散状态设置或具有连续状态空间的大规模问题。例如西洋双陆棋游戏,它有近 10^{20} 个离散状态;或围棋游戏,它有近 10^{170} 个离散状态;再例如自动驾驶汽车、无人机或机器人等具有连续的状态空间的环境。

到目前为止,我们处理的问题都是状态空间离散、规模较小的,例如具有约 100 个状态的"网格世界"或具有 500 个状态的"出租车世界"。那么,我们如何将学到的算法扩展到更大的环境或具有连续状态空间的环境中呢? 一直以来,我们都用表格来表示状态价值 $V(s)$ 或动作价值 $Q(S, A)$,表格的每一栏里是状态 s 的价值或状态 s 和动作 a 的组合的价值。但随着数量的增加,表格也将变得很大,使得在其中存储状态或动作价值变得不可行。此外，太多的组合会减慢策略的学习速度。算法在实际运行环境中可能会在非常低概率的状态中花费太多时间。

　　现在采取另外的方法。用下面的函数来表示状态价值（或状态-动作价值）：

$$\hat{v}(s;w) \approx v_\pi(s)$$

$$\hat{q}(s,a;w) \approx q_\pi(s,a) \tag{5.1}$$

　　价值不再存储在表中，而是存储在函数 $\hat{v}(s;w)$ 或 $\hat{q}(s,a;w)$ 中，其中参数 w 取决于智能体所遵循的策略，s 或 (s,a) 是状态或状态价值函数的输入。我们选择参数 $|w|$ 的数量要远小于状态 $|s|$ 数量或状态-动作对（$|s| \times |a|$）的数量。这种方法对状态-动作价值的状态表示进行了泛化。当我们根据给定状态 s 的某个更新方程更新权重向量 w 时，它不仅更新了该特定的 s 或 (s,a) 的价值，还更新了一些接近 s 或 (s,a) 的状态或状态-动作的价值。这是由函数的几何结构决定的。s 附近的其他状态价值也会受到这种更新的影响，如前所示。我们用一个比状态数量更受限制的函数来逼近这些价值。也就是说，我们现在将更新函数的参数集 w，而不是直接更新 $v(s)$ 或 $q(s,a)$，因为 w 可以影响价值估计 $\hat{v}(s;w)$ 或 $\hat{q}(s,a;w)$。当然，和以前一样，我们可以使用 MC 或 TD 方法执行 w 的更新。函数逼近有多种方法。可以输入状态向量（表示状态的所有变量的值，例如位置、速度等）并输出 $\hat{v}(s;w)$；或者可以输入状态和动作向量并输出 $\hat{q}(s,a;w)$。有一种方法非常适用于动作是离散的且来自小集合的情况，即输入状态向量 s 并获得数量 $|A|$ 的 $\hat{q}(s,a;w)$，每个值对应一个可能的动作（$|A|$ 表示可能的动作数）。原理如图 5-1 所示。

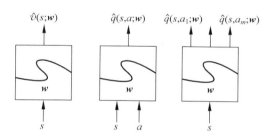

图 5-1　函数逼近法表示 $\hat{v}(s;w)$ 或 $\hat{q}(s,a;w)$（第一个和最后一个在本章中是最常见的）

　　有很多种方法来构建这样的函数逼近器，我们研究两种常见的方法：使用瓦片的线性逼近器和使用神经网络的非线性逼近器。

　　在开始之前，我们需要回顾理论基础，回忆一下需要哪些操作才能更新 w，以不断减少目标价值和状态或状态-动作价值（$v(s)$ 或 $q(s,a)$）的当前估计之间的误差。

5.2　逼近理论

　　函数逼近是监督学习领域中被广泛研究的主题。在函数逼近中，基于训练数据，我们可以构建一般化的底层模型。监督学习中的大部分理论可以被应用于具有函数逼近的强化学习。但是，带函数逼近的强化学习带来了新的问题，如如何自举以及它对非平稳性的影响。在监督学习中，当算法正在学习时，生成训练数据的问题/模型不会改变。但当涉及函数逼近的强化学习时，目标（在监督学习中表示为输出）的形成方式会诱发非平稳性，这就需要想出新的方法来处理这个问题。这里所说的非平稳性是指不知道 $v(s)$ 或 $q(s,a)$ 的实际目标价值。我们使用 MC 或 TD 方法来生成估计价值，然后把这些估计价值当作"目标"。当目标价值的估计被改进时，我们使用改进后的估计作为新的目标价值。而在监督学习中是不同的，目标是在训练中给出和确定的，学习算法对目标没有影响。在强化学习中，没有实际的目标，我们使用的是目标价值的估计。随着这些估计的改变，学习算法中使用的目标也会改变；也就是说，它们在学习过程中不是固定不变的。

回顾如下 MC 的更新等式[见式(4.2)]和 TD 的更新等式[见式(4.4)]。我们修改了等式，使 MC 和 TD 在当前时间使用相同的下标 t，在下一时刻使用相同的下标 $t+1$。两个等式执行相同的更新，以使 $V_t(s)$ 更接近目标，MC 更新后为 $G_t(s)$，TD(0)更新后为 $R_{t+1}+\gamma V_t(s')$。

$$V_{t+1}(s)=V_t(s)+\alpha[G_t(s)-V_t(s)] \tag{5.2}$$

$$V_{t+1}(s)=V_t(s)+\alpha[R_{t+1}+\gamma V_t(s')-V_t(s)] \tag{5.3}$$

这与我们在监督学习中所做的类似，尤其是在线性最小二乘回归中。这里的输出/目标值 $y(t)$ 和输入特征 $x(t)$ 合起来称为训练数据。我们可以选择一个模型 $Model_w[x(t)]$，如多项式线性模型、决策树或支持向量机，甚至其他非线性模型，如神经网络。训练数据被用于最小化模型预测值与训练集中的实际输出值之间的误差。其中的函数称为最小化损失函数，表示如下：

$$J(w)=[y(t)-\hat{y}(t;w)]^2; \quad \text{其中} \hat{y}(t;w)=Model_w[x(t)] \tag{5.4}$$

当 $J(w)$ 是可微函数时(这也是本书讨论的情况)，可以使用梯度下降法来调整模型的权重/参数 w，以最小化误差/损失函数 $J(w)$。一般来说，我们会使用相同的训练数据多批次执行更新，直到损失不再进一步减少。权重为 w 的模型现在已经学习了从输入 $x(t)$ 到输出 $y(t)$ 的底层映射。增量更新的执行方式如下式所示：

$$J(w) \text{ wrt } w \text{ 的梯度}:=\nabla_w J(w)$$

对于给定的损失函数： $\Delta_w J(w)=-2[y(t)-\hat{y}(t;w)]\cdot\nabla_w\hat{y}(t;w)$

我们在 $\Delta_w J(w)$ 的负方向上做了一些调整来改进 w，这样可以减少误差。

$$w_{t+1}=w_t-\alpha\,\nabla_w J(w) \tag{5.5}$$

权重会向使损失(实际输出值和预测输出值之间的差值)最小的方向移动。接下来讨论函数逼近的几种方法。最常见的方法如下：

- 特征的线性组合。结合这些特征(如速度、位置等)并由向量 w 加权，再将计算值用作状态价值。常见的方法如下：
  ① 多项式
  ② 傅里叶基函数
  ③ 径向基函数
  ④ 粗编码
  ⑤ 瓦片编码
- 非线性但可微的方法，其中神经网络是使用最广泛的方法。
- 基于记忆的非参数方法。

本书主要讨论基于深度学习的神经网络方法，这些方法适用于非结构化输入，如由智能体的视觉系统捕获的图像或使用自然语言处理(Natural Language Processing，NLP)的自由格式文本。本章的后半部分和下一章将主要使用基于深度学习的函数逼近,读者可以看到许多基于 PyTorch 和 TensorFlow 变体的完整代码的示例。首先,我们将看一些常见的线性逼近方法,如粗编码和瓦片编码。本书的重点是在强化学习中使用深度学习,所以我们不会花很多时间在其他线性逼近方法上。但是不能因为我们没有把时间花在这些线性方法上,就代表它们缺乏有效性。根据眼前的问题,线性逼近方法可能是最正确的方法;它有效、快速,并有收敛保证。

5.2.1 粗编码

让我们看看图 2-2 中讨论过的山地汽车问题。汽车具有二维状态——位置和速度。假设我们将二维状态空间分成重叠的圆,每个圆代表一个特征。如果状态 S 位于一个圆内,则该特定特征存在且其值为 1;否则该特征不存在,其值为 0。特征的数量就是圆的数量。假设我们有 p 个圆,然后可以把一个二维连续状态空间转换为一个 p 维状态空间,其中每个维度可以是 0 或 1,也就是说,每个维度都属于$\{0,1\}$[①]。

状态 S 所在的圆的特征都是 1。如图 5-2 中的例子所示。图中有两种状态,根据这些点所在的圆,相应的特征为 1,而其他圆的特征为 0。圆的大小和圆的密集程度将决定泛化程度。如果用椭圆表示,那么泛化会向延伸的方向发展。我们也可以选择圆形以外的形状来控制泛化的程度。

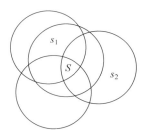

图 5-2　使用圆进行的二维粗编码(泛化取决于圆的大小和圆的密集程度)

现在考虑大而密集的圆圈的情况。一个大圆使得将两个相距很远的状态连接在一起的初始泛化变宽,因为它们至少属于一个公共圆。密集程度(即圈数)允许我们控制细粒度的泛化。当有很多圆时,我们可以确保即使是邻近的状态也至少有一个特征在两个状态之间是不同的。即使每个单独的圆很大,这也是成立的。还可以改变圆的尺寸和数量,以适合于所讨论的问题/领域的泛化。

5.2.2 瓦片编码

瓦片编码是一种可以通过编程进行规划的粗编码形式。它在多维空间上运行良好,比一般的粗编码有用得多。

考虑一个二维空间,比如刚刚谈到的山地汽车。我们把整个空间分成不重叠的网格。每一个这样的划分都称为大瓦片,如图 5-3 的左图所示。小瓦片是方形的,根据状态 S 在这

---

① 注意:$\{0,1\}$表示可能的值(即 0 或 1)的集合。而$(0,1)$表示值的范围,即 0~1 的所有值,不包括 0 和 1。$[0,1)$表示 0~1 的所有值和左边界的值,即 0 包含在范围内。

个 2D 空间上的位置，只有一个小瓦片是 1，其他的都是 0。

　　然后，我们有许多这样的大瓦片相互偏移。假设使用 n 个大瓦片，那么对于一个状态，其中只有一个小瓦片是 1。也就是说，如果有 n 个大瓦片，那么恰好 n 个特征都是 1，也就是说，每一个大瓦片都有一个特征。示例如图 5-3 所示。

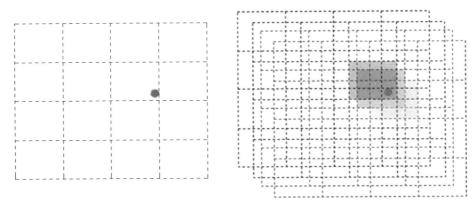

图 5-3　瓦片编码。在左图中：单个大瓦片中有 $4 \times 4 = 16$ 个小瓦片。在右图中，有 4 个互相重叠的大瓦片（用 4 种不同颜色表示）。一个状态（绿色圆点）点亮了每个大瓦片中的一个小瓦片。泛化由单个大瓦片中的小瓦片的数量以及大瓦片的总数控制

　　注意，如果式(5.1)和式(5.2)中的学习率为 α，则用 $\dfrac{\alpha}{n}$ 来替换 α，其中 n 为大瓦片数量。这是为了使算法不受大瓦片数量的影响。粗编码和瓦片编码都使用二进制特征，所以数字计算机可以加快计算速度。

　　泛化的性质现在取决于以下因素：

- 单个大瓦片中小瓦片的数量（如图 5-3 中的左图）；
- 大瓦片的数量（图 5-4 中的右图用 4 种不同颜色的表示的 4 种大瓦片）；
- 偏移的性质，是否均匀、对称还是不对称。

　　现在给出确定上面提到的 3 个因素的一般方法。若每个大瓦片中的小瓦片是一个边长为 w 的方形，那么在连续的 k 维空间中，它是一个边长为 w 的 k 维方形。假设有 n 个大瓦片，那么这些大瓦片需要在所有维度中互相偏移 $\dfrac{w}{n}$ 的距离。这就是位移向量。第一个启发式是选择一个合适的 n 使 $n = 2^i \geqslant 4k$。每个方向上的位移是位移向量 $\dfrac{w}{n}$ 的奇数倍($1,3,5,7,\cdots,2k-1$)。在接下来的例子中，将使用一个库来帮助我们将二维山地汽车状态空间划分为适当的大瓦片空间。我们将提供 2D 状态向量，然后库返回小瓦片向量。

5.2.3　逼近中的挑战

　　虽然利用了基于监督学习的方法的知识，如前面所说的梯度下降法，但我们必须知道，基于梯度的方法在强化学习中比在监督学习中更难工作。

　　首先，在监督学习中，训练数据是保持不变的。数据是从模型中生成的，而模型是不会改变的。我们试图通过数据来学习输入到输出的映射方式，以进行逼近。提供给训练算法

的数据在算法外部,它不以任何方式依赖于算法。它是常数,独立于学习算法。但是在强化学习中,尤其是在无模型设置中,情况并非如此。用于生成训练样本的数据是基于智能体遵循的策略的,它不是底层模型的完整描述。随着不断地对环境进行探索,智能体学到了更多,并且生成了一组新的训练数据。我们要么使用基于 MC 的方法来观测实际轨迹,要么使用 TD 下的自举来形成对目标值 $y(t)$ 的估计。随着探索和学习的深入,目标 $y(t)$ 会发生变化,而在监督学习中情况并非如此。这就是所谓的非平稳目标问题。

其次,监督学习基于样本彼此不相关的理论前提,数学上称为 i.i.d(独立同分布的,independent identically distributed)。但是在强化学习中,我们看到的数据取决于智能体生成数据时遵循的策略。在给定的情节中,我们看到的状态取决于智能体在该时刻遵循的策略。后面步骤的状态取决于智能体之前采取的动作(决定)。也就是说,数据是相互关联的。我们看到的下一个状态 s_{t+1} 取决于当前状态 s_t 以及智能体在该状态下采取的动作 a_t。

这两个问题使得函数逼近在强化学习设置中变得更加困难。随着学习的不断深入,我们将看到为应对这些挑战而采取的各种方法。

在对方法论有了一定的了解之后,我们将学习价值预测/估计,一个可以表示价值的函数,然后再看控制部分,即智能体尝试改进策略的过程。它遵循使用广义策略迭代(Generalized Policy Iteration,GPI)的一般模式,就像第 4 章中的方法一样。

5.3 增量预测:MC、TD 和 TD(λ)

本节将研究预测问题,即如何使用函数逼近来估计状态价值。

接下来尝试利用输入和目标组成的训练数据找到一个模型,将监督训练过程扩展到强化学习下的函数逼近,其中需要使用式(5.4)中的损失函数和式(5.5)中的权重更新函数。如果比较一下式(5.4)中的损失函数和式(5.2)、式(5.3)中的 MC/TD 更新,就会发现可以把 MC 和 TD 更新等同起来:它们都试图最小化实际目标值 $v_\pi(s)$ 和当前估计 $v(s)$ 之间的误差。可以将损失函数表示如下:

$$J(w) = E_\pi[V_\pi(s) - V_t'(s)]^2 \tag{5.6}$$

与式(5.5)中的推导一样,使用随机梯度下降法(即在每个样本处用更新代替期望),可以将权重向量 w 的更新方程写成如下:

$$w_{t+1} = w_t - \alpha \, \nabla_w J(w)$$

$$w_{t+1} = w_t + \alpha[V_\pi(s) - V_t(s;w)] \cdot \nabla_w V_t(s;w) \tag{5.7}$$

然而,与监督学习不同,我们没有实际/目标输出值 $v_\pi(s)$,而是使用这些目标的估计值。对于 MC,$v_\pi(s)$ 的估计/目标是 $G_t(s)$,而 TD(0) 下的估计/目标是 $R_{t+1} + \gamma V_t(s')$。因此,用函数逼近法在 MC 和 TD(0) 下的更新可以写成如下形式。

MC 更新如下:

$$w_{t+1} = w_t + \alpha[G_t(s) - V_t(s;w)] \cdot \nabla_w V_t(s;w) \tag{5.8}$$

TD(0) 更新如下:

$$w_{t+1} = w_t + \alpha[R_{t+1} + \gamma V_t(s';w) - V_t(s;w)] \cdot \nabla_w V_t(s;w) \tag{5.9}$$

我们将在 5.4 节看到:对于 q 值,也有一组类似的等式。此部分与我们在第 4 章中对 MC 和 TD 控制部分所做的是相同的。

先考虑线性逼近的设置，其中状态价值 $\hat{v}(s;\boldsymbol{w})$ 可以表示为状态向量 $\boldsymbol{x}(s)$ 与权重向量 $\boldsymbol{w}$ 的点积：

$$\hat{v}(s;\boldsymbol{w})=\boldsymbol{x}(s)^{\mathrm{T}}\cdot\boldsymbol{w}=\sum_i x_i(s)w_i \tag{5.10}$$

$\hat{v}(s;\boldsymbol{w})$ 对 $\boldsymbol{w}$ 的导数就是状态向量 $\boldsymbol{x}(s)$。

$$\Delta_{\boldsymbol{w}}V_t(s;\boldsymbol{w})=\boldsymbol{x}(s) \tag{5.11}$$

将式(5.11)与式(5.7)结合起来，得到如下结果：

$$w_{t+1}=w_t+\alpha\big[V_\pi(s)-V_t(s;\boldsymbol{w})\big]\cdot\boldsymbol{x}(s) \tag{5.12}$$

如前所述，我们不知道真实状态价值 $v_\pi(s)$，因此在 MC 方法中使用估计值 $G_t(s)$，在 TD(0)方法中使用估计值 $R_{t+1}+\gamma V(s')$。所以得到线性逼近情况下 MC 和 TD 的权重更新规则如下所示。

MC 更新如下：

$$w_{t+1}=w_t+\alpha\big[G_t(s)-V_t(s;\boldsymbol{w})\big]\cdot\boldsymbol{x}(s) \tag{5.13}$$

TD(0)更新如下：

$$w_{t+1}=w_t+\alpha\big[R_{t+1}+\gamma V_t(s';\boldsymbol{w})-V_t(s;\boldsymbol{w})\big]\cdot\boldsymbol{x}(s) \tag{5.14}$$

简单地说，式(5.14)右侧第二项权重的更新可以表示为

$$更新＝学习率\times预测误差\times特征值$$

我们把它与第 4 章中基于表的离散状态方法联系起来。就可以说明查表是线性方法的一个特例。假使 $\boldsymbol{x}(s)$ 的每个分量要么是 1，要么是 0，并且其中只有一个分量的值为 1，其余所有分量的值为 0。$\boldsymbol{x}^{\mathrm{table}}(s)$ 是一个大小为 p 的列向量，其中任意一点上只有一个元素的值为 1，其余元素的值为 0。根据智能体所处的状态，相应的元素是 1。

$$\boldsymbol{x}^{\mathrm{table}}(s)=\begin{pmatrix}1(s=s_1)\\\vdots\\1(s=s_p)\end{pmatrix}$$

权重向量包含每个 $s=s_1,s_2,\cdots,s_p$ 的状态 $v(s)$ 的值。

$$\begin{pmatrix}w_1\\\vdots\\w_p\end{pmatrix}=\begin{pmatrix}v(s_1)\\\vdots\\v(s_p)\end{pmatrix}$$

利用式(5.10)中的表达式，得到以下结果：

$$\hat{v}(s=s_k;\boldsymbol{w})=\boldsymbol{x}(s)^{\mathrm{T}}\cdot\boldsymbol{w}=v(s_k)$$

将此表达式应用于线性更新式(5.13)和式(5.14)中，就可以得到第 4 章中常见的更新规则。

MC 更新如下：

$$v_{t+1}(s)=v_t(s)+\alpha\big[G_t(s)-V_t(s)\big],\quad s=s_1,s_2,\cdots,s_p \tag{5.15}$$

TD(0)更新如下：

$$v_{t+1}(s)=v_t(s)+\alpha\big[R_{t+1}+\gamma V_t(s')-V_t(s)\big],\quad s=s_1,s_2,\cdots,s_p \tag{5.16}$$

前面的推导是将查表作为更一般的线性函数逼近的特殊情况。

注意，我们在推导更新等式时忽略了一点，MC 的目标估计值 $G_t(s)$ 和 TD(0)的目标估计值 $R_{t+1}+\gamma V_t(s')$ 取决于当前策略，而当前策略又取决于当前权重向量 $\boldsymbol{w}$。举个例子，在式(5.6)中用 TD 目标值替换 $v_\pi(s)$，然后取梯度。

$$\text{损失：} J(w) = [V_\pi(s) - V_t(s)]^2$$

$$\text{或} \quad J(w) = [R_{t+1} + \gamma V_t(s';w) - V_t(s;w)]^2$$

如果求 $J(w)$ 对 w 的导数，我们会得到两项导数，一项来自于下一状态 $V_t(s';w)$ 的导数，另一项来自于 $V_t(s;w)$ 的导数。这种同时采用梯度贡献 $\nabla V_t(s';w)$ 和 $\nabla V_t(s;w)$ 的方法，降低了学习速度。首先，由于我们希望目标值保持不变，因此需要忽略 $\nabla V_t(s';w)$ 的贡献。其次，从概念上讲，我们希望通过梯度下降将当前状态 $V_t(s';w)$ 的值拉向它的目标值。而取第二项 $\nabla V_t(s';w)$ 意味着我们试图将下一个状态 $S = s'$ 的值移向当前状态 $S = s$ 的值。

总之，我们只取当前状态价值 $V_t(s;w)$ 的导数，并忽略下一个状态价值 $V_t(s';w)$ 的导数。这个方法使得价值估计看起来类似于有平稳目标的监督学习方法。这也是为什么有时式(5.8)和式(5.9)中使用的梯度下降法也称为半梯度法。

如前所述，算法的收敛性不再得到保证，不像由于收缩定理在表格设置中得到的保证。然而在实践中，大多数经过仔细推敲的算法还是收敛的。各种预测/估计算法的收敛性如表 5-1 所示。我们不会详细解释这些算法的收敛性。侧重于学习理论方面的书会着重进行这样的讨论。由于本书侧重于实践，虽然有足够的理论来理解背景和鉴别算法的细微差别，但重点仍是用 PyTorch 或 TensorFlow 对这些算法进行编码。

表 5-1 预测/估计算法的收敛性

策略类型	算法	查表	线性	非线性
在线策略	MC	Y	Y	Y
	TD(0)	Y	Y	N
	TD(λ)	Y	Y	N
离线策略	MC	Y	Y	Y
	TD(0)	Y	N	N
	TD(λ)	Y	N	N

在 5.4 节中，我们将看到自举法(例如 TD)、函数逼近和离线策略三者的结合对稳定性产生的不利影响。仔细斟酌学习过程，也许可以消除这些不利影响。

现在来看看控制问题，即如何使用函数逼近改进策略。

5.4 增量控制

就像第 4 章一样，我们采用类似的方法。从函数逼近估计 q 值开始。

$$\hat{q}(s,a;w) \approx q_\pi(s,a) \tag{5.17}$$

与之前一样，在目标值和当前值之间形成一个损失函数。

$$J(w) = E_\pi\left[(q_\pi(s,a) - \hat{q}(s,a;w))^2\right] \tag{5.18}$$

当进行随机梯度下降时，w 损失的最小：

$$w_{t+1} = w_t - \alpha \, \nabla_w J(w)$$

其中，

$$\nabla_w J(w) = (q_\pi(s,a) - \hat{q}(s,a;w)) \cdot \nabla_w \hat{q}(s,a;w) \tag{5.19}$$

和之前一样，当 $\hat{q}(s,a;w)$ 用线性逼近 $\hat{q}(s,a;w) = x(s,a)^T \cdot w$ 时，可以简化等式。在

前面所示的线性情况下，导数$\nabla_w\hat{q}(s,a;\boldsymbol{w})$将变为$\nabla_w\hat{q}(s,a;\boldsymbol{w})=\boldsymbol{x}(s,a)$。

接下来，由于不知道q值的真实值$q_\pi(s,a)$，所以我们用MC或TD的估计替换它，得到一组方程。

MC更新如下：

$$w_{t+1}=w_t+\alpha\big[G_t(s)-q_t(s,a;\boldsymbol{w})\big]\cdot\nabla_w q_t(s,a) \tag{5.20}$$

TD(0)更新如下：

$$w_{t+1}=w_t+\alpha\big[R_{t+1}+\gamma q_t(s',a';\boldsymbol{w})-q_t(s,a;\boldsymbol{w})\big]\cdot\nabla_w q_t(s,a;\boldsymbol{w}) \tag{5.21}$$

这些等式允许我们进行q值的估计/预测。这是广义策略迭代的评估步骤，我们进行多轮梯度下降，以改进给定策略的q值估计，使它们更接近实际的目标价值。

在评估步骤结束之后，采取用于改进策略的贪婪策略最大化步骤。图5-4给出了带函数逼近的GPI下的迭代过程。

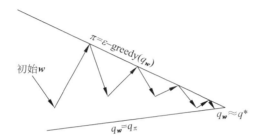

图5-4　函数逼近的广义策略迭代

5.4.1　n-步半梯度 SARSA 控制

在SARSA的在线策略控制中使用带有TD目标的式(5.9)。智能体使用当前策略对环境进行采样，观测状态、动作、奖励、下一个状态、下一个动作$(s_t,a_t,r_{t+1},s_{t+1},a_{t+1})$，并利用这些观测集结合式(5.20)执行权重更新。完整算法如图5-5所示。

$\boldsymbol{w}$更新是式(5.20)中目标G的n-步回报。在山地汽车的n-步SARSA示例中，我们使用瓦片编码(一种二进制特征逼近器)。有如下设置：

$$\hat{q}(S,A;\boldsymbol{w})=\boldsymbol{x}(S,A)^{\mathrm{T}}\cdot\boldsymbol{w};$$

其中$\boldsymbol{x}(S,A)$是瓦片编码的特征向量。因此，

$$\nabla\hat{q}(S_\tau,A_\tau;\boldsymbol{w})=\boldsymbol{x}(S,A)$$

在代码块5-1中，用一个类QEstimator来保存权重并执行瓦片编码。函数get_active_features将S的连续二维值和离散输入动作A作为输入，以返回瓦片编码的active_feature $\boldsymbol{x}(S,A)$，即对于给定的(S,A)，二进制瓦片特征是活跃的。函数q_predict也把(S,A)作为输入，然后返回估计$\hat{q}(S,A;\boldsymbol{w})=\boldsymbol{x}(S,A)^{\mathrm{T}}\cdot\boldsymbol{w}$。它在内部调用get_active_features来首先获取特征并执行与权重向量的点积。图5-5算法末尾所示的权重更新等式就是函数q_update执行的。函数get_eps_greedy_action使用ε-贪婪$\hat{q}(S_0,\cdot;\boldsymbol{w})$进行动作选择。

另一个函数sarsa_n实现了图5-5中给出的算法，根据需要从QEstimator调用函数。与前一章中的许多示例类似，这里也有一个帮助函数plot_rewards，它可以在训练过程中绘

制每一情节的奖励。代码块 5-1 给出了具体的代码(listing5_1.ipynb)。

输入：

　　可微函数 $\hat{q}(s,a;\boldsymbol{w})$：$|S| \cdot |A| \cdot \boldsymbol{R}^d \rightarrow \boldsymbol{R}$

　　其他参数：步长 α，探索率 ε，步数 n

初始化：

　　初始权重 $\boldsymbol{w}$：$\boldsymbol{R}^d$ arbitrarily like $\boldsymbol{w}=\boldsymbol{0}$

　　使用"mod n+1"来访问存储 (S_t, A_t, R_t) 的 3 个数组

每个情节循环：

　　以 S_0 开始情节(非终止)

　　使用 $\hat{q}(S_0, \cdot\ ;\boldsymbol{w})$ 选择存储 A_0 和 ε-贪婪动作

　　$T \leftarrow \infty$

　　Loop for t=1,2,3,⋯

　　　　If $t < T$，**then**：

　　　　　　采取动作 A_t

　　　　　　观测和存储 R_{t+1} 和 S_{t+1}

　　　　If S_{t+1} **is terminal**，**then**：

　　　　　　$T \leftarrow t+1$

　　　　Else：

　　　　　　使用 $\hat{q}(S_0, \cdot\ ;\boldsymbol{w})$ 选择存储 A_t

　　　　$\tau \leftarrow t-n+1$(τ 是被更新的估计的索引)

　　　　If $\tau \geqslant 0$：

$$G \leftarrow \sum_{i=\tau+1}^{\min(\tau+n,T)} \gamma^{i-\tau-1} R_i$$

　　　　If $\tau+n < T$，**then** $G \leftarrow G+\gamma^n \hat{q}(S_{\tau+n}, A_{\tau+n};\boldsymbol{w})$

　　　　$\boldsymbol{w} \leftarrow \boldsymbol{w}+\alpha\left[G-\hat{q}(S_\tau, A_\tau;\boldsymbol{w})\right]\nabla\hat{q}(S_\tau, A_\tau;\boldsymbol{w})$(式(5.20)加上 n-步估计)

　　　　Until $\tau = T-1$

图 5-5　情节性控制的 n-步半梯度 SARSA

代码块 5-1　n-步 SARA 控制：山地汽车

```python
class QEstimator:
    def __init__(self, step_size, num_of_tilings = 8, tiles_per_dim = 8,
            max_size = 2048, epsilon = 0.0):
        self.max_size = max_size
        self.num_of_tilings = num_of_tilings
        self.tiles_per_dim = tiles_per_dim
        self.epsilon = epsilon
        self.step_size = step_size / num_of_tilings

        self.table = IHT(max_size)

        self.w = np.zeros(max_size)

        self.pos_scale = self.tiles_per_dim / (env.observation_space.high[0] \
                                    - env.observation_space.low[0])
```

```python
        self.vel_scale = self.tiles_per_dim / (env.observation_space.high[1]
                                    - env.observation_space.low[1])

    def get_active_features(self, state, action):
        pos, vel = state
        active_features = tiles(self.table, self.num_of_tilings,
                        [self.pos_scale * (pos - env.observation_space.low[0]),
                        self.vel_scale * (vel - env.observation_space.low[1])],
                        [action])
        return active_features

    def q_predict(self, state, action):
        pos, vel = state
        if pos == env.observation_space.high[0]: # reached goal
            return 0.0
        else:
            active_features = self.get_active_features(state, action)
            return np.sum(self.w[active_features])

    # learn with given state, action and target
    def q_update(self, state, action, target):
        active_features = self.get_active_features(state, action)
        q_s_a = np.sum(self.w[active_features])
        delta = (target - q_s_a)
        self.w[active_features] += self.step_size * delta

    def get_eps_greedy_action(self, state):
        pos, vel = state
        if np.random.rand() < self.epsilon:
            return np.random.choice(env.action_space.n)
        else:
            qvals = np.array([self.q_predict(state, action) for action in
            range(env.action_space.n)])
            return np.argmax(qvals)
#######################
def sarsa_n(qhat, step_size=0.5, epsilon=0.0, n=1, gamma=1.0, episode_cnt=10000):
    episode_rewards = []
    for _ in range(episode_cnt):
        state = env.reset()
        action = qhat.get_eps_greedy_action(state)
        T = float('inf')
        t = 0
        states = [state]
        actions = [action]
        rewards = [0.0]
        while True:
            if t < T:
                next_state, reward, done, _ = env.step(action)
                states.append(next_state)
                rewards.append(reward)
                if done:
                    T = t + 1
                else:
```

```
                    next_action = qhat.get_eps_greedy_action(next_state)
                    actions.append(next_action)
            tau = t − n + 1
            if tau >= 0:
                G = 0
                for i in range(tau + 1, min(tau + n, T) + 1):
                    G + = gamma ** (i − tau − 1) * rewards[i]
                if tau + n < T:
                    G + = gamma ** n * qhat.q_predict(states[tau + n], actions[tau + n])
                qhat.q_update(states[tau], actions[tau], G)
            if tau == T − 1:
                episode_rewards.append(np.sum(rewards))
                break

        else:
            t + = 1
            state = next_state
            action = next_action

    return np.array(episode_rewards)
```

图 5-6 为该算法对山地汽车进行训练的结果。可以看到,在 50 个情节内,智能体达到了一个稳定的状态。它能够在大约 110 个步长达到击中山谷右侧旗帜的目标。

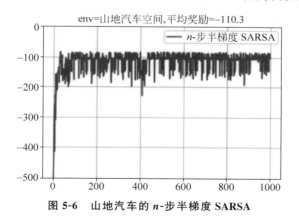

图 5-6 山地汽车的 n-步半梯度 SARSA

5.4.2 半梯度 SARSA(λ)控制

接下来研究具有资格迹的半梯度 SARSA(λ)算法。SARSA(λ)进一步概括了 n-步半梯度 SARSA。当用线性函数逼近的二进制特征表示状态或状态-动作价值时,就像使用瓦片编码的山地汽车一样,我们得到如图 5-7 所示的算法。该算法引入了资格迹的概念,资格迹具有与权重向量相同的分量数量。权重向量是跨越很多情节的长期记忆,它可以从所展示的例子中被归纳出来。资格迹是一种持续时间小于情节发生时间的短期记忆。它通过影响权重来帮助学习过程。我们不会在这里详细讨论更新规则的推导。

输入：

　　对于一个给定的 s,a,瓦片函数 $F(s,a)$ 给出了活跃的瓦片索引(i)

　　其他参数：步长 α,迹衰减 $\lambda \in [0,1]$

初始化：

　　初始权重 w：$\mathbf{R}^d$ arbitrarily like $w=\mathbf{0}$

　　初始资格迹 z：$\mathbf{R}^d$ arbitrarily like $w=\mathbf{0}$

　　使用"mod n+1"来访问存储 (S_t,A_t,R_t) 的 3 个数组

每个情节循环：

　　以 S_0 开始情节（非终止）

　　使用 $\hat{q}(S_0,\cdot\,;w)$ 选择 A 和 ε-贪婪动作

　　$z \leftarrow 0$

　　$T \leftarrow \infty$

每步循环：

　　　　采取动作 A,观测 R,S'

　　　　$\delta \leftarrow R$

　　　　$F(S,A)$ 中的活跃索引 i 循环

　　　　　　$\delta \leftarrow \delta - w_i$

　　　　　　$z_i \leftarrow z_i + 1$（累积迹）

　　　　　　或,$z_i \leftarrow 1$（替代迹）

　　　　If S' is terminal：

　　　　　　$w \leftarrow w + \alpha\delta z$

　　　　　　转到下一情节

　　　　使用 ε-贪婪 $\hat{q}(S',\cdot\,;w)$ 选择 A'

　　　　$F(S',A')$ 中的活跃索引 i 循环

　　　　　　$\delta \leftarrow \delta + \gamma w_i$

　　　　$w \leftarrow w + \alpha\delta z$

　　　　$z \leftarrow \gamma\lambda z$

　　　　$S \leftarrow S'$；$A \leftarrow A'$

**图 5-7　当特征二值化且价值函数为特征向量和权重向量的线性组合时，
用于情节性控制的半梯度 SARSA(λ)**

让我们看看之前运行的山地汽车的算法。Listing5_2.ipynb 有完整的代码。在代码块 5-2 中,强调了代码中的重要部分。与 listing5_1.ipynb 一样,我们有一个名为 QEstimator 的类,但对它进行了一些小的修改,以存储迹值,并在权重更新函数 q_update 中使用迹。我们还有两个辅助函数：accumulating_trace 和 replacing_trace,以实现对两种迹变体的跟踪。函数 sarsa_lambda 实现了图 5-7 中的学习算法。这里使用一个函数通过一些情节和记录行为来运行训练过的智能体。一旦训练了智能体并生成了动画,读者就可以运行 MP4 文件并查看智能体为达到目标所遵循的策略。

代码块 5-2 SARSA(λ)控制：山地汽车

```
def accumulating_trace(trace, active_features, gamma, lambd):
    trace * = gamma * lambd
    trace[active_features] + = 1
    return trace

def replacing_trace(trace, active_features, gamma, lambd):
    trace * = gamma * lambd
    trace[active_features] = 1
    return trace

# code omitted as it largely similar to listing 5_1
# except for adding trace vector to init fn and to q_update fn
class QEstimator:

def sarsa_lambda(qhat, episode_cnt = 10000, max_size = 2048, gamma = 1.0):
    episode_rewards = []
    for i in range(episode_cnt):
        state = env.reset()
        action = qhat.get_eps_greedy_action(state)
        qhat.trace = np.zeros(max_size)
        episode_reward = 0

        while True:
            next_state, reward, done, _ = env.step(action)
            next_action = qhat.get_eps_greedy_action(next_state)
            episode_reward + = reward
            qhat.q_update(state, action, reward, next_state, next_action)

    if done:
        episode_rewards.append(episode_reward)
        break
    state = next_state
    action = next_action
return np.array(episode_rewards)
```

图 5-8 为运行 SARSA(λ)算法训练山地汽车的结果。可以看到，这个结果和图 5-6 中的类似。这是因为这个问题的规模太小了，而对于更大规模的问题，资格迹驱动算法将展现出更好和更快的收敛效果。

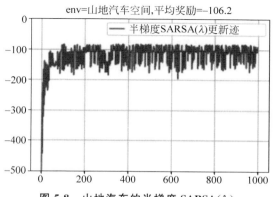

图 5-8 山地汽车的半梯度 SARSA(λ)

5.5　函数逼近的收敛性

下面通过一个例子研究收敛。如图5-9所示，让二态转移作为某些MDP的一部分。假设使用函数逼近，第一个状态的值是w，第二个状态的值是$2w$。在这里，w是一个数字，而不是一个向量。

图5-9　函数逼近下的两步转移

假设$w=10$，智能体从第一状态转移到第二状态，即从值为10的状态转移到值为20的状态。再假设从第一种状态到第二种状态的转移是第一种状态中唯一可能的转移，每次这种转移的回报都是0。设学习率$\alpha=0.1$。

现在将式(5.14)应用到式(5.21)。

$$w_{t+1}=w_t+\alpha[R_{t+1}+\gamma V_t(s';\boldsymbol{w})-V_t(s;\boldsymbol{w})]x(s)$$

$$w_{t+1}=w_t+0.1[0+\gamma 2w_t-w_t]\cdot 1$$

即

$$w_{t+1}=w_t+0.1w_t(2\gamma-1)$$

假设λ接近1，当前权重是10。更新后的权重如下：$w_{t+1}=10+0.1\times10\times(2-1)=11$。

只要$2\gamma-1>0$，每次更新就会导致权重的发散。这表明函数逼近会导致发散。这是由于值泛化，即更新给定状态的值也会更新附近或相关状态的值。以下从3个角度列出了不稳定性问题的原因。

- 函数逼近：一种利用权重对非常大的状态空间进行泛化的方法。相对于状态总数而言，它是很小的向量。
- 自举：使用状态价值的估计值形成目标值，例如，在TD(0)中，目标是估计值$R_{t+1}+\gamma V_t(s';\boldsymbol{w})$。
- 离线策略学习：使用行为策略训练智能体，但要学习不同的最优策略。

即使是在简单的预测/估计场景中，这3个问题的同时出现也会显著增加发散的可能性。控制和优化问题的分析更加复杂。研究还表明，只要这三者不同时出现，不稳定性就可以被避免。这就带来了一个问题：我们是否可以放弃以上三点之一？放弃了又有什么影响呢？

函数逼近（特别是使用神经网络的函数逼近）使得强化学习可以应用于大规模的实际问题。而其他的方案却不能做到。自举使过程样本有效。通过观测整个情节形成目标的方案虽然可行，但不太现实。虽然离线策略学习可以用在线策略学习代替，但是为了让强化学习更接近人类的学习方式，需要离线策略通过探索另一个类似的问题来了解这个问题/情况。

因此，这个问题没有一个很好的答案。我们不能放弃这三者中的任何一个。这是从理论层面上来说的。实际中，在大多数时候，算法会随着一些细致的监测和调整而收敛。

5.6　梯度时序差分学习

用式(5.9)所示的更新方程进行的半梯度 TD 学习并没有遵循一个真正的梯度。在取损失函数的梯度时,我们保持目标的估计值(即 $R_{t+1}+\gamma V_t(s';w)$)不变。此估计值并没有出现在关于权重 w 的导数中。真正的贝尔曼误差是 $R_{t+1}+\gamma V_t(s';w)-V_t(s;w)$,理想情况下,它的导数应该具有 $V_t(s;w)$ 和 $V_t(s';w)$ 的梯度项。

这种方法有一种变体称为梯度时序差分学习,它遵循真实的梯度,并在查表、线性和非线性函数逼近以及在线策略和离线策略方法的所有情况下提供收敛性。将此算法添加到算法组合中,表 5-1 可以修改为如表 5-2 所示。在本书中,我们不会讨论它的数学证明,因为本书的重点是算法的实际实现。

表 5-2　预测/估计算法的收敛性

策略类型	算法	查表	线性	非线性
在线策略	MC	Y	Y	Y
	TD(0)	Y	Y	N
	TD(λ)	Y	Y	N
	梯度 TD	Y	Y	Y
离线策略	MC	Y	Y	Y
	TD(0)	Y	N	N
	TD(λ)	Y	N	N
	梯度 TD	Y	Y	Y

然后,我们给出了控制算法的收敛性,如表 5-3 所示。

表 5-3　控制算法的收敛性

算法	查表	线性	非线性
MC 控制	Y	(Y)	N
在线策略 TD(SARSA)	Y	(Y)	N
离线策略 Q-学习	Y	N	N
梯度 Q-学习	Y	Y	N

(Y):在接近最优值函数附近波动。在所有非线性情况下,收敛性是不能保证的。

5.7　批处理方法

到目前为止,我们一直专注于增量算法,即对转移进行采样,然后在随机梯度下降的帮助下使用这些采样值更新权重向量 w。但这种方法的效率较低。因为样本只使用一次就会被丢弃。但对于非线性函数逼近,特别是神经网络,我们需要多次利用网络以使网络权重收敛到真实值。此外,在许多现实生活场景中,比如机器人,我们需要两个方面的样本效率:神经网络的收敛速度慢,因此需要多次传递;并且在实际生活中生成样本的速度非常缓慢。在关于批量强化方法的这一节中,我们将详细阐述批处理方法在深度 Q 网络中的使用,这是离线策略 Q-学习的深度网络版本。

与之前一样，我们使用函数逼近来估计状态价值，如式(5.1)所示：$\hat{v}(s;w) \approx v_\pi(s)$。

假设以某种方式知道了实际的状态价值 $v_\pi(s)$，试图学习权重向量 w 来得到一个好的估计 $\hat{v}(s;w) \approx v_\pi(s)$。我们还收集了一批经验。

$$D = \{<s_1, v_1^\pi>, <s_2, v_2^\pi>, \cdots, <s_T, v_T^\pi>\}$$

我们用最小二乘损失作为真实值和估计值之间的误差平均值，然后使用梯度下降法来最小化误差。我们使用小批量梯度下降法来获取过去经验的样本，并使用它和学习率 α 来改变权重向量。

$$LS(w) = E_D\left[(v_\pi(s) - \hat{v}(s;w)^2\right]$$

用样本来逼近：

$$LS(w) = \frac{1}{N}\sum_{i=1}^{N}\left[v_\pi(s_i) - \hat{v}(s_i;w)\right]^2 \tag{5.22}$$

取 $LS(w)$ 对 w 的梯度，利用负梯度对 w 进行调整，得到与式(5.7)相似的式(5.23)。

$$w_{t+1} = w_t + \alpha \cdot \frac{1}{N}\sum_{i=1}^{N}\left[v_\pi(s_i) - \hat{v}(s_i;w)\right] \cdot \nabla_w \hat{v}(s_i;w) \tag{5.23}$$

像以前一样，可以用 q 值进行类似的更新。

$$w_{t+1} = w_t + \alpha \cdot \frac{1}{N}\sum_{i=1}^{N}\left[q_\pi(s_i,a_i) - \hat{q}(s_i,a_i;w)\right] \cdot \nabla_w \hat{q}(s_i,a_i;w) \tag{5.24}$$

然而，我们不知道真实的价值函数 $v_\pi(s_i)$ 或 $q_\pi(s_i,a_i)$。与之前一样，我们使用 MC 或 TD 方法的估计值来替换真实值。接下来，让我们看看 DQN，它是 Q-学习的深度学习版本，详见第 4 章。在 DQN(一种离线策略算法)中，我们对当前状态 s 进行采样，根据当前行为策略采取步骤 a，然后使用当前 q 值的 ε-贪婪策略。我们观测奖励 r 和下一个状态 s'，并使用 $\max \hat{q}(s',\cdot;w)$ 来表示状态 s 中所有可能的动作，以得到目标值。

$$q_\pi(s_i,a_i) = r_i + \gamma \max_{a'} q(s_i',a_i';w_t^-)$$

这里使用了与之前不同的权重向量 w_t^- 来计算目标的估计。实际上，我们有两个网络：一个称为在线网络，它的权重为 w(按照式(5.24)进行更新)；另一个网络称为目标网络，它的权重为 w^-。权重向量 w^- 的更新频率较低，在线网络的权重 w 每更新 100 次它更新一次。

这种方法保持了目标网络不变，允许我们使用监督学习机制。需要注意的是，我们使用下标 i 表示小批量处理中的样本，用 t 表示更新权重的索引。把这些放在一起的最终更新方程可以写成如下形式：

$$w_{t+1} = w_t + \alpha \cdot \frac{1}{N}\sum_{i=1}^{N}\left[r_i + \gamma \max_{a_i} \tilde{q}(s_i',a_i';w_t^-) - \hat{q}(s_i,a_i;w)\right] \cdot \nabla_w \hat{q}(s_i,a_i;w)$$

$$\tag{5.25}$$

简言之，我们在环境中使用 ε-贪婪策略运行智能体，并在一个称为回放池 D 中收集经验。我们使用式(5.25)对在线网络进行权重更新。每隔一段时间我们还更新一次目标网络权重(比如每 100 批更新一次 w)。使用更新后的 q 值加上 ε-探索来给回放池增加更多的经验，并再次进行一个循环。这就是 DQN 方法。我们将在第 6 章中介绍更多关于 DQN 及其变体的内容。

5.8 线性最小二乘法

批处理方法中使用经验回放找到最小二乘解,并最小化了使用 TD 或 MC 估计的目标与当前价值函数估计之间的误差。但它需要多次迭代才能收敛。若用线性函数逼近价值函数 $\hat{v}(s;\boldsymbol{w})=\boldsymbol{x}(s)^{\mathrm{T}}\boldsymbol{w}$ 作为预测,$\hat{q}(s,a;\boldsymbol{w})=\boldsymbol{x}(s,a)^{\mathrm{T}}\boldsymbol{w}$ 作为控制,则可以直接找到最小二乘解。让我们先来看看预测部分。

从式(5.22)开始,代入 $\hat{v}(s;\boldsymbol{w})=\boldsymbol{x}(s)^{\mathrm{T}}\boldsymbol{w}$ 得到

$$\mathrm{LS}(\boldsymbol{w})=\frac{1}{N}\sum_{i=1}^{N}\left[v_{\pi}(s_i)-\boldsymbol{x}(s_i)^{\mathrm{T}}\cdot\boldsymbol{w}\right]^2$$

取 $\mathrm{LS}(\boldsymbol{w})$ 对于 $\boldsymbol{w}$ 的梯度并将其设为 0,得到

$$\sum_{i=1}^{N}\boldsymbol{x}(s_i)v_{\pi}(s_i)=\sum_{i=1}^{N}\boldsymbol{x}(s_i)\cdot\boldsymbol{x}(s_i)^{\mathrm{T}}\boldsymbol{w}$$

求解 $\boldsymbol{w}$ 得到以下结果:

$$\boldsymbol{w}=\left(\sum_{i=1}^{N}\boldsymbol{x}(s_i)\cdot\boldsymbol{x}(s_i)^{\mathrm{T}}\right)^{-1}\sum_{i=1}^{N}\boldsymbol{x}(s_i)v_{\pi}(s_i) \tag{5.26}$$

前面的解决方案涉及一个需要 $O(N_3)$ 计算的 $N\times N$ 矩阵的求逆。但若使用 Sherman-Morrison 公式,则可以在 $O(N_2)$ 时间复杂性内解决这个问题。与之前一样,我们不知道 $v_{\pi}(s_i)$ 的真实值。我们使用 MC、TD(0) 或 TD(λ) 估计来替换真实值,并给出线性最小二乘 MC(LSMC)、LSTD 或 LSTD(λ)预测算法。

$$\mathrm{LSMC}:v_{\pi}(s_i)\approx G_i$$

$$\mathrm{LSTD}:v_{\pi}(s_i)\approx R+\gamma\hat{v}(s_i';\boldsymbol{w})$$

$$\mathrm{LSTD}(\lambda):v_{\pi}(s_i)\approx G_i^{\lambda}$$

不管是离线策略还是在线策略算法,所有的预测算法都具有良好的收敛性。

接下来,我们将分析扩展到利用 q 值线性函数逼近和 GPI 进行控制,其中 q 值预测采用前一种方法,策略改进步骤采用贪婪的 q 值最大化。这称为线性最小二乘策略迭代(Linear least Square Policy Iteration,LSPI)。我们迭代这些预测周期,然后进行改进,直到策略收敛,即权重收敛。我们给出了线性最小二乘 Q-学习(LSPI)最终结果。

预测步骤如下:

$$\boldsymbol{w}=\left(\sum_{i=1}^{N}\boldsymbol{x}(s_i,a_i)\cdot\left[\boldsymbol{x}(s_i,a_i)+\gamma\boldsymbol{x}(s_i',\pi(s_i'))\right]^{\mathrm{T}}\right)^{-1}\sum_{i=1}^{N}\boldsymbol{x}(s_i,a_i)r_i$$

其中,下标 i 表示经验回放 D 和 $\pi(s_i')=\underset{a'}{\mathrm{argmax}}\,\hat{q}(s_i',a';\boldsymbol{w})$ 中的第 i 个样本 (s_i,a_i,r_i,s_i'),即状态 s' 中 q 值最大的动作。

控制步骤如下:

对于每一个状态 s,在前面的预测步骤中进行权重更新 $\boldsymbol{w}$ 后,我们改变了使 q 值最大化的策略。

$$\pi'(s_i)=\underset{a}{\mathrm{argmax}}\,\hat{q}(s_i,a;\boldsymbol{w}^{\mathrm{updated}})$$

在本章的前一部分,我们介绍了函数逼近的策略迭代的大多数变体:增量方法、批处理

方法和线性方法。现在简单介绍一下 PyTorch 和 TensorFlow 库。

5.9　深度学习库

本章的前几节使用函数逼近方法说明了：我们需要一种有效的方法来计算状态价值函数的导数 $\nabla_w\hat{v}(s_i;w)$ 或动作价值函数的导数 $\nabla_w\hat{q}(s_i,a_i;w)$。如果使用神经网络，则需要使用反向传播来计算在网络中每一层的这些导数。而 PyTorch 和 TensorFlow 这样的库就能在图片中被使用。与 NumPy 库类似，它们计算向量/矩阵也很高效，并且它们经过了高度优化，以处理张量（二维以上的数组）。

在神经网络中，我们需要能够反向传播误差，以计算误差相对于各层权重的梯度。这两个库都是高度抽象和优化的，以便在幕后处理这些问题。我们只需要建立计算，然后库就可以通过这些计算输出最终的结果。这些库还可以对计算图保持跟踪，并允许我们仅通过一次函数调用就对权重进行梯度更新。

为了增强读者对这两个库的了解，我们使用两个 Python notebook 来带读者学习使用 MNIST 数据集进行数字分类的简单模型。listing5_3_pytorch_intro.ipynb 是基于 PyTorch 的代码；listing5_4_tensorflow.ipynb 是基于 TensorFlow 的代码。这里没有复制文本中的代码，因为这些代码只是为了加强读者对关于 PyTorch 和 TensorFlow 知识的了解。

5.10　总结

本章的重点是：在非常大或连续的状态空间中使用函数逼近，因为这些状态空间不能用前几章中学的基于表格的学习方法来处理。

首先我们讨论用函数逼近进行改进的意义，还展示如何将监督学习中的训练概念、训练模型以产生接近目标的值应用于强化学习中，并适当处理移动目标和强化学习所示的样本相互依赖性。

然后我们研究各种函数逼近的策略，包括线性和非线性的。我们也了解到基于表格的方法只是线性逼近的特殊情况。接着详细讨论预测和控制的增量方法，并把这些应用在山地汽车上，用 n-步 SARSA 和 SARSA(λ)构建训练智能体。

我们接着讨论批处理方法，并探索 DQN（批处理方法系列中的一种流行算法）更新规则的完整推导。然后研究用于预测和控制的线性最小二乘法。在此过程中，我们不断强调收敛问题以及讨论的特定方法的收敛性。

最后，我们简要介绍 PyTorch 和 TensorFlow 等深度学习框架。

## 第6章

深度Q-学习

本章将结合神经网络的函数逼近深入研究 Q-学习。在使用深度神经网络进行学习的背景下,Q-学习也称为深度 Q 网络(Deep Q Networks,DQN)。本章中将先总结到目前为止关于 Q-学习的相关内容,然后介绍一些简单问题的 DQN 代码实现,最后训练一个能玩 Atari 游戏的智能体。接下来,首先通过浏览改进 DQN 的各种方法(其中包括一些最新和最流行的方法)来拓展知识,以便改进学习。其中可能需要一些数学知识来理解一些方法的基本原理,但我们会尽量减少数学计算(只包括必要部分),以理解背景和推理过程。本章中的所有示例都将使用 PyTorch 或 TensorFlow 库来编写代码(一些将同时包含 PyTorch 和 TensorFlow 版本,一些仅使用 PyTorch 进行讨论)。

6.1　DQN

第 4 章讨论了 Q-学习作为一种无模型的离线策略 TD 控制方法。首先查看在线版本,在状态 S 时,我们使用了探索行为策略(ε-贪婪)来执行动作 A,然后利用奖励 R 和下一个状态 S' 更新 q 值 $Q(S,A)$。图 4-14 和代码块 4-4 分别详细描述了伪代码和实际实现。下面是在此上下文背景中使用的更新方程。在继续阅读之前,应该先深入理解此更新方程。

$$Q(S_t,A_t) \leftarrow Q(S_t,A_t) + \alpha\left[R_{t+1} + \gamma\max_a Q(S_{t+1},A_{t+1}) - Q(S_t,A_t)\right] \qquad (6.1)$$

前面的章节简要讨论了最大化偏差和双 Q-学习方法,其中使用了两个装有 q 值的表。在本章讨论双 DQN 时,我们将进一步讨论这一点。

接下来将研究如何多次使用样本将在线 TD 更新转换为批量 TD 更新,从而提高样本效率。然后介绍回放池,虽然它只是关于离散状态和状态-动作空间下的样本效率,但随着神经网络的函数逼近,它成为了使深度学习神经网络收敛的必要条件。我们也会考虑其他从回放池中采样转移/经验的方法。

第 5 章介绍了各种函数逼近方法。我们将瓦片编码作为一种实现线性函数逼近的方法。然后讨论了 DQN,即用神经网络作为函数逼近器的批量 Q-学习。经过推导,我们得到了一个权值(带有神经网络参数)更新方程,如式(5.25)所示。为了方便,在此重复一下:

$$w_{t+1} = w_t + \alpha \cdot \frac{1}{N} \sum_{i=1}^{N} \left[r_i + \gamma \max_{a_i'} \hat{q}(s_i', a_i'; w_t^-) - \hat{q}(s_i, a_i; w) \right] \cdot \nabla_w \hat{q}(s_i, a_i; w)$$

$$(6.2)$$

注意，下标 i 表示小批量中的样本，并且 i 表示更新权值的索引。我们将在本章中广泛使用式(6.2)。当讨论不同的更改并研究这些修改的影响时，我们会对这个等式进行不同的调整。

我们还简要讨论了在梯度更新的非线性函数逼近下没有收敛的理论保证。对于这一点，本章将进行更多的讨论。与 DQN 中基于深度学习的方法调整权值参数相比，Q-学习更适用于离散状态和动作，其中 q 值的更新使用式(6.1)。Q-学习可以保证收敛，而 DQN 不能，并且 DQN 有大量的计算。尽管 DQN 存在这些缺点，但 DQN 使得利用原始图像训练智能体成为可能，而这一点是单纯的 Q-学习做不到的。现在将式(6.2)应用到在各种环境下训练 DQN 智能体。

先来回顾一下 CartPole 问题，它有一个四维连续状态，包含当前小车的位置、速度、杆的角度和杆的角速度。动作有两种：把手推车推到左边或推到右边，目的是尽可能长时间地保持杆的平衡。以下是该环境的详细资料：

```
Observation:
    Type: Box(4)
    Num    Observation                Min                      Max
    0      Cart Position              - 4.8                    4.8
    1      Cart Velocity              - Inf                    Inf
    2      Pole Angle                 0.418 rad ( - 24 deg)    0.418 rad (24 deg)
    3      Pole Angular Velocity      - Inf                    Inf
Actions:
    Type: Discrete(2)
    Num    Action
    0      Push cart to the left
    1      Push cart to the right
```

构建一个小型神经网络，输入维度为 4，有 3 个隐藏层，输出层的维度为 2（可能的动作数量）。网络图如图 6-1 所示。

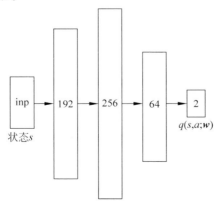

图 6-1　简单的神经网络

使用 PyTorch 的 nn. Module 类来构建网络,也会实现一些额外的函数。函数 get_qvalues 将批量状态作为输入,即维度为($N\times4$)的张量,其中 N 是样本数。它通过网络传递状态价值来产生 q 值。输出向量的大小为 $N\times2$;即每个输入对应一行,每一行都有两个 q 值:一个对应左推操作;另一个对应右推操作。同一个类中的函数 sample_actions 接收一批 q 值($N\times2$)。它使用 ε-贪婪策略(见式(4.3))来选择一个动作。输出是 $N\times1$ 向量。代码块 6-2 展示了 PyTorch 中对应的代码。代码块 6-3 展示了 TensorFlow 2.0 的 Eager Execution 模型下的相同代码。读者可以在文件 listing6_1_dqn_pytorch. ipynb 中找到完整的 PyTorch 实现,在文件 listing6_1_dqn_tensorflow. ipynb 中找到相应的 TensorFlow 实现。

注意:读者可以通过使用 PyTorch 或 TensorFlow 的一些先验知识来进行代码讨论,虽然这不是必需的。读者应该能够创建基本的网络,定义损失函数,并执行改进的基本训练步骤。TensorFlow 的新的 Eager Execution 模型类似于 PyTorch。基于这个原因,我们将为一些示例提供两个库的代码,以便让读者更好地入门。之后,书中的大部分代码只使用 PyTorch 库。

代码块 6-1 PyTorch 中的一个简单的 DQN 智能体

```python
class DQNAgent(nn.Module):
    def __init__(self, state_shape, n_actions, epsilon = 0):
        super().__init__()
        self.epsilon = epsilon
        self.n_actions = n_actions
        self.state_shape = state_shape

        state_dim = state_shape[0]
        # a simple NN with state_dim as input vector (input is state s)
        # and self.n_actions as output vector of logits of q(s, a)
        self.network = nn.Sequential()
        self.network.add_module('layer1', nn.Linear(state_dim, 192))
        self.network.add_module('relu1', nn.ReLU())
        self.network.add_module('layer2', nn.Linear(192, 256))
        self.network.add_module('relu2', nn.ReLU())
        self.network.add_module('layer3', nn.Linear(256, 64))
        self.network.add_module('relu3', nn.ReLU())
        self.network.add_module('layer4', nn.Linear(64, n_actions))
        self.parameters = self.network.parameters

    def forward(self, state_t):
        # pass the state at time t through the network to get Q(s, a)
        qvalues = self.network(state_t)
        return qvalues

    def get_qvalues(self, states):
        # input is an array of states in numpy and output is Qvals as numpy array
        states = torch.tensor(states, device = device, dtype = torch.float32)
        qvalues = self.forward(states)
        return qvalues.data.cpu().numpy()

    def sample_actions(self, qvalues):
```

```
# sample actions from a batch of q_values using epsilon greedy policy
epsilon = self.epsilon
batch_size, n_actions = qvalues.shape
random_actions = np.random.choice(n_actions, size = batch_size)
best_actions = qvalues.argmax(axis = -1)
should_explore = np.random.choice(
    [0, 1], batch_size, p = [1 - epsilon, epsilon])
return np.where(should_explore, random_actions, best_actions)
```

代码块 6-2 展示了使用 Keras 接口的 TensorFlow 2.x 中的相同代码。我们使用了新的 Eager Execution 模型，它与 PyTorch 采用的方法类似。TensorFlow 在早期的版本中有一个不同的模型，具有较为难以概念化的两个单独的阶段：第一阶段，用一个符号图来构建所有的网络操作；第二阶段通过将数据作为张量传递到第一阶段构建的模型来训练模型。

代码块 6-2 TensorFlow 中的一个简单的 DQN 智能体

```
class DQNAgent:
    def __init__(self, state_shape, n_actions, epsilon = 0):
        self.epsilon = epsilon
        self.n_actions = n_actions
        self.state_shape = state_shape

        state_dim = state_shape[0]
        self.model = tf.keras.models.Sequential()
        self.model.add(tf.keras.Input(shape = (state_dim,)))
        self.model.add(tf.keras.layers.Dense(192, activation = 'relu'))
        self.model.add(tf.keras.layers.Dense(256, activation = 'relu'))
        self.model.add(tf.keras.layers.Dense(64, activation = 'relu'))
        self.model.add(tf.keras.layers.Dense(n_actions))

    def __call__(self, state_t):
        # pass the state at time t through the network to get Q(s,a)
        qvalues = self.model(state_t)
        return qvalues

    def get_qvalues(self, states):
        # input is an array of states in numpy and output is Qvals as numpy array
        qvalues = self.model(states)
        return qvalues.numpy()

    def sample_actions(self, qvalues):
        # sample actions from a batch of q_values using epsilon greedy policy
        epsilon = self.epsilon
        batch_size, n_actions = qvalues.shape
        random_actions = np.random.choice(n_actions, size = batch_size)
        best_actions = qvalues.argmax(axis = -1)
        should_explore = np.random.choice(
            [0, 1], batch_size, p = [1 - epsilon, epsilon])
        return np.where(should_explore, random_actions, best_actions)
```

回放池的代码很简单。我们有一个称为 self.buffer 的池来保存前面的示例。函数 add 接收智能体的单个步骤/转移的值(state，action，reward，next_state，done)，并将其添加到回放池中。如果回放池已经达到最大长度,那么它会放弃最早的转移,为新的添加腾出空间。函数 sample 接收一个整数的 batch_size 并从池返回一个 batch_size 样本/转移。在这个实现中,存储在池中的每个转移都有相同的采样概率。代码块 6-3 展示了回放池的代码。

代码块 6-3 回放池(PyTorch 和 TensorFlow 都相同)

```python
class ReplayBuffer:
    def __init__(self, size):
        self.size = size  # max number of items in buffer
        self.buffer = []  # array to hold samples
        self.next_id = 0

    def __len__(self):
        return len(self.buffer)

    def add(self, state, action, reward, next_state, done):
        item = (state, action, reward, next_state, done)
        if len(self.buffer) < self.size:
            self.buffer.append(item)
        else:
            self.buffer[self.next_id] = item
        self.next_id = (self.next_id + 1) % self.size

    def sample(self, batch_size):
        idxs = np.random.choice(len(self.buffer), batch_size)
        samples = [self.buffer[i] for i in idxs]
        states, actions, rewards, next_states, done_flags = list(zip(*samples))
        return np.array(states), np.array(actions), np.array(rewards), np.array(next_states), np.array(done_flags)
```

接着有一个效用函数 play_and_record,它包含一个 env(如 CartPole)、一个智能体(如 DQNAgent)、一个 exp_replay(如 ReplayBuffer)、智能体的 start_state 和 n_steps(即环境中要采取的步骤/动作的数目)。该函数使智能体从初始状态 start_state 开始执行 n 步。这些步骤基于智能体使用 agent.sample_action 遵循的当前 ε-贪婪策略,并在池中记录这些 n_steps 转移。其代码如代码块 6-4 所示。

代码块 6-4 函数 play_and_record 的实现

```python
def play_and_record(start_state, agent, env, exp_replay, n_steps=1):
    s = start_state
    sum_rewards = 0
    # Play the game for n_steps and record transitions in buffer
    for _ in range(n_steps):
        qvalues = agent.get_qvalues([s])
        a = agent.sample_actions(qvalues)[0]
        next_s, r, done, _ = env.step(a)
        sum_rewards += r
        exp_replay.add(s, a, r, next_s, done)
        if done:
            s = env.reset()
        else:
            s = next_s
    return sum_rewards, s
```

然后来看看学习过程。首先构建需要最小化的损失函数 L，它是使用一步 TD 值的当前状态-动作的目标值与当前状态价值之间的平均平方误差。正如第 5 章所讨论的，我们使用原神经网络的一个副本，该副本具有 w^-。然后利用损失来计算智能体（在线/原始）网络的权值 w 的梯度，并向梯度的负方向移动一步来减少损失。注意，如第 5 章所述，我们将保持权值为 w^- 的目标网络，并以较低的频率更新这些权值。引用第 5 章中关于 DQN 批处理方法的内容：

这里使用了不同的权值向量 w_t^- 来计算目标的估计。实际上，我们有两个网络：一个称为在线网络，权值为 w，根据式(5.24)进行更新；另一个称为目标网络，权值为 w^-。权值向量 w^- 的更新频率较低，在线网络每更新 100 次后才更新。这种方法保持了目标网络的恒定，也允许我们使用监督学习的机制。

损失函数为

$$L = \frac{1}{N} \sum_{i=1}^{N} \left[r_i + ((1-\text{done}_i) \cdot \gamma \cdot \max_{a_i'} \hat{q}(s_i', a_i'; w_t^-)) - \hat{q}(s_i, a_i; w_t) \right]^2 \quad (6.3)$$

取 L 对 w 的梯度（导数），然后用这个梯度更新在线网络的权值 w。等式如下：

$$\nabla_w L = -\frac{1}{N} \sum_{i=1}^{N} \{ r_i + [(1-\text{done}_i) \cdot \gamma \cdot \max_{a_i'} \hat{q}(s_i', a_i'; w_t^-)] - $$
$$\hat{q}(s_i, a_i; w_t) \} \nabla \hat{q}(s_i, a_i; w_t) \quad (6.4)$$
$$w_{t+1} \leftarrow w_t - \alpha \nabla_w L \quad (6.5)$$

将两者结合起来，就可以得到我们熟悉的式(6.2)。然而，在 PyTorch 和 TensorFlow 中，我们并没有直接通过编码来执行更新，因为计算梯度 $\nabla \hat{q}(s_i, a_i; w_t)$ 比较困难。这也是使用 PyTorch 和 TensorFlow 等框架的主要原因之一，因为它们可以根据计算损失度量 L 所执行的操作自动计算梯度。我们只需要一个计算度量 L 的函数，函数 compute_td_loss 就可以执行此操作。它接收(states, actions, rewards, next_states, done_flags)的输入。并且同时也考虑了折扣因子 γ 以及智能体/在线网络和目标网络。然后该函数根据式(6.3)计算损失 L。代码块 6-5 给出了基于 PyTorch 的实现，代码块 6-6 给出了基于 TensorFlow 的实现。

代码块 6-5　在 PyTorch 中计算 TD 损失

```
def compute_td_loss(agent, target_network, states, actions, rewards, next_states,
                    done_flags, gamma = 0.99, device = device):
    # convert numpy array to torch tensors
    states = torch.tensor(states, device = device, dtype = torch.float)
    actions = torch.tensor(actions, device = device, dtype = torch.long)
    rewards = torch.tensor(rewards, device = device, dtype = torch.float)
    next_states = torch.tensor(next_states, device = device, dtype = torch.float)
    done_flags = torch.tensor(done_flags.astype('float32'),device = device,dtype = torch.float)

    # get q - values for all actions in current states
    # use agent network
    predicted_qvalues = agent(states)

    # compute q - values for all actions in next states
    # use target network
    predicted_next_qvalues = target_network(next_states)
```

```
    # select q - values for chosen actions
    predicted_qvalues_for_actions = predicted_qvalues[range(len(actions)), actions]

    # compute Qmax(next_states, actions) using predicted next q - values
    next_state_values, _ = torch.max(predicted_next_qvalues, dim = 1)

    # compute "target q - values"
    target_qvalues_for_actions = rewards + gamma * next_state_values * (1 - done_flags)

    # mean squared error loss to minimize
    loss = torch.mean((predicted_qvalues_for_actions -
                        target_qvalues_for_actions.detach()) ** 2)
    return loss
```

代码块 6-6 在 TensorFlow 中计算 TD 损失

```
def compute_td_loss(agent, target_network, states, actions, rewards, next_states, done_flags,
                    gamma = 0.99):
    # get q - values for all actions in current states use agent network
    predicted_qvalues = agent(states)

    # compute q - values for all actions in next states use target network
    predicted_next_qvalues = target_network(next_states)

    # select q - values for chosen actions
    row_indices = tf.range(len(actions))
    indices = tf.transpose([row_indices, actions])
    predicted_qvalues_for_actions = tf.gather_nd(predicted_qvalues, indices)

    # compute Qmax(next_states, actions) using predicted next q - values
    next_state_values = tf.reduce_max(predicted_next_qvalues, axis = 1)

    # compute "target q - values"
    target_qvalues_for_actions = rewards + gamma * next_state_values * (1 - done_flags)

    # mean squared error loss to minimize
    loss = tf.keras.losses.MSE(target_qvalues_for_actions, predicted_qvalues_for_actions)
    return loss
```

到这里,想必读者已经了解了训练智能体平衡杆的所有机制。首先,我们定义了一些超参数,如 batch_size、总训练步骤 total_steps 和衰减的探索率 ε。它从 1.0 开始,随着智能体逐渐学习到最优策略,探索率会慢慢减到 0.05。我们还定义了一个优化器,它可以接收之前代码块中创建的损失 L,并采取梯度步骤来调整权值,实际上就是实现了式(6.4)和式(6.5)。代码块 6-7 给出了在 PyTorch 中的训练代码。代码块 6-8 给出了在 TensorFlow 中的训练代码。

代码块 6-7 在 PyTorch 中训练智能体

```
for step in trange(total_steps + 1):
    # reduce exploration as we progress
    agent.epsilon = epsilon_schedule(start_epsilon, end_epsilon, step, eps_decay_final_step)

    # take timesteps_per_epoch and update experience replay buffer
    _, state = play_and_record(state, agent, env, exp_replay, timesteps_per_epoch)

    # train by sampling batch_size of data from experience replay
```

```
    states, actions, rewards, next_states, done_flags = exp_replay.sample(batch_size)

    # loss = < compute TD loss >
    loss = compute_td_loss(agent, target_network, states, actions, rewards, next_states,
    done_flags, gamma = 0.99, device = device)

    loss.backward()
    grad_norm = nn.utils.clip_grad_norm_(agent.parameters(), max_grad_norm)
    opt.step()
    opt.zero_grad()

# # # Omitted code here # # #
# # # code to periodically evaluate the performance and plot some graphs
```

代码块 6-8 在 TensorFlow 中训练智能体

```
for step in trange(total_steps + 1):
    # reduce exploration as we progress
    agent.epsilon = epsilon_schedule(start_epsilon, end_epsilon, step, eps_decay_final_step)

    # take timesteps_per_epoch and update experience replay buffer
    _, state = play_and_record(state, agent, env, exp_replay, timesteps_per_epoch)

    # train by sampling batch_size of data from experience replay
    states, actions, rewards, next_states, done_flags = exp_replay.sample(batch_size)

    with tf.GradientTape() as tape:
        # loss = < compute TD loss >
        loss = compute_td_loss(agent, target_network, states, actions, rewards, next_
        states, done_flags, gamma = 0.99)

    gradients = tape.gradient(loss, agent.model.trainable_variables)
    clipped_grads = [tf.clip_by_norm(g, max_grad_norm) for g in gradients]
    optimizer.apply_gradients(zip(clipped_grads, agent.model.trainable_variables))
```

上述步骤之后就有了一个训练完全的智能体。训练智能体一共用了 50 000 步，并且会定期绘制每个情节的平均奖励。在图 6-2 的左图中，x 轴的值 10 对应第 10 000 步。我们还每 20 步绘制 TD 损失，这就是右图中的 x 轴的值是从 0～2500 的原因，即 0 到 $2500 \times 20 = 50 000$ 步。与监督学习不同，我们的目标不是固定的，仅仅在短时间内保持目标网络固定，然后在线网络刷新目标网络权值来定期更新它。除此之外，如前所述，带离线策略学习（Q-学习）和自举目标（目标网络只是对实际值的估计，而这个估计是使用其他 q 值的当前估计形成的）的非线性函数逼近（神经网络）没有收敛保证。因此这个训练可能会导致损失上升、爆炸或波动。与通常的监督学习中的损失图相比，这个损失图是违反常理的。训练 DQN 的曲线图如图 6-2 所示。

listing6_1_dqn_pytorch.ipynb 和 listing6_1_dqn_tensorflow.ipynb 中有更多的代码记录了训练过的智能体的表现行为，并且是以视频文件的形式记录，可以播放该视频来观看其行为。

现在就完成了使用深度学习来训练智能体的完整 DQN 的实现。将复杂的神经网络用于如此简单的网络，看起来似乎有些小题大做。但我们的目的是更好地介绍算法，并教读者如何编写 DQN 学习智能体代码。接下来还是使用这个实现，不过需要进行一些微调，以便智能体能够使用游戏图像像素值作为状态来玩 Atari 游戏。

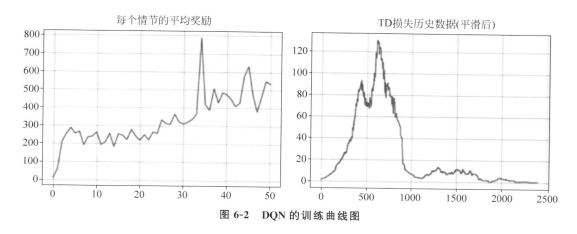

图 6-2　DQN 的训练曲线图

使用 DQN 的 Atari 游戏智能体

2013 年一篇名为 *Playing Atari with Deep Reinforcement Learning* 的开创性论文中，作者使用了深度学习模型开发了基于神经网络的 Q-学习算法，他们将其命名为深度 Q 网络。现在简要讨论作者为训练智能体玩 Atari 游戏所采取的额外步骤。其要点与前一节相同，但有两个关键的区别：使用游戏图像的像素值作为状态输入时需要进行一些预处理；在智能体中使用卷积网络而不是我们在前一节中看到的线性层。其余部分如计算损失 L 并进行训练的方法与前一节相同。卷积网络的训练需要大量的时间，特别是在普通的笔记本电脑上。即使是在中等的基于 GPU 的机器上训练代码也要运行数小时。

读者可以在文件 listing6_2_dqn_ atari_pytorch. ipynb 中找到在 PyTorch 中训练智能体的完整代码，在文件 listing6_2_dqn_ atari_tensorflow. ipynb 中找到基于 TensorFlow 的相同代码。Gym 库已经实现了许多 Atari 图像需要的转移，我们也会尽可能使用这些转移的代码。

现在讨论为将图像像素值输入深度学习网络而进行的图像预处理。我们将在一款名为 Breakout 的游戏中讨论这个问题，这个游戏的底部有一个横板，游戏的规则是移动这个横板以确保球不会落在它下面。智能体需要使用横板击打球并砸中尽可能多的砖块。球每错过横板一次，玩家就失去一条生命。游戏开始玩家有 5 条生命。图 6-3 展示了游戏的 3 帧图像。

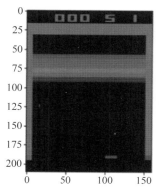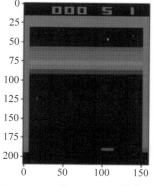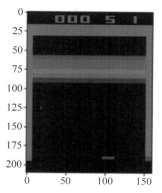

图 6-3　Atari 的 Breakout 游戏图像

Atari 游戏图像是带有 128 色调色板的 210 × 160 像素的图像。我们将对图像进行预处理,使卷积网络运行得更快。我们可以压缩图像,也可以从侧面删除一些信息,只保留图像的相关部分用于训练。还可以将图像再次转换为灰度,以减小输入向量的大小,用一个灰度通道代替 RGB(红、绿、蓝通道)3 个颜色通道。经过预处理的图像单帧大小(PyTorch 中为 $1×84×84$,TensorFlow 中为 $84×84×1$)只给出静态状态。球或横板的位置并不能告诉我们这两者的运动方向。因此,我们将游戏图像的几帧连续叠加在一起来训练智能体。我们将堆叠 4 个缩小的灰度图像,将状态输入神经网络。输入(即状态)的大小在 PyTorch 中为 $4×84×84$,在 TensorFlow 中为 $84×84×4$,其中 4 表示游戏图像的 4 帧,$84×84$ 是每帧图像的灰度大小。将 4 帧叠加在一起可以让智能体推断出球和横板的运动方向。我们使用 Gym 的 AtariPreprocessing 进行图像压缩,将 $210×160×3$ 大小的彩色图像压缩为 $84×84$ 大小的灰度图像。该函数还通过设置 scale_obs = True 将单个像素值从 $(0,255)$ 缩小到 $(0.0,1.0)$。然后使用 FrameStack 将 4 张图像堆叠在一起。最后,按照最初的方法,将奖励值削减为 -1 或 1。代码块 6-9 给出了执行所有这些转移的代码。

代码块 6-9 在 PyTorch 中训练智能体(Atari 游戏图像)

```python
from gym.wrappers import AtariPreprocessing
from gym.wrappers import FrameStack
from gym.wrappers import TransformReward
def make_env(env_name, clip_rewards = True, seed = None):
    env = gym.make(env_name)
    if seed is not None:
        env.seed(seed)
    env = AtariPreprocessing(env, screen_size = 84, scale_obs = True)
    env = FrameStack(env, num_stack = 4)
    if clip_rewards:
        env = TransformReward(env, lambda r: np.sign(r))
    return env
```

前面的预处理步骤生成了将要输入到网络的最终状态。它的大小在 PyTorch 中为 $4×84×84$,在 TensorFlow 中为 $84×84×4$,其中 4 表示游戏图像的 4 帧,$84×84$ 表示每帧灰度图像的大小。网络的输入如图 6-4 所示。

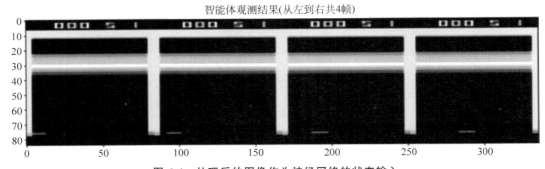

图 6-4 处理后的图像作为神经网络的状态输入

接下来构建一个接收前面图像(即状态/观测 s)的神经网络,并为本例中的 4 个动作生成 q 值。这个游戏的动作有['NOOP'、'FIRE'、'RIGHT'、'LEFT']4 个选择,从空格键

开始,按键盘上的 A 键向左移动横板,按 D 键向右移动横板,按 Esc 键退出游戏。下面是将要构建的网络的说明:

```
input: tensorflow: [batch_size, 84, 84, 4]
      pytorch: [batch_size, 4, 84, 84]

1st hidden layer: 16 nos of 8x8 filters with stride 4 and ReLU activation
2nd hidden layer: 32 nos of 4x4 filters with stride of 2 and ReLU activation
3rd hidden layer: Linear layer with 256 outputs and ReLU activation
output layer: Linear with "n_actions" units with no activation
```

代码的其余部分与前面的类似。代码块 6-10 和代码块 6-11 分别展示了在 PyTorch 和 TensorFlow 中修改后的 DQN 智能体的代码。

代码块 6-10 PyTorch 中的 DQN 智能体

```python
class DQNAgent(nn.Module):
    def __init__(self, state_shape, n_actions, epsilon = 0)

        super().__init__()
        self.epsilon = epsilon
        self.n_actions = n_actions
        self.state_shape = state_shape

        state_dim = state_shape[0]
        # a simple NN with state_dim as input vector (input is state s)
        # and self.n_actions as output vector of logits of q(s, a)
        self.network = nn.Sequential()
        self.network.add_module('conv1', nn.Conv2d(4,16,kernel_size = 8, stride = 4))
        self.network.add_module('relu1', nn.ReLU())
        self.network.add_module('conv2', nn.Conv2d(16,32,kernel_size = 4, stride = 2))
        self.network.add_module('relu2', nn.ReLU())
        self.network.add_module('flatten', nn.Flatten())
        self.network.add_module('linear3', nn.Linear(2592, 256))
        #2592 calculated above
        self.network.add_module('relu3', nn.ReLU())
        self.network.add_module('linear4', nn.Linear(256, n_actions))

        self.parameters = self.network.parameters
    def forward(self, state_t):
        # pass the state at time t through the network to get Q(s,a)
        qvalues = self.network(state_t)
        return qvalues

    def get_qvalues(self, states):
        # input is an array of states in numpy and output is Qvals as numpy array
        states = torch.tensor(states, device = device, dtype = torch.float32)
        qvalues = self.forward(states)
        return qvalues.data.cpu().numpy()

    def sample_actions(self, qvalues):
        # sample actions from a batch of q_values using epsilon greedy policy
        epsilon = self.epsilon
```

```
        batch_size, n_actions = qvalues.shape
        random_actions = np.random.choice(n_actions, size = batch_size)

        best_actions = qvalues.argmax(axis = -1)
        should_explore = np.random.choice(
            [0, 1], batch_size, p = [1 - epsilon, epsilon])
        return np.where(should_explore, random_actions, best_actions)
```

代码块 6-11　TensorFlow 中的 DQN 智能体

```
class DQNAgent:
    def __init__(self, state_shape, n_actions, epsilon = 0):

        super().__init__()
        self.epsilon = epsilon
        self.n_actions = n_actions
        self.state_shape = state_shape

        # a simple NN with state_dim as input vector (input is state s)
        # and self.n_actions as output vector of logits of q(s, a)
        self.model = tf.keras.models.Sequential()
        self.model.add(tf.keras.Input(shape = state_shape))
        self.model.add(tf.keras.layers.Conv2D(16, kernel_size = 8, strides = 4,
        activation = 'relu'))
        self.model.add(tf.keras.layers.Conv2D(32, kernel_size = 4, strides = 2,
        activation = 'relu'))
        self.model.add(tf.keras.layers.Flatten())
        self.model.add(tf.keras.layers.Dense(256, activation = 'relu'))
        self.model.add(tf.keras.layers.Dense(n_actions))

    def __call__(self, state_t):
        # pass the state at time t through the network to get Q(s,a)
        qvalues = self.model(state_t)
        return qvalues

    def get_qvalues(self, states):
        # input is an array of states in numpy and output is Qvals as numpy array
        qvalues = self.model(states)
        return qvalues.numpy()

    def sample_actions(self, qvalues):
        # sample actions from a batch of q_values using epsilon greedy policy
        epsilon = self.epsilon
        batch_size, n_actions = qvalues.shape
        random_actions = np.random.choice(n_actions, size = batch_size)
        best_actions = qvalues.argmax(axis = -1)
        should_explore = np.random.choice(
            [0, 1], batch_size, p = [1 - epsilon, epsilon])
        return np.where(should_explore, random_actions, best_actions)
```

　　读者可能会注意到在 Eager Execution 模式下 PyTorch 和 TensorFlow 的代码很相似。因此建议先专注一个框架并掌握其精髓。因为一旦掌握了一个框架，学习另一个框架的代码就很容易了。本书的大多数示例都使用 PyTorch，某些地方会使用 TensorFlow。

除了这两个变化(即特定问题的预处理和适合问题的神经网络),其余代码与 CartPole 和 Atari 相同。Atari 版本可以用来训练任何版本的 Atari 游戏智能体。除了这两个变化之外,同样的代码还可以用于训练任何环境下的 DQN 智能体。读者可以从 Gym 库文档中查看可用的 Gym 环境,并且可以去尝试修改 listing6_1_dqn_pytorch. ipynb 或 listing6_1_dqn_atari_pytorch. ipynb 中的代码,以便为不同的环境训练智能体。

上述步骤完成了 DQN 的实现和训练。我们已经知道了如何训练 DQN 智能体,接下来研究可以修改 DQN 的一些问题和方法。正如本章开始时所讨论的,我们将研究一些最近的和最先进的变体。

6.2 优先回放

第 5 章研究了如何在 DQN 中使用批量版本的更新,以解决在线版本中存在的一些问题(每次转移都要进行更新,而在学习完一步之后,就会丢弃一个转移)。以下是在线版本的关键问题:

- 训练样本(转移)是相关的,打破了独立同分布的假设。在在线学习中,我们有一个相互关联的转移序列。每个转移都链接到前一个转移。这就打破了应用梯度下降所需的独立同分布假设。

- 随着智能体的不断学习和丢弃,它可能永远无法访问初始的探索性转移。如果智能体沿着错误的路径前进,那么它会继续从状态空间的那里看到示例。从而可能会得到一个次优的解决方案。

- 对于神经网络,在单一的转移基础上进行学习是困难且低效的。对于神经网络来说,学习不同的有效的样本会产生很大差异。因此它在批量学习训练样本时效果最好。

在 DQN 中,可以通过使用存储所有转移的经验回放来解决这些问题。每个转移都是一个元组(state,action,reward,next_state,done)。当回放池满时,需要丢弃旧的样本以添加新的样本。然后从当前池中采样一个批次,池中的每个转移在一个批次中被选中的概率相等。它允许从池中多次选择罕见的和更多的探索性转移。然而,普通的经验回放无法选择具有某些优先级的重要转移。以某种方式为存储在回放池中的每个转移分配一个重要性分数,并使用这些重要性分数作为选择概率从池中采样批次,为重要的转移分配更高的选择概率,这样会有帮助吗?

这就是 2016 年发表于 DeepMind 的文章 *Priorities Experience Replay* 所研究的内容。我们遵循该文的核心观念来实现我们自己的经验回放,并将其应用于 CartPole 环境的 DQN 智能体上。我们先来讨论这些重要性分数是如何分配的以及损失 L 是如何修改的。

该文的关键方法是使用 TD 误差为回放池中的训练样本分配重要性分数。当一批样本从池中取出时,我们把 TD 误差作为损失 L 计算的一部分。TD 误差由以下等式给出:

$$\delta_i = r_i + (1 - \text{done}_i) \cdot \gamma \cdot \max_{a_i'} \hat{q}(s_i', a_i'; \boldsymbol{w}_t^-) - \hat{q}(s_i, a_i; \boldsymbol{w}_t) \tag{6.6}$$

它出现在计算损失的式(6.3)中。将误差平方并对所有样本进行平均,以计算权值向量更新的值,如式(6.4)和式(6.5)所示。TD 误差 δ_i 的大小表示样本转移(i)对更新的贡献。作者用这种方法给每个样本分配一个重要性分数 p_i，其中 p_i 由下式给出：

$$p_i = |\delta_i| + \varepsilon \tag{6.7}$$

为了避免 TD 误差 δ_i 为 0 时 p_i 也为 0 的特殊情况，我们引入了一个小的常数 ε。当一个新的转移被添加到回放池时，将池中所有当前转移的最大 p_i 赋值给它。当选择一个批次进行训练时，将每个样本的 TD 误差 δ_i 作为损失/梯度计算的一部分。然后使用这个 TD 误差更新池中样本的重要性分数。

文章中还提到了另一种基于等级的优先级排序方法。该方法中，$p_i = \dfrac{1}{\text{rank}(i)}$，其中 rank($i$) 是转移($i$)的等级（当回放池转移是基于 $|\delta_i|$ 进行排序时）。在代码示例中，我们使用第一种方法，即比例优先级法。

接下来，在采样时，我们将 p_i 转换为概率，公式如下：

$$P(i) = \frac{p_i^{\alpha}}{\sum_i p_i^{\alpha}} \tag{6.8}$$

这里的 $P(i)$ 表示转移(i)在回放池中被采样和被作为批训练处理的一部分的概率。这样就为具有较高 TD 误差的转移分配了较高的采样概率。这里的 α 是一个超参数，使用网格搜索进行了优化，并且作者发现 $\alpha = 0.6$ 是比例变量的最佳值，这也是我们将要使用的值。

之前用基于重要性的采样打破均匀采样的方法引入了偏差。在计算损失 L 时，我们需要纠正这种偏差。本书使用重要性采样来纠正这种偏差，对每个样本进行加权 w_i，然后求和得到修正的损失函数 L。

$$w_i = \left(\frac{1}{N} \cdot \frac{1}{P(i)}\right)^{\beta} \tag{6.9}$$

其中，N 是批训练的样本数量，$P(i)$ 为上式中计算的样本选择概率。β 是另一个超参数，在本书中值为 0.4。权值被 $\dfrac{1}{\max x_i w_i}$ 进一步规范化，以确保权值保持在界限内。

$$w_i = \frac{1}{\max x_i w_i} w_i \tag{6.10}$$

这些改动完成后，损失 L 的方程也被更新，用 w_i 对批次中的每个转移进行加权，如下所示：

$$L = \frac{1}{N} \sum_{i=1}^{N} \left[(r_i + ((1 - \text{done}_i) \cdot \gamma \cdot \max_{a_i'} \hat{q}(s_i', a_i'; \boldsymbol{w}_t^-)) - \hat{q}(s_i, q_i; \boldsymbol{w}_t)) \cdot w_i \right]^2$$

$$\tag{6.11}$$

注意等式中的 w_i。在计算 L 之后，我们遵循通常的梯度步骤，使用对在线神经网络权值 w 的损失梯度的反向传播。

请记住，前面等式中的 TD 误差用于为当前批训练的回放池中的转移更新重要性分数。以上是优先回放理论的讨论，现在来看具体实现。训练基于优先回放的 DQN 智能体的完整代码在 listing6_3_dqn_prioritized_replay.ipynb 中给出，它有两个版本：一个基于 PyTorch，另一个基于 TensorFlow。但从现在开始，我们只列出 PyTorch 版本。建议读者在读完下面给出的解释后，再详细研究代码和参考论文。阅读学术论文并将论文中的细节与代码相匹配是成为一名优秀的实践者的重要途径。解释部分只是为了让读者能够更好地开始。为了牢固地掌握这些内容，读者应该详细阅读附带的代码。如果读者能在理解了代码的工作原理后并尝试自己编写代码，那就更好了。

　　回到刚才的解释部分，我们先看一下优先回放的实现，这也是之前的 DQN 训练笔记本中代码的最主要的变化。代码块 6-12 给出了优先回放的代码。大部分代码与前面的 ReplayBuffer 类似。现在有一个 self.priorities 数组，用于保存每个样本的重要性/优先级分数 p_i。函数 add 被修改为将 p_i 赋给正在添加的新样本。其中这个 p_i 是数组 self.priorities 中的最大值。函数 sample 的变化是最大的。第一个概率用式 (6.8) 计算，权值用式 (6.9) 和式 (6.10) 计算。然后该函数会返回两个数组：权值数组 np.array(weights) 和索引数组 np.array(idxs)。索引数组包含在批处理中被采样的回放池中样本的索引。这个步骤是必需的，以便在损失步骤中计算 TD 误差后，可以在回放池中更新优先级/重要性分数。函数 update_priorities(idxs, new_priorities) 的作用就在于此。

代码块 6-12　优先回放

```
class PrioritizedReplayBuffer:
    def __init__(self, size, alpha = 0.6, beta = 0.4):
        self.size = size  # max number of items in buffer
        self.buffer = []  # array to hold buffer
        self.next_id = 0
        self.alpha = alpha
        self.beta = beta
        self.priorities = np.ones(size)
        self.epsilon = 1e - 5

    def __len__(self):
        return len(self.buffer)

    def add(self, state, action, reward, next_state, done):
        item = (state, action, reward, next_state, done)
        max_priority = self.priorities.max()
        if len(self.buffer) < self.size:
            self.buffer.append(item)
        else:
            self.buffer[self.next_id] = item
        self.priorities[self.next_id] = max_priority
        self.next_id = (self.next_id + 1) % self.size

    def sample(self, batch_size):
        priorities = self.priorities[:len(self.buffer)]
        probabilities = priorities ** self.alpha
        probabilities /= probabilities.sum()
        N = len(self.buffer)
        weights = (N * probabilities) ** (- self.beta)
        weights /= weights.max()

        idxs = np.random.choice(len(self.buffer), batch_size, p = probabilities)

        samples = [self.buffer[i] for i in idxs]
        states, actions, rewards, next_states, done_flags = list(zip( * samples))
        weights = weights[idxs]

        return (np.array(states), np.array(actions), np.array(rewards), np.array(next_
```

```
                         states), np.array(done_flags), np.array(weights), np.array(idxs))
        def update_priorities(self, idxs, new_priorities):
            self.priorities[idxs] = new_priorities + self.epsilon
```

然后来看损失的计算。这部分代码与在代码块 6-5 中看到的 TD 损失计算的代码相似。但有两个变化。第一个变化是 TD 误差要与权值相乘，如式(6.11)所示。第二个变化是要从函数内部调用 update_priorities 来更新回放池中的优先级。代码块 6-13 展示了修改后的 TD_loss、compute_td_loss_priority_ replay 计算的代码。

代码块 6-13　优先回放的 TD 损失

```python
def compute_td_loss_priority_replay(agent, target_network, replay_buffer, states, actions,
                                    rewards, next_states, done_flags, weights, buffer_idxs,
                                    gamma = 0.99, device = device):
    # convert numpy array to torch tensors
    states = torch.tensor(states, device = device, dtype = torch.float)
    actions = torch.tensor(actions, device = device, dtype = torch.long)
    rewards = torch.tensor(rewards, device = device, dtype = torch.float)
    next_states = torch.tensor(next_states, device = device, dtype = torch.float)
    done_flags = torch.tensor(done_flags.astype('float32'), device = device,
    dtype = torch.float)
    weights = torch.tensor(weights, device = device, dtype = torch.float)

    # get q - values for all actions in current states
    # use agent network
    predicted_qvalues = agent(states)

    # compute q - values for all actions in next states
    # use target network
    predicted_next_qvalues = target_network(next_states)

    # select q - values for chosen actions
    predicted_qvalues_for_actions = predicted_qvalues[range(len(actions)), actions]

    # compute Qmax(next_states, actions) using predicted next q - values
    next_state_values, _ = torch.max(predicted_next_qvalues, dim = 1)

    # compute "target q - values"
    target_qvalues_for_actions = rewards + gamma * next_state_values * (1 - done_flags)

    #compute each sample TD error
    loss = ((predicted_qvalues_for_actions - target_qvalues_for_actions.
    detach()) ** 2) * weights

    # mean squared error loss to minimize

    loss = loss.mean()
    # calculate new priorities and update buffer
    with torch.no_grad():
        new_priorities = predicted_qvalues_for_actions.detach() -
        target_qvalues_for_actions.detach()
        new_priorities = np.absolute(new_priorities.detach().numpy())
        replay_buffer.update_priorities(buffer_idxs, new_priorities)

    return loss
```

训练代码与之前的一样。读者可以在 listing6_3_dqn_prioritized_replay_pytorch. ipynb 中查看细节。与之前一样,我们训练了智能体,可以看到智能体通过这种方法学会了很好地平衡杆。训练曲线如图 6-5 所示。

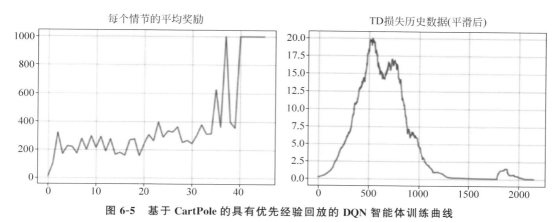

图 6-5 基于 CartPole 的具有优先经验回放的 DQN 智能体训练曲线

建议读者可以去查看原始文章和代码笔记以了解更多细节。

6.3 双 Q-学习

在第 5 章中可以看到,使用相同的网络来选择最大化的动作以及最大动作的 q 值,会导致高估偏差,而这可能会导致我们得到次优策略。*Deep Reinforcement Learning with Double Q-Learning* 的作者从数学角度和在 Atari 游戏中的 DQN 背景下探索了这种偏差。

让我们看看常规 DQN 中的最大运算。计算 TD 目标如下:

$$Y^{\mathrm{DON}} = r + \gamma \max_{a'} \hat{q}(s', a'; \boldsymbol{w}_t^-)$$

通过去掉下标(i)和$(1-done)$乘数,我们对方程进行了一点简化,去掉了终止状态的第二项。这样做是为了使解释更加简明扼要。现在把 max 移到里面并展开这个方程。之前的更新可以写成如下:

$$r + \gamma \hat{q}(s', \mathrm{argmax}_{a'} \hat{q}(s', a'; \boldsymbol{w}_t^-); \boldsymbol{w}_t^-)$$

通过取最大动作和最大动作的 q 值来将 max 移到里面,这与直接取最大 q 值类似。在前面展开的方程中可以清楚地看到,我们使用相同的网络权值 $\boldsymbol{w}_t^-$,用于选择最优动作,也用于得到该动作的 q 值。这就是导致最大化偏差的原因。该文的作者提出了一种称为双 DQN(Double DQN,DDQN)的方法,其中最优动作 $\mathrm{argmax}_{a'} \hat{q}(s', a')$ 的权值来自权值为 $\boldsymbol{w}_t$ 的在线网络,然后使用权值为 $\boldsymbol{w}_t^-$ 的目标网络来选择最优动作的 q 值。此更改导致更新的 TD 目标如下:

$$r + \gamma \hat{q}(s', \mathrm{argmax}_{a'} \hat{q}(s', a'; \boldsymbol{w}_t); \boldsymbol{w}_t^-)$$

注意,现在用于选择最优动作的内部网络使用了在线权值 $\boldsymbol{w}_t$。其他的一切都保持不变。我们像之前一样计算损失,然后使用梯度步长来更新在线网络的权值。同时也定期更新目标网络的权值。现在使用的更新损失函数如下:

$$L = \frac{1}{N} \sum_{i=1}^{N} \left[r_i + \left((1 - \mathrm{done}_i) \cdot \gamma \cdot \hat{q}(s_i', \underset{a'}{\mathrm{argmax}}\ \hat{q}(s_i', a'; \boldsymbol{w}_t); \boldsymbol{w}_t^-) \right) - \hat{q}(s_i, a_i; \boldsymbol{w}_t) \right]^2$$

(6.12)

该文的作者指出，前一种方法可以显著减少高估偏差，从而产生更好的策略。现在让我们看看实现细节。与 DQN 实现相比，唯一一变化的是计算损失的方式。现在使用式(6.12)来计算损失。而其他的内容（包括 DQN 智能体代码、回放池以及执行逐步反向传播梯度的训练方式）都保持不变。代码块 6-14 给出了修正后的损失函数的计算。我们使用 q_s＝agent(states)来计算当前的 q 值，然后对于每一行，选取对应于动作 a_i 的 q 值。再使用智能体网络计算下一个状态的 q 值：q_s1＝agent(next_states)。这用于为每一行找到最优动作，然后使用具有最优动作的目标网络来找到目标 q 值。

```
q_s1 = agent(next_states).detach()
_,a1max = torch.max(q_s1, dim = 1)
q_s1_target = target_network(next_states)
q_s1_a1max = q_s1_target[range(len(a1max)), a1max]
```

代码块 6-14　双 Q-学习的 TD 损失

```
def td_loss_ddqn(agent, target_network, states, actions, rewards, next_states,
                 done_flags, gamma = 0.99, device = device):

    # convert numpy array to torch tensors
    states = torch.tensor(states, device = device, dtype = torch.float)
    actions = torch.tensor(actions, device = device, dtype = torch.long)
    rewards = torch.tensor(rewards, device = device, dtype = torch.float)
    next_states = torch.tensor(next_states, device = device, dtype = torch.float)
    done_flags = torch.tensor(done_flags.astype('float32'),device = device,
    dtype = torch.float)

    # get q - values for all actions in current states
    # use agent network
    q_s = agent(states)

    # select q - values for chosen actions
    q_s_a = q_s[range(len(actions)), actions]
    # compute q - values for all actions in next states
    # use agent network (online network)
    q_s1 = agent(next_states).detach()

    # compute Q argmax(next_states, actions) using predicted next q - values
    _,a1max = torch.max(q_s1, dim = 1)

    # use target network to calculate the q - value for best action chosen above
    q_s1_target = target_network(next_states)

    q_s1_a1max = q_s1_target[range(len(a1max)), a1max]

    # compute "target q - values"
    target_q = rewards + gamma * q_s1_a1max * (1 - done_flags)

    # mean squared error loss to minimize
    loss = torch.mean((q_s_a - target_q).pow(2))

    return loss
```

在 CartPole 上运行 DDQN 生成的训练图如图 6-6 所示。读者可能没有看出什么区别，这是因为 CartPole 问题太简单了，无法展现出这个方法的好处。此外，我们已经运行了少量情节的训练算法以演示该算法。对于这种方法的具体优势，读者可以查看参考论文。

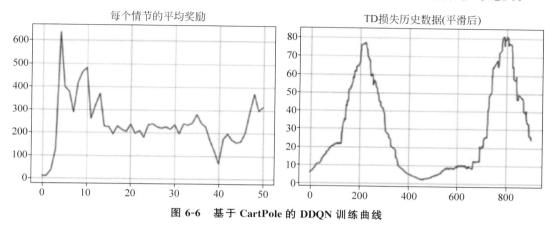

图 6-6　基于 CartPole 的 DDQN 训练曲线

关于 DDQN 的讨论至此结束。接下来看看竞争 DQN。

6.4　竞争 DQN

到目前为止，我们所有的网络都处于状态 S，并且产生了状态 S 中所有动作 A 的 q 值 $Q(S,A)$。图 6-1 展示了一个网络的样例。但是很多时候在一个特定的状态下，所采取任何的动作都不会产生影响。考虑这样一种情况：一辆车在道路中间行驶，周围没有其他车辆。在这种情况下，稍微向左或向右一点，或稍微超速或减速，都没有影响；这些动作都会产生相似的 q 值。是否有一种方法可以将采取特定行动的优势从状态的平均值中分离出来？2016 年 *Dueling Network Architectures for Deep Reinforcement Learning* 的作者就开发了这种方法。研究表明，这种方法可以带来明显的改善，而且随着一个状态可能采取动作的数量的增加，这种改善会更明显。

我们来推导一下竞争 DQN 网络执行的计算。第 2 章的式（2.9）和式（2.10）介绍了状态价值和动作价值函数的定义，现在复制如下：

$$v_\pi(s) = E_\pi[G_t \mid S_t = s]$$

$$q_\pi(s,a) = E_\pi[G_t \mid S_t = s, A_t = a]$$

然后在第 5 章的函数逼近中，我们看到这些等式随着参数 w 的引入而发生了一些变化，所以将状态-动作价值转换为参数化函数表示。

$$\hat{v}(s,\boldsymbol{w}) \approx v_\pi(s)$$

$$\hat{q}(s,a;\boldsymbol{w}) \approx q_\pi(s,a)$$

这两组方程都告诉我们，v_π 衡量的是一般状态下的价值，而 q_π 是从状态 S 采取特定动作的价值。若从 V 中减去 Q，则会得到所谓的优势 A。注意有些符号的重载。$Q(S,A)$ 内的 A 代表动作，等式左边的 A_π 代表优势，而不是动作。

$$A_\pi(s,a) = Q_\pi(s,a) - V_\pi(s) \tag{6.13}$$

作者创建了一个网络，像之前一样将状态 S 作为输入，在几层网络之后产生两个流：一个

给出状态价值 V，另一个给出优势 A，其中有一部分网络是单独的层集，一个用于 V，另一个用于 A。最后一层结合了优势 A 和状态价值 V 来恢复 Q。为了获得更好的稳定性，还有了一个额外的步骤，从 $Q(S,A)$ 的每个输出节点减去优势值的平均值。神经网络实现的等式如下：

$$\hat{Q}(s,a;\boldsymbol{w}_1,\boldsymbol{w}_2,\boldsymbol{w}_3)=\hat{V}(s;\boldsymbol{w}_1,\boldsymbol{w}_2)+\left[\hat{A}(s,a;\boldsymbol{w}_1,\boldsymbol{w}_3)-\frac{1}{|A|}\sum_{a'}\hat{A}(s,a';\boldsymbol{w}_1,\boldsymbol{w}_3)\right]$$

$$(6.14)$$

式中，权值 $\boldsymbol{w}_1$ 对应网络的初始公共部分，$\boldsymbol{w}_2$ 对应网络预测状态价值 $\hat{V}$ 的部分，$\boldsymbol{w}_3$ 对应网络预测优势 $\hat{A}$ 的部分。图 6-7 展示了一个典型的网络结构。

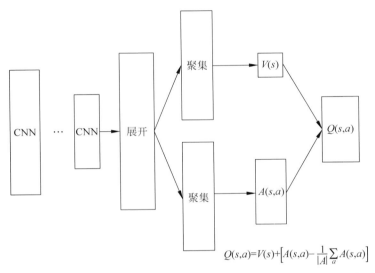

$$Q(s,a)=V(s)+\left[A(s,a)-\frac{1}{|A|}\sum_a A(s,a)\right]$$

图 6-7　竞争网络（该网络在初始层中有一组共同的权值，然后它分支出一组
权值产生 V，一组权值产生优势 A）

　　作者将这种架构命名为竞争网络，因为它把两个网络融合在一起，并且有一个初始的公共部分。由于竞争网络处于智能体网络级别，它独立于其他组件，如回放池的类型或权值的学习方式（即简单的 DQN 或双 DQN）。因此，我们可以使用与回放池类型或学习类型无关的竞争网络。在演示中，我们将使用一个对每个转移的选择概率都相同的回放池，还会使用 DQN 智能体。与代码块 6-1 的 DQN 相比，唯一的变化是网络的构造方式。代码块 6-15 展示了竞争智能体网络的代码。

代码块 6-15　竞争网络

```python
class DuelingDQNAgent(nn.Module):
    def __init__(self, state_shape, n_actions, epsilon = 0):

        super().__init__()
        self.epsilon = epsilon
        self.n_actions = n_actions
        self.state_shape = state_shape

        state_dim = state_shape[0]
        # a simple NN with state_dim as input vector (input is state s)
        # and self.n_actions as output vector of logits of q(s, a)
```

```
        self.fc1 = nn.Linear(state_dim, 64)
        self.fc2 = nn.Linear(64, 128)
        self.fc_value = nn.Linear(128, 32)
        self.fc_adv = nn.Linear(128, 32)
        self.value = nn.Linear(32, 1)
        self.adv = nn.Linear(32, n_actions)
    def forward(self, state_t):
        # pass the state at time t through the network to get Q(s,a)
        x = F.relu(self.fc1(state_t))
        x = F.relu(self.fc2(x))
        v = F.relu(self.fc_value(x))
        v = self.value(v)
        adv = F.relu(self.fc_adv(x))
        adv = self.adv(adv)
        adv_avg = torch.mean(adv, dim = 1, keepdim = True)
        qvalues = v + adv - adv_avg
        return qvalues
    def get_qvalues(self, states):
        # input is an array of states in numpy and output is Qvals as numpy array
        states = torch.tensor(states, device = device, dtype = torch.float32)
        qvalues = self.forward(states)
        return qvalues.data.cpu().numpy()
    def sample_actions(self, qvalues):
        # sample actions from a batch of q_values using epsilon greedy policy
        epsilon = self.epsilon
        batch_size, n_actions = qvalues.shape
        random_actions = np.random.choice(n_actions, size = batch_size)
        best_actions = qvalues.argmax(axis = -1)
        should_explore = np.random.choice(
            [0, 1], batch_size, p = [1 - epsilon, epsilon])
        return np.where(should_explore, random_actions, best_actions)
```

其中有两层共同的网络(self. fc1 和 self. fc2)。V 预测在 fc1 和 fc2 之上的另外两层(self. fc_value 和 self. value)。类似地,优势估计在 fc1 和 fc2 之上的单独两层(self. fc_adv 和 self. adv)。然后将这些输出结合起来,根据式(6.14)给出修正后的 q 值。代码的其余部分,即计算 TD 损失和权值更新的梯度下降部分,与 DQN 保持一致。图 6-8 展示了在 CartPole 上训练该网络的结果。

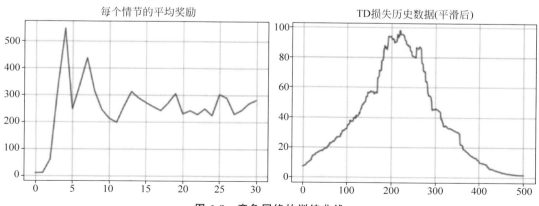

图 6-8　竞争网络的训练曲线

读者可以尝试用 PrioritizedReplayBuffer 替换 ReplayBuffer。也可以使用双 DQN 代替 DQN 作为学习智能体。关于竞争 DQN 的讨论到此结束。下一节将看到一个非常特殊的变体。

6.5 噪声网 DQN

我们一直都使用 ε-贪婪策略来探索一部分状态空间。在这个探索中,我们以概率$(1-\varepsilon)$ 取最大 q 值动作,以概率 ε 取随机动作。2018 年发表的一篇题为 *Noisy Networks for Exploration* 的论文的作者使用了一种不同的方法,他们将随机扰动作为参数添加到线性层中,就像网络权值一样,这些也被学习。

一般的线性层是仿射变换,如下所示:

$$y = wx + b$$

在带噪声的线性版本中,我们在权值中引入随机扰动,如下所示:

$$y = (\mu^w + \sigma^w \odot \varepsilon^w)x + (\mu^b + \sigma^b \odot \varepsilon^b)$$

式中,μ^w、σ^w、μ^b 和 σ^b 分别为所学习的网络的权值。ε^w 和 ε^b 是为让探索具有随机性而引入的随机噪声。图 6-9 给出了线性层的噪声版本的示意图,解释了前面一段中提到的方程。

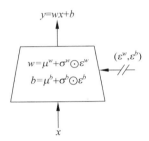

**图 6-9   噪声线性层(权值和偏差是均值和标准差的线性组合,
就像常规线性层中的权值和偏差一样)**

我们将实现论文中讨论的分解版本,其中矩阵的每个元素 $\varepsilon^w_{i,j}$ 被分解。假设有 p 个单位的输入和 q 个单位的输出。据此,我们生成了 p 大小高斯噪声向量 $\boldsymbol{\varepsilon}_i$ 和 q 大小的高斯噪声向量 $\boldsymbol{\varepsilon}_j$。每个 $\varepsilon^w_{i,j}$ 和 ε^b_j 可以表示如下:

$$\varepsilon^w_{i,j} = f(\boldsymbol{\varepsilon}_i)f(\boldsymbol{\varepsilon}_j)$$

$$\varepsilon^b_j = f(\boldsymbol{\varepsilon}_j)$$

其中,

$$f(x) = \text{sgn}(x)\sqrt{|x|}$$

对于正在使用的分解网络,建议读者初始化权值如下:

- μ^w 和 μ^b 中的每个元素 $\mu_{i,j}$ 都是从 $U\left[-\dfrac{1}{\sqrt{p}}, \dfrac{1}{\sqrt{p}}\right]$ 范围内均匀分布中采样的,其中 p 为输入单元的个数。

- 类似地,σ^w 和 σ^b 的每个元素 $\sigma_{i,j}$ 被初始化为常数 $\dfrac{\sigma_0}{\sqrt{p}}$,其中超参数 σ_0 被设置为 0.5。

我们根据 PyTorch 提供的线性层创建了一个噪声层。通过从 PyTorch 中扩展 nn.Module 来做到这一点。这是一个简单而标准的实现,读者可以在函数 init 中创建权值向量。然后编写一个 forward 函数来获取输入并通过一组噪声线性和规则的线性层将其转换。

目前还需要一些额外的函数。在本例中,我们还编写了一个名为 reset_noise 的函数来生成噪声 ε^w 和 ε^b。这个函数会在内部调用一个名为 _noise 的函数。还有一个函数 reset_parameters 可以按照前面概述的策略重置参数。可以使用具有 DQN、DDQN、竞争 DQN 和优先回放的各种组合的噪声网。但是本次演示将重点关注使用带有 DQN 的常规回放池。我们还使用常规的 DQN 方法而不是 DDQN 方法进行训练。代码块 6-16 给出了噪声线性层的代码。

代码块 6-16 PyTorch 中的噪声线性层

```python
class NoisyLinear(nn.Module):
    def __init__(self, in_features, out_features, sigma_0 = 0.4):
        super(NoisyLinear, self).__init__()
        self.in_features = in_features
        self.out_features = out_features
        self.sigma_0 = sigma_0

        self.mu_w = nn.Parameter(torch.FloatTensor(out_features, in_features))
        self.sigma_w = nn.Parameter(torch.FloatTensor(out_features, in_features))
        self.mu_b = nn.Parameter(torch.FloatTensor(out_features))
        self.sigma_b = nn.Parameter(torch.FloatTensor(out_features))

        self.register_buffer('epsilon_w', torch.FloatTensor(out_features, in_features))
        self.register_buffer('epsilon_b', torch.FloatTensor(out_features))

        self.reset_noise()
        self.reset_params()

    def forward(self, x):
        if self.training:
            w = self.mu_w + self.sigma_w * self.epsilon_w
            b = self.mu_b + self.sigma_b * self.epsilon_b
        else:
            w = self.mu_w
            b = self.mu_b
        return F.linear(x, w, b)

    def reset_params(self):
        k = 1/self.in_features
        k_sqrt = math.sqrt(k)
        self.mu_w.data.uniform_(-k_sqrt, k_sqrt)
        self.sigma_w.data.fill_(k_sqrt * self.sigma_0)
        self.mu_b.data.uniform_(-k_sqrt, k_sqrt)
        self.sigma_b.data.fill_(k_sqrt * self.sigma_0)

    def reset_noise(self):
        eps_in = self._noise(self.in_features)
        eps_out = self._noise(self.out_features)
        self.epsilon_w.copy_(eps_out.ger(eps_in))
```

```
        self.epsilon_b.copy_(self._noise(self.out_features))

    def _noise(self, size):
        x = torch.randn(size)
        x = torch.sign(x) * torch.sqrt(torch.abs(x))
        return x
```

其余部分的实现保持不变。现在唯一的区别是在 DQN 智能体的 sample_actions 函数中没有 ε-贪婪选择。还有一个 reset_noise 函数来重置批处理后的噪声。这些和论文中的建议保持一致。代码块 6-17 包含带有前面修改过的 NoisyDQN 版本。其余部分的实现类似于普通的 DQN 智能体。

代码块 6-17 PyTorch 中的噪声 DQN 智能体

```
class NoisyDQN(nn.Module):
    def __init__(self, state_shape, n_actions):
        super(NoisyDQN, self).__init__()
        self.n_actions = n_actions
        self.state_shape = state_shape
        state_dim = state_shape[0]
        # a simple NN with state_dim as input vector (input is state s)
        # and self.n_actions as output vector of logits of q(s, a)
        self.fc1 = NoisyLinear(state_dim, 64)
        self.fc2 = NoisyLinear(64, 128)
        self.fc3 = NoisyLinear(128, 32)
        self.q = NoisyLinear(32, n_actions)

    def forward(self, state_t):
        # pass the state at time t through the network to get Q(s,a)
        x = F.relu(self.fc1(state_t))
        x = F.relu(self.fc2(x))
        x = F.relu(self.fc3(x))
        qvalues = self.q(x)
        return qvalues

    def get_qvalues(self, states):
        # input is an array of states in numpy and output is Qvals as numpy array
        states = torch.tensor(states, device = device, dtype = torch.float32)
        qvalues = self.forward(states)
        return qvalues.data.cpu().numpy()

    def sample_actions(self, qvalues):
        # sample actions from a batch of q_values using greedy policy
        batch_size, n_actions = qvalues.shape
        best_actions = qvalues.argmax(axis = -1)
        return best_actions

    def reset_noise(self):
        self.fc1.reset_noise()
        self.fc2.reset_noise()
        self.fc3.reset_noise()
        self.q.reset_noise()
```

在 CartPole 环境中训练噪声 DQN 产生的训练曲线如图 6-10 所示。我们可能看不到该变体与 DQN(或所有变体)之间的差异。这是因为所使用的这个环境很简单,并且训练它的时间并不长。本书的目的是让读者了解一个特定变体的内部细节。

对于改进和其他的深入研究,建议读者参考原始论文。另外,还要再次强调,读者需要详细阅读附带的 Python 笔记,并在掌握了内容的细节之后,尝试亲自编写示例代码。

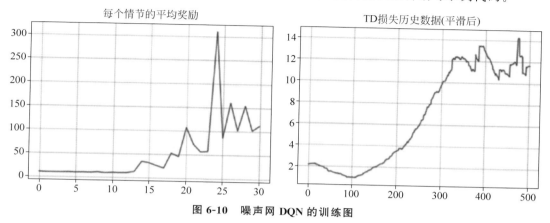

图 6-10 噪声网 DQN 的训练图

建议读者尝试编写竞争 DQN 的噪声版本。此外,还可以尝试学习 DDQN 的变体。根据目前所学的知识,可以尝试以下组合:

- DQN。
- DDQN(影响我们的学习方式)。
- 竞争 DQN(影响训练架构)。
- 竞争 DDQN。
- 用优先回放池替换 vanilla 回放池。
- 在之前的任何一种方法中用噪声网替换 ε-探索。
- 在 TensorFlow 上编码所有的组合。
- 尝试其他 Gym 环境,如果可以,可对网络做适当的改变。
- 在 Atari 上运行它们,特别是在读者有 GPU 机器时。

6.6 C51

在 2017 年一篇名为 *A Distributional Perspective on Reinforcement Learning* 的文章中,作者提出了强化学习的分布性质。作者没有像对 q 值那样关注期望值,而是关注 Z,一个期望为 Q 的随机分布。

到目前为止,我们一直在为输入状态 s 输出 $Q(s,a)$ 值。输出的单元数大小为 n_action。在某种程度上,输出值是期望 $Q(s,a)$ 使用蒙特卡洛技术对多个样本进行平均,以形成实际期望值 $E[Q(s,a)]$ 的估计值 $\hat{Q}(s,a)$。

在 categorial 51-Atom DQN 中,对于每一个 $Q(s,a)$(它们的 n_action),都产生对 $Q(s,a)$ 值的分布的估计:每个 $Q(s,a)$ 的 n_atom(51 为精确)值。该网络现在将整个分布模型预测为分类概率分布,而不仅仅是估计 $Q(s,a)$ 的平均值。即

$$Q(s,a) = \sum_i z_i p_i(s,a)$$

其中，$p_i(s,a)$ 为 (s,a) 处动作值为 z_i 的概率。

现在有 n_action * n_atom 的输出，即 n_action 的每个值的 n_atom 个输出。此外，这些输出都是概率值。对于一个动作，有 n_atom 个概率，这些是 q 值在 V_min～V_max 范围内任意一个 n_atom 离散值的概率。

在分布式强化学习的 C51 版本中，作者将 i 设为 -10～10 的 51 个原子（支持点）。我们在代码中使用相同的设置。这些值在代码中已经参数化，所以读者可以更改这些值并探索其影响。

应用贝尔曼更新后，值会发生变化，并且可能不会落在这 51 个支持点上。而现在有一个投影步骤，可以将概率分布恢复到 51 个支持点上。

交叉熵损失将替换均方误差损失。用 ε-贪婪策略进行训练，这类似于 DQN。整个数学过程是相当复杂的，所以这也是一个很好的练习过程，读者可以将论文与代码放在一起浏览，并将每一行代码与论文中的具体细节联系起来。这也是读者作为强化学习实践者需要具备的重要技能。

与 DQN 方法类似，我们有一个类 CategoricalDQN，这是一个神经网络，它将状态 s 作为输入，产生 $Q(s,a)$ 的分布 Z。还有一个计算 TD 损失的函数：td_loss_categorical_dqn。如前所述，我们需要一个投影步骤来将值带回到 n_atom 支持点，而这个步骤在函数 compute_projection 中执行。在计算损失时，函数 td_loss_categorical_dqn 会在内部调用函数 compute_projection。其余部分和之前一样。

图 6-11 给出了在 CartPole 环境中运行的训练曲线。

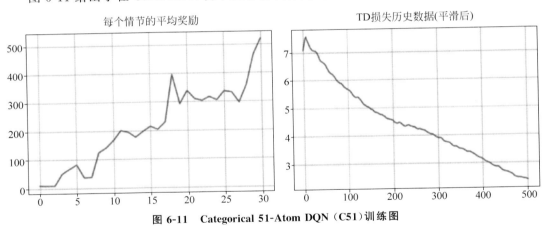

图 6-11　Categorical 51-Atom DQN（C51）训练图

6.7　分位数回归 DQN

在 2017 年年中 C51 算法的论文发表不久后，一些作者和其他一些来自 DeepMind 的科学家提出了另外一种变体，他们称之为分位数回归 DQN（Quantile Regression DQN，QR-DQN）。在一篇题为 *Distributional Reinforcement Learning with Quantile Regression* 的论文中，作者使用了一种与 C51 不同的方法，但仍处于分布式强化学习的关注领域内。

类似于分布式强化学习的 C51 方法，QR-DQN 方法依赖于分位数来预测 $Q(s,a)$ 的分布，而不是预测 $Q(s,a)$ 的平均值的估计。C51 和 QR-DQN 都是分布式强化学习的变体，都是由 DeepMind 的科学家提出的。

C51 方法将 $Q_\pi(s,a)$ 的分布（即 $Z_\pi(s,a)$）建模在 V_min~V_max 范围内的概率过不动点的分类分布。这些点的概率就是网络学习到的。这种方法导致在贝尔曼更新后还要使用一个投影步骤，将新的概率带回到均匀分布在 V_min~V_max 上的固定支持点 n_atoms 上。虽然结果是有效的，但与算法推导的理论基础有一点脱节。

在 QR-DQN 中的方法略有不同。支持点仍然是 N，但随着网络学习到这些点的位置，概率被固定为 $1/N$。引用作者的原话：

我们将 C51 中的参数化"转置"：前者使用 N 个固定位置作为其近似分布并调整其概率，而我们将固定的、统一的概率分配给 N 个可调节位置。

DQ DQN 中使用的损失是分位数回归损失和 huber 损失的混合，称为分位数 huber 损失。这里没有展示代码块，因为我们希望读者能够阅读论文原文，并将论文中的方程与 listing6_8_qr_dqn_ pytorch. ipynb 中的代码进行一一对应。这篇论文有大量的数学内容，读者应该试着把重点放在方法的更高层次的细节上，而不是数学推导上，除非读者对高等数学很熟悉。

训练曲线如图 6-12 所示。

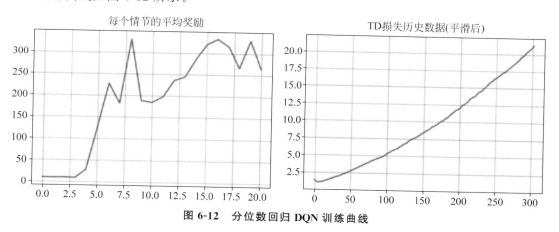

图 6-12　分位数回归 DQN 训练曲线

6.8　事后经验回放

在 OpenAI 2018 年的一篇题为 *Hindsight Experience Replay* 的论文中，作者提出了一种在奖励稀少的环境中学习样本的有效方法。常见的方法是改变奖励函数来引导智能体进行优化。但这并不适用于所有情况。

与从成功的结果中学习的强化学习智能体相比，人类不仅能从成功的结果中学习，还能从失败中学习。这是事后回放方法概念的基础，称为事后经验回放（Hindsight Experience Replay，HER）。虽然 HER 可以与各种强化学习方法相结合，但在代码演示中，我们只使用 HER 与竞争 DQN 的组合，HER-DQN。

在 HER 方法中，在一个情节（比如一个不成功的情节）结束后，我们形成一个次要目标,即,原来的目标被终止前的最后一个状态替换,作为这个轨迹的目标。

假设一个情节已经完成：$s_0, s_1, \cdots, s_T$。通常我们在回放池中存储一个元组$(s_t, a_t, r, s_{t+1}, done)$。假设这个情节的目标是$g$,并且这个目标在这次运行中无法实现。而在 HER 方法中,我们将在回放池中存储以下内容:

- $(s_t \parallel g, a_t, r, s_{t+1} \parallel g, done)$
- $(s_t \parallel g', a_{t}, r (s_t, a_t, g'), s_{t+1} \parallel g', done)$：其他基于综合目标的状态转移,如情节的最后一个状态作为子目标g'。修改奖励以展示状态转移$s_t \rightarrow s_{t+1}$对子目标g'是好还是坏。

原文讨论了形成这些子目标的各种策略。这里使用一个称为 future 的例子,它是一个具有k个随机状态的回放,这些状态来自与被回放的转移相同的情节,并且之后会被观察到。

我们还使用了一种不同于以往的环境,名为翻转。假设读者有一个n位的向量,每个都是在$\{0,1\}$内的二进制数。因此,有2^n种可能的组合。重置后,环境以随机选择的n位设置开始,目标也被随机选择为某个不同的n位设置。每个动作都翻转了一下。要翻转的位是智能体试图学习的策略$\pi(a|s)$。如果智能体能够找到与目标匹配的正确设置,或者智能体在一个情节中耗尽了n个动作时,这个情节结束。代码块 6-18 展示了该环境的代码。完整的代码在 listing6_9_her_dqn_pytorch.ipynb 中。

代码块 6-18 翻转环境

```python
class BitFlipEnvironment:

    def __init__(self, bits):
        self.bits = bits
        self.state = np.zeros((self.bits, ))
        self.goal = np.zeros((self.bits, ))
        self.reset()

    def reset(self):
        self.state = np.random.randint(2, size = self.bits).astype(np.float32)
        self.goal = np.random.randint(2, size = self.bits).astype(np.float32)
        if np.allclose(self.state, self.goal):
            self.reset()
        return self.state.copy(), self.goal.copy()

    def step(self, action):
        self.state[action] = 1 - self.state[action]
        # Flip the bit on position of the action
        reward, done = self.compute_reward(self.state, self.goal)
        return self.state.copy(), reward, done

    def render(self):
        print("State: {}".format(self.state.tolist()))
        print("Goal : {}\n".format(self.goal.tolist()))

    @staticmethod
    def compute_reward(state, goal):
        done = np.allclose(state, goal)
        return 0.0 if done else - 1.0, done
```

我们已经实现了自己的 render 和 step 函数，所以环境的接口仍然与 Gym 中的相似，所以可以使用之前开发的机制。我们还有一个自定义函数 compute_reward，用于在给定状态和目标输入时返回 reward 和 done 标志。

作者表明，对于一个常规 DQN，其中的状态（n 位的设置）被表示为一个深度网络，常规 DQN 智能体几乎不可能学习超过 15 位的组合。但是结合 HER-DQN 方法，智能体能够很容易地学习 50 位左右的组合。在图 6-13 中，我们给出了来自论文的完整伪代码，但对其进行了部分修改，以使其与我们的标记符号相匹配。

输入:

　　一个离线策略算法（如 DQN 或它的变体）

　　回放的采样目标策略（future，情节，随机）

　　一个奖励函数（如：如果没有达到目标就为 0，如果达到目标就为 1）

初始化:

　　初始化神经网络 A

　　初始化回放池 R

$(1, M)$ 中每个情节循环:

　　以 s_0（非终止）和目标 g 开始情节

　　For $t = 0, T-1$:

　　　　使用行为策略（如 ϵ-贪婪）选择 a_t

　　　　　$a_t \leftarrow \pi_b(s_t \parallel g)$

　　　　执行动作 a_t，观测奖励 r_t 和下一状态 s_{t+1}

　　　　把转移 $(s_t, a_t, r_t, s_{t+1}, done_t)$ 记录到临时数组 ET 中

　　For $t = 0, T-1$:

　　　　在 R 中存储 $(s_t \parallel g, a_t, r_t, s_{t+1} \parallel g, done_t)$

　　　　使用采样策略（如 future）采样额外目标

　　　　for _ in $0, k$:

　　　　　　在 future 策略中选择一个转移 k

　　　　　　$g' \leftarrow s'_k$，轨迹数组的第 k 个转移的下一状态

　　　　　　使用 (s_t, a_t, g') 计算新的奖励 r' 和标志 $done'$

　　　　　　在中存储转移 $(s_t \parallel g', a_t, r', s_{t+1} \parallel g', done')$

　　For $t = 1, N$:

　　　　从回放池中采样一批

　　　　执行一步梯度下降

图 6-13　使用 future 策略的 HER

我们使用的是竞争 DQN。代码中最有趣的部分是根据图 6-13 中给出的伪代码实现 HER 算法。代码块 6-19 是该伪代码的具体实现。

代码块 6-19　事后经验回放的实现

```
def train_her(env, agent, target_network, optimizer, td_loss_fn):
    success_rate = 0.0
    success_rates = []
    exp_replay = ReplayBuffer(10 ** 6)
```

```
for epoch in range(num_epochs):
    # Decay epsilon linearly from eps_max to eps_min
    eps = max(eps_max - epoch * (eps_max - eps_min) / int(num_epochs *
    exploration_fraction), eps_min)
    print("Epoch: {}, exploration: {:.0f}%, success rate: {:.2f}".
    format(epoch + 1, 100 * eps, success_rate))
    agent.epsilon = eps
    target_network.epsilon = eps

    successes = 0
    for cycle in range(num_cycles):

        for episode in range(num_episodes):

            # Run episode and cache trajectory
            episode_trajectory = []
            state, goal = env.reset()

            for step in range(num_bits):

                state_ = np.concatenate((state, goal))
                qvalues = agent.get_qvalues([state_])
                action = agent.sample_actions(qvalues)[0]
                next_state, reward, done = env.step(action)

                episode_trajectory.append((state, action, reward, next_state, done))
                state = next_state
                if done:
                    successes += 1
                    break

            # Fill up replay memory
            steps_taken = step
            for t in range(steps_taken):

                # Usual experience replay
                state, action, reward, next_state, done = episode_trajectory[t]
                state_, next_state_ = np.concatenate((state, goal)),
                np.concatenate((next_state, goal))
                exp_replay.add(state_, action, reward, next_state_, done)

                # Hindsight experience replay
                for _ in range(future_k):
                    future = random.randint(t, steps_taken)
                    # index of future time step
                    new_goal = episode_trajectory[future][3]
                    # take future next_state from (s,a,r,s',d) and set as goal
                    new_reward, new_done = env.compute_reward(next_state, new_goal)
                    state_, next_state_ = np.concatenate((state, new_goal)),
                    np.concatenate((next_state, new_goal))
                    exp_replay.add(state_, action, new_reward, next_state_, new_done)

        # Optimize DQN
        for opt_step in range(num_opt_steps):
            # train by sampling batch_size of data from experience replay
            states, actions, rewards, next_states, done_flags = exp_replay.sample(batch_size)
            # loss = <compute TD loss>
            optimizer.zero_grad()
            loss = td_loss_fn(agent, target_network, states, actions, rewards, next_
states, done_flags, gamma = 0.99, device = device)
```

```
                         loss.backward()
                         optimizer.step()

             target_network.load_state_dict(agent.state_dict())

         success_rate = successes / (num_episodes * num_cycles)
         success_rates.append(success_rate)
   # print graph
   plt.plot(success_rates, label = "HER-DQN")

   plt.legend()
   plt.xlabel("Epoch")
   plt.ylabel("Success rate")
   plt.title("Number of bits: {}", format(num_bits))
   plt.show()
```

在这部分代码中,我们使用了之前编码的 td_loss_dqn 函数来计算 TD 损失并执行梯度步骤。我们还从一个非常具有探索性的行为策略开始,即 $\varepsilon = 0.2$,然后在训练中慢慢将其减少到 0。其余代码是逐行匹配图 6-13 中的伪代码的。

训练曲线如图 6-14 所示。对于 50 位翻转环境,HER 智能体能够 100% 成功解决环境问题。注意,环境以 50 位的随机组合作为起点,以另一个随机组合作为目标。智能体最多用 50 个翻转动作来达到目标组合。穷尽式搜索方法是让智能体尝试完 2^{50} 个组合中的每一个,除了最初开始的那个。

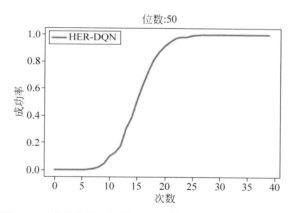

图 6-14 成功率图:使用 future 策略的 HER 位翻转环境

至此,就结束了对 HER 的讨论,也结束了这一章。

6.9　总结

本章内容相当多,我们研究了 DQN 及其大部分流行的和最近的变体。

我们首先简要回顾了 Q-学习和 DQN 更新方程的推导。然后研究了 DQN 在一个简单的 CartPole 环境中基于 PyTorch 和 TensorFlow 的实现。在此之后,研究了 Atari 游戏,它最初的灵感来自于 2013 年,能够在强化学习的背景下使用深度学习。还研究了预处理步骤,以及基于卷积层的网络从一个线性层到另一个线性层的变化。

接下来讨论了优先回放,按 TD 误差的大小成比例地给它们分配重要性分数,然后根据这个重要性分数来选择回放池的样本。

接着，在 DQN 的背景下重新讨论了双 Q-学习，即双 DQN。这是一种影响学习方式的方法，并且可以减少最大化偏差。

然后研究了竞争 DQN，其使用了两个具有初始共享的网络。接着是 NoisyNets，其中的 ε-贪婪探索被噪声层取代。

接下来，我们研究了网络生成 Z（q 值的分布）的两种分布式强化学习。它不产生期望动作值 $Q(s,a)$，而是输出整个分布，特别是分类分布。还研究了投影步骤的使用和交叉熵和分位数 huber 损失等。

最后一部分是事后经验回放，即在奖励较少的环境中学习。之前的学习方法都是从成功的结果中学习，但事后经验回放让我们也可以从失败的结果中学习。

本章的许多算法和方法都是最前沿的研究。若查看原始论文并逐行理解代码，将受益匪浅。我们还建议读者尝试编写各种组合，以进一步巩固这些概念。

本章总结了我们对基于价值的方法的探索，首先学习了 V 函数和 Q 函数，然后使用它们来找到最优策略。第 7 章将研究基于策略的方法，这种方法可以在不涉及学习 V/Q 函数的情况下找到最优策略。

策略梯度算法

到目前为止,我们一直专注于基于模型和无模型的方法。所有使用这些方法的算法都在给定当前策略下估计动作值。在第二步中,这些估计值被用来选择在给定状态下的最优动作,从而找到更好的策略。这两个步骤在一个循环中反复执行,直至观察不到数值的进一步改进。本章将研究一种直接在策略空间中操作来学习最优策略的不同方法。我们将在没有明确学习、使用状态或状态-动作的情况下改进策略。

我们还将看到,基于策略的方法和基于价值的方法不是两种不相交的方法。有一些方法将基于价值的方法和基于策略的方法结合起来,如演员-评论家方法。

本章的核心是建立基于策略优化的定义,并从数学上推导出基于策略优化的关键部分。基于策略的方法是目前解决强化学习中大型连续空间问题最流行的方法之一。

7.1　引言

首先从简单的基于模型的方法开启本章的旅程,在这种方法中,我们通过迭代贝尔曼方程来解决小型离散状态空间问题。接下来讨论使用蒙特卡洛方法和时序差分方法的无模型设置。然后,使用函数逼近将分析扩展到大的或连续的状态空间。特别地,我们将 DQN 及其许多变体视为策略学习的途径。

所有这些方法的核心思想是首先了解当前策略的价值,然后对策略进行迭代改进以获得更好的奖励。这是使用广义策略迭代(GPI)的通用框架完成的。如果仔细想一想,就会意识到我们真正的目标是学习一个好的策略,这里使用价值函数作为中间步骤来指导我们找到一个好的策略。

这种学习价值函数来改进策略的方法是间接的。与直接学习好的策略相比,学习价值并不总是容易的。请读者考虑以下情况:在慢跑的路上遇到一只熊。你首先想到的是什么呢?你的大脑是否试图评估当前的状态(面前的熊)和可能动作("不敢动""抚摸熊""逃命"或"攻击熊")的动作价值?或者是几乎肯定地"逃跑",即遵循 action= 'run' 的概率为 1.0 的策略?我相信答案是后者。让我们以玩 Atari Breakout 游戏作为另一个例子,我们在上一章的 DQN 示例中使用了这个游戏。考虑这样一种情况:球几乎接近你的横板的右边缘,并且将要离开横板（"状态"）。作为一名游戏玩家，你会做什么？你是否会尝试评估 $Q(s,a)$（两个动作的状态-动作值），然后决定横板向右还是向左移动？或者你只是看看现在的状态，然后试着向右移动横板以避免球落下？同样，我相信答案是第二个。在这两个例子中，后一个更简单的选择是学习直接行动，而不是先学习价值，然后使用状态值在可能的选择中找到最佳动作。

7.1.1　基于策略的方法的利弊

前面的示例表明，在许多情况下，与学习价值函数然后使用它们学习策略相比，学习策略（在给定状态下要采取的动作）更容易。那么，我们为什么要采用诸如 SARSA、Q-学习、DQN 等的价值方法呢？事实上，策略学习虽然相对更容易，但也并非毫无难度。它有自己的一系列挑战，特别是基于当前的知识和可用的算法，它的优缺点如下所示：

- 优点

具有更好的收敛性；

在高维连续动作空间中有效；

能够学习随机策略。

- 缺点

通常收敛到局部极大值而不是全局极大值；

策略评估效率低，方差大。

接下来我们将阐述上述要点。还记得 DQN 学习曲线吗？我们了解了策略的价值在训练期间是如何变化的。在 CartPole 问题中，我们了解到分数（如前一章所有训练进度图的左图所示）波动很大。它们没有向着更好的策略稳定地收敛。然而，使用基于策略的方法，特别是加上我们将在本章末尾讨论的一些额外的控制，确保了学习过程能够向着更好的策略取得相对平稳的进展。

我们的动作空间一直是一小部分可能的动作。即使在函数逼近和深度学习（如 DQN）相结合的情况下，动作空间也仅限于个位数。这些动作是一维的。想象这样一个场景：我们试着控制一个行走机器人的各种连接。我们需要对机器人的每个关节分别控制，然后这些单独的控制将使机器人在给定状态下做出完整的动作。此外，每个关节的单独动作不是离散的。最有可能的是，这些动作，如电机的速度或手臂或腿需要移动的角度，将处于一个连续范围内。基于策略的方法更适合处理这些动作。

到目前为止，在我们所看到的所有基于价值的方法中，我们总是学习最优策略——一种确定性策略，在这种策略中，我们确定地知道在给定状态下应该采取的最佳行动。实际上，我们必须引入探索的概念，使用 ε-贪婪策略尝试不同的动作，随着智能体学会采取更好的动作，探索的概率被降低。最终的输出总是一个确定的策略。然而，确定性策略并不总是最优的。在某些情况下，最优策略是采取具有一定概率分布的多个动作，特别是在多智能体环境中。如果读者有一些博弈论的基础，那么马上会从囚徒困境和相应的纳什均衡中意识到这一点。总之，我们来看一个简单的情况。

你玩过石头剪刀布游戏吗？这是一个双人游戏。在每一个回合中，每位玩家必须从剪刀、石头或布 3 种选项中选择一种。两位玩家同时这么做，并且同时展示他们的选择。规则规定剪刀能打败布，因为剪刀能剪布，石头能打败剪刀，因为石头能砸剪刀，而布能打败石头,因为布能盖住石头。

那最好的策略是什么呢？这里没有明确的答案。如果你总是选择石头,那么你的对手会利用这一点,总是选择布。你能想出任何其他决定性的策略(即始终从那3种选项中选择固定一种)吗？为了避免对手利用你的策略,就必须完全随机地做出选择。你必须以相同的概率随机选择剪刀、石头或布,即随机策略。确定性策略是随机策略的一种特殊形式,其中一个选择的概率为1.0,而所有其他选择的概率为零。随机策略更普遍,这是我们基于策略方法所学到的。

以下是确定性策略:

$$a = \pi_\theta(s)$$

换言之,这是在 s 状态下要采取的具体动作 a。

以下是随机策略:

$$a \sim \pi_\theta(a \mid s)$$

换言之,这是在给定状态 s 下的动作概率分布。

基于策略的方法也有一些缺点。基于策略的方法虽然具有良好的收敛性,但只能收敛到局部极大值。其次是基于策略的方法无法学习价值函数的任何直接表示,这使得评估给定策略的价值效率低下。评估策略通常需要通过策略运行一个智能体的多个片段,然后使用这些结果计算策略值,本质上使用蒙特卡洛方法,但这会带来估计策略值的高方差问题。我们可以通过结合基于价值的方法和基于策略的方法这两种方法的优点来解决这一问题。这就是著名的演员-评论家算法。

7.1.2　策略表征

在第5章中,我们使用函数逼近法介绍了无模型设置,式(5.1)表示了价值函数,如下所示:

$$\hat{v}(s; w) \approx v_\pi(s)$$

$$\hat{q}(s, a; w) \approx q_\pi(s, a)$$

我们有一个权重为 w 的模型(线性模型或神经网络)。用权重 w 参数化的函数表示状态值 v 和状态-动作值 q。现在,将直接按如下方式参数化策略:

$$\pi(a \mid s; \theta) \approx \pi_\theta(a \mid s)$$

1. 离散情况

对于不太大的离散动作空间,我们将参数化状态-动作对的另一个函数 $h(s, a; \theta)$。概率分布将使用 h 的 softmax 形成。

$$\pi(a \mid s; \theta) = \frac{e^{h(s, a; \theta)}}{\sum_b e^{h(s, b; \theta)}}$$

值 $h(s, a; \theta)$ 称为归一化概率值或动作偏好。这与我们在监督分类案例中采用的方法类似。在监督学习中,输入 X,即观察值,在强化学习中,将状态 S 输入模型中。在有监督的情况下,模型的输出是输入 X(属于不同类别)的归一化概率值。在强化学习中,模型的输出是采取特定动作 a 的动作偏好 h。

2. 连续情况

在连续动作空间中,策略的高斯表示是一种自然选择。假设动作空间 d 是连续、多维的。我们的模型将状态 S 作为输入，并生成多维平均向量 $\in \mathbf{R}^d$。方差 $\sigma^2 I_d$ 也可以被参数化或保持不变。智能体的策略将遵循具有均值 μ 和方差 $\sigma^2 I_d$ 的高斯策略。

$$\pi(a \mid s ; \theta) \sim N(\mu, \sigma^2 I_d)$$

7.2 策略梯度推导

基于策略的算法的推导方法与我们在监督学习中所做的类似。以下是所提算法遵循的步骤概要：

（1）就像监督学习一样，我们形成了一个想要最大化的目标，这将是通过遵守策略获得的总奖励。

（2）我们将推导梯度更新规则来执行梯度上升，做的是梯度上升而不是梯度下降，因为目标是最大化总平均奖励。

（3）我们需要将梯度更新公式改写为期望值，以便梯度更新可以使用样本进行逼近。

（4）我们将正式将更新规则转换为一种算法，该算法可用于 PyTorch 和 TensorFlow 等自动微分库。

7.2.1 目标函数

从我们想要最大化的目标开始。如前一代码块中第一项所强调的那样，它将是策略的值，即智能体通过遵循策略可以获得的奖励。期望的奖励表现形式有很多变化。我们将了解其中一些，并简要讨论什么情况下该使用哪种表现形式。然而，算法的详细推导将使用其中一个变式完成，因为其他奖励公式的推导都与之非常相似。奖励方程及其变式如下所示：

间歇非折扣：$J(\theta) = \sum\limits_{t=0}^{T-1} r_r$

间歇折扣：$J(\theta) = \sum\limits_{t=0}^{T-1} \gamma^t r_t$

无限步折扣：$J(\theta) = \sum\limits_{t=0}^{\infty} \gamma^t r_t$

平均奖励：$J(\theta) = \lim\limits_{T \to \infty} \frac{1}{T} \sum r_t$

大部分推导都遵循间歇非折扣的奖励结构，只是为了使计算更简单，并专注于推导的关键部分。

接下来介绍折扣因子 γ。在无穷公式中使用折扣来保持总和有界。通常，我们使用 0.99 的折扣值或类似的值来使理论的总和保持有界。在某些公式中，折扣因子也起着利息的作用，即今天的奖励比明天的奖励更值钱。使用折扣因子带来了今天有利于奖励的概念。折扣因子还通过提供时间范围的软截止来减少估计中的方差。

假设在每个步长中获得 1 的奖励，并使用折扣因子 γ，该无穷级数之和为 $\frac{1}{1-\gamma}$。假设 $\gamma = 0.99$，无穷级数之和等于 100。因此，可以将折扣 0.99 视为将范围限制在 100 个步骤内，在这 100 个步骤中，每一个步骤都可以获得 1 的奖励，从而总共获得 100 的奖励。

总之，γ 的折扣意味着 $\dfrac{1}{1-\gamma}$ 步的时间范围。

与轨道后期决策的影响相比，使用 γ 还可以确保轨道初期策略行动变化对策略总体质量的影响更大。

回到推导过程，现在让我们计算用于改进策略的梯度更新。智能体遵循策略的 θ 参数化。

策略的 θ 参数化。

$$\pi_\theta(a \mid s) \tag{7.1}$$

智能体遵循以上策略并生成轨迹 τ，如下所示：

$$s_1 \rightarrow a_1 \rightarrow s_2 \rightarrow a_2 \rightarrow \cdots \rightarrow s_{T-1} \rightarrow a_{T-1} \rightarrow s_T \rightarrow a_T$$

这里，s_T 不一定是终端状态，而是某个时间范围 T，我们考虑的是它的轨迹。

轨道 τ 的概率取决于转移概率 $p(s_{t+1} \mid s_t, a_t)$ 和策略 $\pi_\theta(a_t \mid s_t)$。它由以下表达式给出：

$$p_\theta(\tau) = p_\theta(s_1, a_1, s_2, a_2, \cdots, s_T, a_T) = p(s_1) \prod_{t=1}^{T} \pi_\theta(a_t \mid s_t) p(s_{t+1} \mid s_t, a_t) \tag{7.2}$$

遵循策略 π 的期望回报如下所示：

$$J(\theta) = \mathop{E}_{\tau \sim p_\theta(\tau)} \left[\sum_t r(s_t, a_t) \right] \tag{7.3}$$

我们想要找到最大化期望奖励/回报 $J(\theta)$ 的 θ。换句话说，最优 $\theta = \theta^*$ 由以下表达式给出：

$$\theta^* = \mathop{\arg\max}_\theta \mathop{E}_{\tau \sim p_\theta(\tau)} \left[\sum_t r(s_t, a_t) \right] \tag{7.4}$$

在继续之前，让我们看看如何评估目标 $J(\theta)$。将式(7.3)中的期望值转换为样本的平均值；例如，通过策略多次运行智能体，收集 N 条轨迹。计算每个轨迹中的总奖励，并取 N 条轨迹中总奖励的平均值，这是对期望值的蒙特卡洛估计。这就是我们所说的评估策略，得到的评估目标表达式如下：

$$J(\theta) \approx \frac{1}{N} \sum_{i=1}^{N} \sum_{t=1}^{T} r(s_t^i, a_t^i) \tag{7.5}$$

7.2.2 导数更新规则

现在，让我们试着找到最佳 θ。为了使符号更容易理解，用 $r(\tau)$ 替换 $\sum_t r(s_t, a_t)$。重写式(7.3)，得到以下结果：

$$J(\theta) = \mathop{E}_{\tau \sim p_\theta(\tau)} [r(\tau)] = \int p_\theta(\tau) r(\tau) \mathrm{d}\tau \tag{7.6}$$

取前面关于 θ 表达式的梯度/导数：

$$\nabla_\theta J(\theta) = \nabla_\theta \int p_\theta(\tau) r(\tau) \mathrm{d}\tau \tag{7.7}$$

利用线性关系，可以把梯度移到积分内：

$$\nabla_\theta J(\theta) = \int \nabla_\theta p_\theta(\tau) r(\tau) \mathrm{d}\tau \tag{7.8}$$

通过对数导数技巧,我们知道$\nabla_x f(x) = f(x)\nabla_x \log f(x)$。使用此函数,可以将表达式(7.8)改写为

$$\nabla_\theta J(\theta) = \int p_\theta(\tau) \left[\nabla_\theta \log p_\theta(\tau) r(\tau) \right] \mathrm{d}\tau \qquad (7.9)$$

现在,可以将积分写回期望值,从而得到以下表达式:

$$\nabla_\theta J(\theta) = \mathop{E}_{\tau \sim p_\theta(\tau)} \left[\nabla_\theta \log p_\theta(\tau) r(\tau) \right] \qquad (7.10)$$

通过式(7.2)写出$p_\theta(\tau)$的完整表达式,来展开项$\nabla_\theta \log p_\theta(\tau)$。

$$\nabla_\theta \log p_\theta(\tau) = \nabla_\theta \log \left[p(s_1) \prod_{t=1}^{T} \pi_\theta(a_t \mid s_t) p(s_{t+1} \mid s_t, a_t) \right] \qquad (7.11)$$

我们知道,项乘积的对数可以写成它对数的和。换言之,

$$\log \prod_i f_i(x) = \sum_i \log f_i(x) \qquad (7.12)$$

将式(7.12)代入式(7.11),得到以下结果:

$$\nabla_\theta \log p_\theta(\tau) = \nabla_\theta \left\{ \log p(s_1) + \sum_{t=1}^{T} \left[\log \pi_\theta(a_t \mid s_t) + \log p(s_{t+1} \mid s_t, a_t) \right] \right\} \quad (7.13)$$

式(7.13)中唯一依赖于θ的项是$\pi_\theta(a_t \mid s_t)$。另外两项$\log p(s_1)$和$\log p(s_{t+1} \mid s_t, a_t)$都与$\theta$无关。因此,可以将式(7.13)简化如下:

$$\nabla_\theta \log p_\theta(\tau) = \sum_{t=1}^{T} \nabla_\theta \log \pi_\theta(a_t \mid s_t) \qquad (7.14)$$

将式(7.14)代入式(7.10)中的$\nabla_\theta J(\theta)$,并将$r(\tau)$展开为$\sum_t r(s_t, a_t)$,将得到以下结果:

$$\nabla_\theta J(\theta) = E_{\tau \sim p_\theta(\tau)} \left[\left(\sum_{t=1}^{T} \nabla_\theta \log \pi_\theta(a_t \mid s_t) \right) \left(\sum_{t=1}^{T} r(s_t, a_t) \right) \right] \qquad (7.15)$$

现在可以用多条轨迹上的估计/平均值来替换外部期望,以获得策略目标梯度的表达式:

$$\nabla_\theta J(\theta) \approx \frac{1}{N} \sum_{i=1}^{N} \left[\left(\sum_{t=1}^{T} \nabla_\theta \log \pi_\theta(a_t^i \mid s_t^i) \right) \left(\sum_{t=1}^{T} r(s_t^i, a_t^i) \right) \right] \qquad (7.16)$$

其中,上标索引i表示第i条轨迹。

为了改进策略,我们朝着$\nabla_\theta J(\theta)$的方向前进+ve步。

$$\theta = \theta + \alpha \nabla_\theta J(\theta) \qquad (7.17)$$

综上所述,我们设计了一个以状态s为输入并产生策略分布$\pi_\theta(a \mid s)$为模型输出的模型。使用由当前模型参数θ确定的策略来生成轨迹,计算每个轨迹的总回报。使用式(7.16)来计算$\nabla_\theta J(\theta)$,然后通过改变表达式(7.17)来更改模型参数θ。

7.2.3 更新规则的运算原理

让我们来了解式(7.16)背后的运算原理,并试着解释这个等式。我们对N条轨迹(最外层的总和)进行平均。得到的轨迹平均值是多少?对于每个轨迹,查看在该轨迹中获得的总奖励,并将其乘以沿该轨迹所有动作的对数概率之和。

现在假设轨迹的总奖励$r(\tau^i)$为+ve。在第一个内和里的每个梯度,即$\nabla_\theta \log \pi_\theta(a_t^i \mid s_t^i)$,

该动作的对数概率的梯度乘以总奖励 $r(\tau^i)$。它导致单个梯度对数项被轨迹的总奖励被放大，在式(7.17)中，它的作用是在＋ve方向上使模型参数 θ 移动 $\nabla_\theta \log \pi_\theta(a_t^i \mid s_t^i)$ 步，即当系统处于状态 s_t^i 时，增加采取动作 a_t^i 的概率。然而，若 $r(\tau^i)$ 是一个－ve量，则式(7.16)和式(7.17)会导致 θ 沿－ve方向移动，从而导致当系统处于状态 s_t^i 时，采取动作 a_t^i 的概率降低。

可以这样概括整个解释：策略优化是一个试错的过程。我们展示了多条轨迹。对于那些理想的轨迹，沿轨迹的所有动作的概率都会增加。如图 7-1 所示，对于那些不理想的轨迹，沿着这些不理想轨迹的所有动作的概率都会降低。

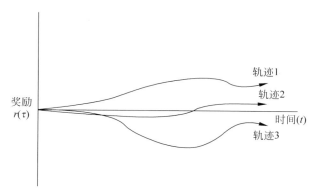

图 7-1　轨迹展示(轨迹 1 很理想，我们希望模型能产生更多这样的轨迹。轨迹 2 既不好也不坏，模型不用太关注它。轨迹 3 不理想，我们希望模型能够降低这种轨迹的概率)

通过比较式(7.17)中的表达式和最大似然的表达式来了解相同的内容。如果只想对以上的轨迹的概率进行建模，那么将得到最大似然估计——我们想建立一个产生观察到的数据(轨迹)的概率最高的模型。这是最大似然模型的建立。在这种情况下，将得到如下表达式：

$$\nabla_\theta J_{\mathrm{ML}}(\theta) \approx \frac{1}{N} \sum_{i=1}^{N} \left[\sum_{t=1}^{T} \nabla_\theta \log \pi_\theta(a_t^i \mid s_t^i) \right] \tag{7.18}$$

在方程(7.18)中，我们只是增加动作的概率，以增加轨迹的总体概率。方程(7.16)中的策略梯度中也做了同样的事情，只是我们将奖励与对数概率梯度进行加权，以便增加理想的轨迹，减少不理想的轨迹，而不是增加所有轨迹的概率。

在结束本节之前，还需要了解一下马尔可夫性质和部分可观测性。在推导过程中没有真正使用马尔可夫假设。最后，式(7.16)只是增加好的轨迹的概率，减少坏的轨迹的概率。到目前为止，我们还没有使用贝尔曼方程。策略梯度也适用于非马尔可夫设置。

7.3　强化算法

现在将式(7.16)转换为策略优化算法。图 7-2 中给出了基本算法，称为强化算法。

让我们看一些实现的细节。假设使用一个神经网络作为模型，该模型以状态值作为输入，并生成在该状态下采取所有可能行动的对数概率。图 7-3 显示了此类模型的示意图。

输入：

　　一个带有参数 θ 的模型将状态 S 作为输入并且生成 $\pi_\theta(a \mid s)$

　　其他参数：步长 α

初始化：

　　初始化权重 θ

循环：

　　样本$\langle\tau'\rangle$，来自当前策略 $\pi_\theta(a_t \mid s_t)$ 的一套轨迹 N

　　更新模型参数 θ：

$$\nabla_\theta J(\theta) \approx \frac{1}{N} \sum_{i=1}^{N} \Big[\Big(\sum_{t=1}^{T} \nabla_\theta \log \pi_\theta(a_t^i \mid s_t^i) \Big) \Big(\sum_{t=1}^{T} r(s_t^i, a_t^i) \Big) \Big]$$

$$\theta = \theta + \alpha \nabla_\theta J(\theta)$$

图 7-2　强化算法

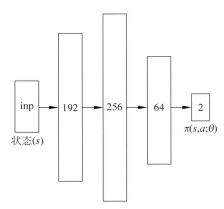

图 7-3　预测策略的神经网络模型

　　这里使用自动微分库，如 PyTorch 或 TensorFlow。我们没有明确计算微分。式(7.16)给出了 $\nabla_\theta J(\theta)$ 的表达式。对于 PyTorch 或 TensorFlow，我们需要一个表达式 $J(\theta)$。神经网络模型将状态 S 作为输入并输出 $\pi_\theta(a_t \mid s_t)$。我们需要使用这个输出并进行进一步的计算，以得到 $J(\theta)$ 的表达式。PyTorch 或 TensorFlow 等自动微分包将通过 $J(\theta)$ 来自动计算梯度$\nabla_\theta J(\theta)$。$J(\theta)$ 的正确表达式如下：

$$\widetilde{J}(\theta) = \frac{1}{N} \sum_{i=1}^{N} \Big[\Big(\sum_{t=1}^{T} \log \pi_\theta(a_t^i \mid s_t^i) \Big) \Big(\sum_{t=1}^{T} r(s_t^i, a_t^i) \Big) \Big] \tag{7.19}$$

　　读者可以检查并确认此表达式的梯度将为我们提供正确的 $\nabla_\theta J(\theta)$，如式(7.16)所示。

　　式(7.19)中的表达式称为伪目标。这是我们需要在 PyTorch 和 TensorFlow 等自动微分库中实现的表达式。我们计算对数概率 $\log \pi_\theta(a_t^i \mid s_t^i)$，将概率与轨迹 $\sum_{t=1}^{T} r(s_t^i, a_t^i)$ 的总奖励进行加权，然后计算加权量的负对数概率（Negative Log Likelihood，NLL，或交叉熵损失），并给出式(7.20)中的表达式。它类似于我们在监督学习环境中训练多类分类模型的方法，唯一的区别是它通过轨迹奖励对对数概率的加权。这是我们在动作离散时采取的方法。在 PyTorch 和 TensorFlow 中实现的损失如下：

$$L_{\text{cross-entropy}}(\theta) = -1 \cdot \frac{1}{N} \sum_{i=1}^{N} \left[\left(\sum_{t=1}^{T} \log \pi_\theta(a_t^i \mid s_t^i) \right) \left(\sum_{t=1}^{T} r(s_t^i, a_t^i) \right) \right] \qquad (7.20)$$

注意,PyTorch 和 TensorFlow 通过向损失的负方向迈出一步,将损失降至最低。还要注意的是,式(7.20)的−ve 梯度是式(7.19)的＋ve 梯度,因为式(7.20)中存在−1 因子。

接下来看看动作连续的情况。如前所述,由 θ 参数化的模型将状态 S 作为输入,并产生多元正态分布的平均 μ。现在考虑正态分布的方差已知且固定为某个小值的情况,例如 $\sigma^2 I_d$。

$$\pi(a \mid s; \theta) \sim N(\mu, \sigma^2 I_d)$$

假设对于状态 s_t^i,模型生成的平均值为 $\mu_\theta(s_t^i)$。$\log \pi_\theta(a_t^i \mid s_t^i)$ 的值由以下公式给出:

$$\begin{aligned}
\log \pi_\theta(a_t^i \mid s_t^i) &= \log \frac{1}{\sqrt{2\pi}\sigma} e^{-\frac{1}{2\sigma^2}(a_t^i - \mu_\theta)^2} \\
&= -\frac{1}{2}\log 2\pi - \log \sigma - \frac{1}{2\sigma^2}(a_t^i - \mu_\theta)^2
\end{aligned} \qquad (7.21)$$

式(7.21)中唯一依赖于模型参数 θ 的值是 $\mu_\theta(s_t^i)$。取式(7.21)关于 θ 的梯度,获得以下方程:

$$\nabla_\theta \log \pi_\theta(a_t^i \mid s_t^i) = \text{const } x (a_t^i - \mu_\theta) \nabla_\theta \mu_\theta(s_t^i)$$

为了在 PyTorch 或 TensorFlow 中实现这一点,我们将形成一个修改后的均方误差,就像对前面的离散动作所采用的方法一样。我们将均方误差与返回的轨迹进行加权。在 PyTorch 或 TensorFlow 中实现的损失方程如下所示:

$$L_{\text{MSE}}(\theta) = \frac{1}{N} \sum_{i=1}^{N} \left[\left(\sum_{t=1}^{T} (a_t^i - \mu_\theta)^2 \right) \left(\sum_{t=1}^{T} r(s_t^i, a_t^i) \right) \right] \qquad (7.22)$$

再次注意,使用梯度 $L_{\text{MSE}}(\theta)$,然后在梯度的−ve 方向上前进一步,将得到以下方程:

$$-\nabla_\theta L_{\text{MSE}}(\theta) = \frac{1}{N} \sum_{i=1}^{N} \left[\left(\sum_{t=1}^{T} (a_t^i - \mu_\theta) \nabla_\theta \mu_\theta(s_t^i) \right) \left(\sum_{t=1}^{T} r(s_t^i, a_t^i) \right) \right] \qquad (7.23)$$

朝着 $-\nabla_\theta L_{\text{MSE}}(\theta)$ 的方向迈出的一步等价于朝着 $\nabla \widetilde{J}(\theta)$ 方向迈出一步,如式(7.19)所示。这一步是在试图增加 $\widetilde{J}(\theta)$ 的价值,也就是在最大化策略回报。

总而言之,PyTorch 或 TensorFlow 中的实现要求我们在离散动作空间中形成交叉熵损失,或在连续行动空间中形成均方损失,每个损失项由 (s_t^i, a_t^i) 对满足的轨迹的总回报加权。这与我们在监督学习中采用的方法类似,只是通过轨迹回报 $r(\tau^i) = \sum_{t=1}^{T} r(s_t^i, a_t^i)$ 进行额外的加权。

还请注意,加权交叉熵损失或加权均方损失并没有任何含义。这只是一个方便的表达式,允许我们使用 PyTorch 和 TensorFlow 的自动微分功能来反向传播计算梯度,然后采取措施改进策略。与此相比,在监督学习中,损失确实意味着预测的质量。但在策略梯度情况下,不存在这样的推论或含义。这就是我们称之为伪损失/目标的原因。

7.3.1 带奖励因子的方差减少

我们在式(7.16)中导出的表达式,如果以其当前形式使用,则有一个问题:它具有很高的方差。现在利用问题的时间性质来减少方差。

当用策略（即，根据策略采取行动）以产生轨迹时，我们计算轨迹 $r(\tau^i)$ 的总奖励。接下来，轨迹中动作的每个动作概率项都由该轨迹奖励加权。

然而，在一个步长中采取的行动，比如说 t'，只能影响我们在该行动后看到的奖励。在步长 t' 之前看到的奖励不受在步长 t' 采取的行动或任何后续行动的影响。因为世界是因果的。未来的行动不会影响过去的奖励。我们将使用此属性删除式（7.16）中的某些项并减少方差。下面给出推导修正公式的步骤。注意，这不是一个严格的数学证明。

从式（7.15）开始，

$$\nabla_\theta J(\theta) = \underset{\tau \sim p_\theta(\tau)}{E} \Big[\sum_{t=1}^{T} \nabla_\theta \log \pi_\theta(a_t \mid s_t) \Big]$$

将奖励项的求和指数从 t 改为 t'，并将该求和项移动到 π_θ 的第一个求和内。得到以下表达式：

$$\nabla_\theta J(\theta) = \underset{\tau \sim p_\theta(\tau)}{E} \Big[\sum_{t=1}^{T} \nabla_\theta \log \pi_\theta(a_t \mid s_t) \sum_{t'=1}^{T} r(s_{t'}, a_{t'}) \Big]$$

在指数 t 上和的求和项中，去掉时间 t 之前的奖励项。在时间 t，采取的行动只能影响时间 t 及以后的奖励。这导致第二个内部和从 $t'=t$ 更改为 T，而不是从 $t'=1$ 更改为 T。换句话说，开始的指数现在是 $t'=t$，而不是 $t=1$。修订后的表述如下：

$$\nabla_\theta J(\theta) = \underset{\tau \sim p_\theta(\tau)}{E} \Big[\sum_{t=1}^{T} \nabla_\theta \log \pi_\theta(a_t \mid s_t) \sum_{t'=t}^{T} r(s_{t'}, a_{t'}) \Big]$$

内部总和 $\sum_{t'=t}^{T} r(s_{t'}, a_{t'})$ 不再是轨迹的总奖励。相反，这是从 time$=t$ 到 T 得到的剩余轨迹的奖励，这只是 q 值。q 值是从时间 t 开始直到结束所获得的期望奖励（在时间 t 和状态 s_t 采取步骤/动作 a_t 后），也可以称之为奖励因子。由于表达式 $\sum_{t'=t}^{T} r(s_{t'}, a_{t'})$ 仅适用于一条轨迹，因此我们认为它是对期望奖励因子的估计。更新后的梯度方程如下所示：

$$\hat{Q}_t^i = \sum_{t'=t}^{T} r(s_{t'}^i, a_{t'}^i)$$

$$\nabla_\theta J(\theta) = \frac{1}{N} \sum_{i=1}^{N} \sum_{t=1}^{T} \nabla_\theta \log \pi_\theta(a_t^i \mid s_t^i) \hat{Q}_t^i \tag{7.24}$$

要在 PyTorch 或 TensorFlow 中使用这个方程，只需要做一个小的修改。现在，将用该步长的剩余奖励对其进行加权，而不是用总轨迹的奖励对每个对数概率项进行加权；换言之，用奖励因子来对其进行加权。图 7-4 显示了一种改进的强化算法，该算法使用了奖励因子。

到目前为止，我们已经在这一章中做了大量的理论工作，并且列出了很多数学公式。我们还需要补充最后一个要点：图 7-4 中的强化算法。现在将这个等式应用到实际问题中。我们将使用连续状态空间和离散动作来将图 7-4 的强化算法应用到一般的 CartPole 问题。

在此之前，先介绍最后一个数学术语。策略梯度算法中对状态-动作空间的探索来自这样一个事实：我们学习一个随机策略，该策略为给定状态的所有动作分配一个概率，而不是使用 DQN 选择最佳可能的动作。为了确保探索得以维持，并确保 $\pi_\theta(a \mid s)$ 不会被分解为高

输入：

一个带有参数 θ 的模型将状态 S 作为输入并且生成 $\pi_\theta(a|s)$

其他参数：步长 α

初始化：

初始化权重 θ

循环：

样本 $\{\tau'\}$，来自当前策略 $\pi_\theta(a_t|s_t)$ 的一条轨迹 N

计算奖励因子 $\hat{Q}_t^i = \sum_{t'=t}^{T} r(s_{t'}^i, a_{t'}^i)$

更新模型参数 θ：

$$\nabla_\theta J(\theta) \approx \frac{1}{N}\sum_{i=1}^{N}\sum_{t=1}^{T} \nabla_\theta \log\pi_\theta(a_t^i \mid s_t^i) \cdot \hat{Q}_t^i$$

$$\theta = \theta + \alpha \nabla_\theta J(\theta)$$

图 7-4　使用奖励因子的强化算法

概率的单一动作，我们引入了一个称为熵的正则化项。分布的熵定义如下：

$$H(X) = \sum_x - p(x)\log p(x)$$

为了保持足够的探索，我们希望概率有一个分散的分布，并且不要让概率分布在单值或一个小区域附近，以至于太快达到峰值。分布的扩散越大，分布的熵 $H(x)$ 就越高。因此，输入 PyTorch/TensorFlow 最小化器的项如下：

$$\begin{aligned}\text{Loss}(\theta) &= -J(\theta) - H(\pi_\theta(a_t^i \mid s_t^i)) \\ &= -\frac{1}{N}\sum_{i=1}^{N}\left[\sum_{t=1}^{T}(\log\pi_\theta(a_t^i \mid s_t^i)\sum_{t'=t}^{T}\gamma^{t'-t}r(s_{t'}^i, a_{t'}^i)) - \right. \\ &\quad \left.\beta\sum_{a_i}\pi_\theta(a_t^i \mid s_t^i)\cdot\log\pi_\theta(a_t^i \mid s_t^i)\right]\end{aligned}$$

在代码示例中，我们只采用一条轨迹，即 $N=1$。然而，我们将对动作的次数进行平均，以获得平均损失。实际实现的函数如下：

$$\begin{aligned}\text{Loss}(\theta) &= -J(\theta) - H(\pi_\theta(a_t \mid s_t)) \\ &= -\frac{1}{T}\sum_{t=1}^{T}\left(\log\pi_\theta(a_t \mid s_t)G(s_t) - \beta\sum_{a_i}\pi_\theta(a_t \mid s_t)\cdot\log\pi_\theta(a_t \mid s_t)\right)\end{aligned}$$

其中，

$$G(s_t) = \sum_{t'=t}^{T}\gamma^{t-t'}r(s_{t'}^i, a_{t'}^i)$$

请注意，我们在前面的表达式中重新引入了折扣因子 γ。

现在看看如何实现此代码。读者可以在 listing7_1_reinforce_pytorch. ipynb 中找到 PyTorch 版本完整的代码。也可以在 listing7_1_reinforce_tensorflow. ipynb 中找到 TensorFlow 版本的代码。但是，在这里只讨论 PyTorch 版本。TensorFlow 版本的步骤几乎和 PyTorch 版本相同，除了在定义网络或计算损耗和梯度步骤的方式上有细微的差异。在代码中，我们在 Eager Execution 下使用了 TensorFlow 2.0。

我们在前面解释了 CartPole 的环境。它有一个四维连续状态空间和一个由两个动作组成的离散动作空间："向左移动"和"向右移动"。让我们首先定义一个简单的策略网络，其中一个隐藏层包含 192 个单元和 ReLU 激活。最终的输出没有激活。代码如下所示。

代码块 7-1　PyTorch 中的策略网络

```
model = nn.Sequential(
            nn.Linear(state_dim,192),
            nn.ReLU(),
            nn.Linear(192,n_actions),
)
```

接下来定义一个 generate_trajectory 函数，该函数使用当前策略为一个回合生成轨迹（states，actions，rewards）。它使用一个辅助函数 predict_probs 来实现这一点。代码块 7-2 给出了它的代码。它从初始化环境开始，然后按照当前策略依次执行步骤，返回它未展开的轨迹（states，actions，rewards）。

代码块 7-2　PyTorch 中的 generate_trajectory

```
def generate_trajectory(env, n_steps = 1000):
    """
    Play a session and genrate a trajectory
    returns: arrays of states, actions, rewards
    """
    states, actions, rewards = [], [], []

    # initialize the environment
    s = env.reset()

    # generate n_steps of trajectory:
    for t in range(n_steps):
        action_probs = predict_probs(np.array([s]))[0]
        # sample action based on action_probs
        a = np.random.choice(n_actions, p = action_probs)
        next_state, r, done, _ = env.step(a)

        # update arrays
        states.append(s)
        actions.append(a)
        rewards.append(r)

    s = next_state
    if done:
        break

return states, actions, rewards
```

我们还有另一个帮助函数，来将每个步骤返回的 $r(s_{t'}^i, a_{t'}^i)$ 转换为奖励因子表达式 $G(s_t) = \sum_{t'=t}^{T} \gamma^{t-t'} r(s_{t'}^i, a_{t'}^i)$。代码块 7-3 包含此函数的实现。

代码块 7-3　PyTorch 中的 get_rewards_to_go 函数

```
def get_rewards_to_go(rewards, gamma = 0.99):
    T = len(rewards) # total number of individual rewards
```

```
# empty array to return the rewards to go
rewards_to_go = [0] * T
rewards_to_go[T - 1] = rewards[T - 1]

for i in range(T - 2, - 1, - 1): # go from T - 2 to 0
    rewards_to_go[i] = gamma * rewards_to_go[i + 1] + rewards[i]

return rewards_to_go
```

现在已经准备好进行训练了。我们构建了损失函数,准备将其输入到 PyTorch 优化器中。如前所述,我们将实现以下表达式:

$$\text{Loss}(\theta) = -\frac{1}{T}\sum_{t=1}^{T}\left[\log\pi_\theta(a_t \mid s_t)G(s_t) - \beta\sum_{a_i}\pi_\theta(a_t \mid s_t)\log\pi_\theta(a_t \mid s_t)\right]$$

代码块 7-4 包含损失计算的代码。

代码块 7-4 在 PyTorch 中训练一条轨迹

```
# init Optimizer
optimizer = torch.optim.Adam(model.parameters(), lr = 1e - 3)

def train_one_episode(states, actions, rewards, gamma = 0.99, entropy_coef = 1e - 2):

# get rewards to go
rewards_to_go = get_rewards_to_go(rewards, gamma)

# convert numpy array to torch tensors
states = torch.tensor(states, device = device, dtype = torch.float)
actions = torch.tensor(actions, device = device, dtype = torch.long)
rewards_to_go = torch.tensor(rewards_to_go, device = device, dtype = torch.float)

# get action probabilities from states
logits = model(states)
probs = nn.functional.softmax(logits, - 1)
log_probs = nn.functional.log_softmax(logits, - 1)

log_probs_for_actions = log_probs[range(len(actions)), actions]

# Compute loss to be minimized
J = torch.mean(log_probs_for_actions * rewards_to_go)
H = - (probs * log_probs).sum( - 1).mean()

loss = - (J + entropy_coef * H)

optimizer.zero_grad()
loss.backward()
optimizer.step()

return np.sum(rewards) # to show progress on training
```

现在已经准备好进行训练了。代码块 7-5 显示了如何对智能体进行 10 000 步的训练,并且打印 100 步轨迹训练后的平均情节奖励。一旦获得了 300 的平均奖励,就会停止训练。

代码块 7-5 在 PyTorch 中训练智能体

```
total_rewards = []
for i in range(10000):
    states, actions, rewards = generate_trajectory(env)
    reward = train_one_episode(states, actions, rewards)
```

```
        total_rewards.append(reward)

        if i! = 0 and i % 100 == 0:
            mean_reward = np.mean(total_rewards[ -100: -1])
            print("mean reward: % .3f" % (mean_reward))
            if mean_reward > 300:
                break
env.close()
```

在训练结束时，智能体已经学会了如何很好地平衡杆。还需注意，与基于 DQN 的方法相比，该程序花费的迭代次数和时间要少得多。

请注意，强化是一种在线策略的算法。

7.3.2 进一步减少基线差异

从式(7.15)中的原始策略梯度更新表达式开始，使用式(7.16)中的平均值将期望值转换为估计值。接下来展示了如何通过使用奖励因子而不是全轨迹奖励来减少方差。式(7.24)给出了该奖励的表达式。

本节将看到另一个使策略梯度更加稳定的改进。首先考虑一下动机。假设已经按照策略完成了 3 次轨迹的展开。并且假设奖励分别是 300、200 和 100。为了简化解释，请考虑式(7.10)中给出的梯度更新方程的总奖励和总轨迹概率版本的情况，并写出如下方程：

$$\nabla_\theta J(\theta) = \mathop{E}_{\tau \sim p_\theta(\tau)} \left[\nabla_\theta \log p_\theta(\tau) r(\tau) \right]$$

那么，梯度更新会做什么呢？它将第一条轨道的对数概率梯度用 300 来加权，第二条轨道的对数概率梯度用 200 来加权，第三条轨道的对数概率梯度用 100 来加权。这意味着 3 条轨迹中每一条的概率都在以不同的数量增加。其图形表示如图 7-5 所示。

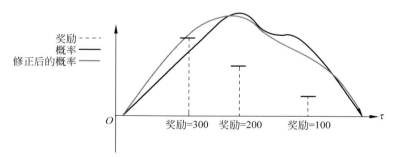

图 7-5 具有实际轨迹奖励的策略梯度更新

从图 7-5 中可以看出，我们使用不同的权重因子，给所有轨迹都加上权重＋ve，从而增加了 3 条这轨迹的概率，使得所有轨迹的概率都增加了。理想情况下，我们希望增加有 300 奖励的轨迹概率，减少有 100 奖励的轨迹概率，显然这不是一条理想的轨迹。我们希望策略能够改变，使其不会太频繁地产生有 100 奖励的轨迹。然而，使用当前方法，修正后的概率曲线变得更平坦，因为它试图增加 3 条轨迹的概率，并且概率曲线下的总面积必须为 1。

考虑一个场景：从 3 个奖励中减去 3 个轨迹的平均奖励，$\dfrac{300+200+100}{3}=200$。得到修正后的轨迹奖励为100、0和−100（300−200；200−200；100−200）。使用修改后的轨迹奖励作为权重来执行梯度更新。图7-6显示了这样更新的结果。可以看到，随着 x 轴方向的扩散越来越小，概率曲线变得越来越窄，越来越尖。

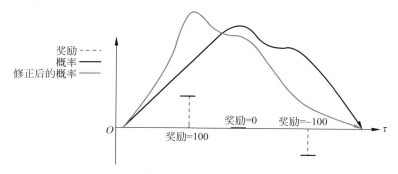

奖励 -----
概率 ———
修正后的概率 ———

奖励=100　　奖励=0　　奖励=−100

τ

图7-6　具有基线减少轨迹奖励的策略梯度更新

使用基线减少奖励可以减少更新的方差。在极限情况下，使用基线与否，结果都是一样的。基线的引入不会改变最优解决方案。它只是减少了方差，从而加快了学习速度。我们将从数学上证明引入基线不会改变梯度更新的期望值。基线可以是跨越所有轨迹和轨迹中所有步骤的固定基线，也可以是随状态变化的量。然而，它不能取决于动作。我们先来推导证明一下基线是状态 s_t^i 的函数。

更新式（7.15）来引入基线，

$$\nabla_\theta J(\theta) = \mathop{E}_{\tau \sim p_\theta(\tau)}\left[\left(\sum_{t=1}^T \nabla_\theta \log \pi_\theta(a_t \mid s_t)\right)(r(\tau) - b(s_t))\right]$$

分离出 $b(s_t)$ 的项，并评估期望值，

$$\mathop{E}_{\tau \sim p_\theta(\tau)}\left[\left(\sum_{t=1}^T \nabla_\theta \log \pi_\theta(a_t \mid s_t)\right)b(s_t)\right]$$

由于期望的线性性质，我们将第一个内和移出，以获得表达式，

$$\sum_{t=1}^T \mathop{E}_{a_t \sim \pi_\theta(a_t \mid s_t)}\left[\nabla_\theta \log \pi_\theta(a_t \mid s_t)b(s_t)\right]$$

将期望值从 $\tau \sim p_\theta(\tau)$ 改为 $a_t \sim \pi_\theta(a_t \mid s_t)$。这是因为我们将第一个内和移到了期望值之外，之后，唯一依赖于概率分布的项是动作 a_t 和概率 $\pi_\theta(a_t \mid s_t)$。

我们只关注内部的期望：$\mathop{E}_{\tau \sim p_\theta(\tau)}\left[\nabla_\theta \log \pi_\theta(a_t \mid s_t)b(s_t)\right]$。可以将其写成积分形式，如下所示：

$$\mathop{E}_{a_t \sim \pi_\theta}(a_t \mid s_t)\left[\nabla_\theta \log \pi_\theta(a_t \mid s_t)b(s_t)\right]$$

$$=\int \pi_\theta(a_t \mid s_t)(\nabla_\theta \log \pi_\theta(a_t \mid s_t))b(s_t)\mathrm{d}a_t$$

$$=\int \pi_\theta(a_t \mid s_t)\frac{\nabla_\theta \pi_\theta(a_t \mid s_t)}{\pi_\theta(a_t \mid s_t)}b(s_t)\mathrm{d}a_t$$

$$=\int \nabla_\theta \pi_\theta(a_t \mid s_t)b(s_t)\mathrm{d}a_t$$

$$=b(s_t)\nabla_\theta \int \pi_\theta(a_t \mid s_t)\mathrm{d}a_t$$

由于 $b(s_t)$ 与 a_t 不相关，所以可以把它提取出来。同样地，由于积分的线性性质，可以交换梯度和积分的位置。现在积分被计算为1，因为这是使用 $\pi_\theta(a_t|s_t)$ 曲线的总概率。因此，得到以下结果：

$$\underset{a_t \sim \pi_\theta(a_t|s_t)}{E} \left[\boldsymbol{\nabla}_\theta \log\pi_\theta(a_t \mid s_t)b(s_{t'}) \right]$$
$$= b(s_t)\boldsymbol{\nabla}_\theta(1) = b(s_t) \cdot 0$$
$$= 0$$

前面的推导告诉我们，减去一个依赖于状态或可能是常数的基线不会改变期望值。条件是，期望与动作 a_t 不相关。

因此，使用基线进行强化将做如下更新：

$$\boldsymbol{\nabla}_\theta J(\theta) = \underset{\tau \sim p_\theta(\tau)}{E} \left[\left(\sum_{t=1}^T \boldsymbol{\nabla}_\theta \log\pi_\theta(a_t \mid s_t) \right)(r(\tau) - b(s_t)) \right] \tag{7.25}$$

可以使用基线修改式(7.24)中给出的奖励，即：

$$\hat{Q}(s_t^i, a_t^i) = \sum_{t'=t}^T \gamma^{t'-t} r(s_{t'}^i, a_{t'}^i)$$

$$\boldsymbol{\nabla}_\theta J(\theta) = \frac{1}{N}\sum_{i=1}^N \sum_{t=1}^T \boldsymbol{\nabla}_\theta \log\pi_\theta(a_t^i \mid s_t^i)\left[\hat{Q}^i(s_t, a_t) - b^i(s_t)\right] \tag{7.26}$$

式(7.26)通过基线和奖励因子进行强化。我们使用了两个技巧来减少原始强化变量的方差。我们使用了一个时间结构来移除过去的奖励，而不受当前行为的影响。然后，使用基线让不好的策略获得−ve奖励，让好策略获得＋ve奖励，以使策略梯度在学习过程中产生较少的变化。

注意，强化及其所有变体均基于**在线策略算法**。在策略权重更新后，需要推出新的轨迹。旧的轨迹不再代表旧的策略。这就是为什么与基于价值的在线策略方法一样，强化算法也采样效率低下的原因之一。我们不能使用早期策略的转移，必须放弃它们，并在每次权重更新后生成新的转移。

7.4 演员-评论家方法

本节通过将策略梯度与价值函数相结合来进一步完善该算法，以获得称为演员-评论家方法的一系列算法(A2C/A3C)。首先介绍优势 $A(s,a)$ 的定义。

7.4.1 定义优势

首先分析式(7.26)中的表达式 $\hat{Q}(s_t^i, a_t^i)$。这是在给定轨迹 (i) 和给定状态 s_t 下的奖励。

$$\hat{Q}(s_t^i, a_t^i) = \sum_{t'=t}^T r(s_{t'}^i, a_{t'}^i)$$

为了使用前面的表达式计算 $\hat{Q}$ 值，使用蒙特卡洛模拟。换句话说，将从该步长 t 到结束的奖励相加，即，直到 T 的所有奖励相加。它还是具有高方差，因为它只是期望的一个轨迹估计。在关于无模型策略学习的内容中，我们看到 MC 方法具有零偏差但方差较大。相比之下，TD 方法有一定的偏差，但方差较小，并且由于方差较小，可以使其更快地收敛。那么我们可以在这里做类似的事情吗？奖励因子是什么？表达式 $\hat{Q}(s_t^i, a_t^i)$ 的期望值是什么？它只是状态-动作对 (a_t, s_t) 的 q 值。

若能够获得 q 值，则可以用 q 估计值代替个体奖励的总和。

$$\hat{Q}^i(s_t, a_t) = q(s_t, a_t; \phi) \tag{7.27}$$

将 $q(s_t, a_t)$ 的值展开一个步长长。这类似于第 5 章介绍的 TD(0) 方法。可以将 $\hat{Q}^i(s_t, a_t)$ 写成如下形式：

$$\hat{Q}(s_t^i, a_t^i) = r(s_{t'}^i, a_{t'}^i) + V(s_{t+1}) \tag{7.28}$$

这是非折扣展开。正如本章开头所讨论的，我们将在有限步非折扣环境中进行所有理论推导。分析可以被轻松地将扩展到其他设置。在算法的最终伪代码中，将切换到更一般的情况，同时将我们的分析限制于非折扣的情况。

再看一下式(7.26)，你是否能想出一个好的基线 $b^i(s_t)$ 来使用吗？如果使用状态值 $V(s_t)$ 呢？如前所述，我们可以使用任何值作为基线，只要它不依赖于动作 a_t。$V(s_t)$ 就是这样一个量，它依赖于状态 s_t，而不依赖于动作 a_t。

$$b^i(s_t) = V(s_t) \tag{7.29}$$

使用前面的表达式：

$$\hat{Q}(s_t^i, a_t^i) - b^i(s_t) = \hat{Q}^i(s_t, a_t) - V(s_t) \tag{7.30}$$

右边称为优势 $A(s_t, a_t)$。它是我们通过遵循状态 s_t 的策略前进 a_t 步所获得的额外回报/奖励，该策略给出了奖励 $\hat{Q}(s_t^i, a_t^i)$，而在状态 s_t 中获得的平均奖励为 $V(s_t)$。现在将式(7.28)代入式(7.30)，可得到以下结果：

$$\begin{aligned}\hat{A}(s_t^i, a_t^i) &= \hat{Q}(s_t^i, a_t^i) - b^i(s_t) \\ &= \hat{Q}(s_t^i, a_t^i) - V(s_t) \\ &= r(s_{t'}^i, a_{t'}^i) + V(s_{t+1}) - V(s_t)\end{aligned} \tag{7.31}$$

7.4.2　优势演员-评论家

根据前面的表达式重写式(7.26)中给出的梯度更新。

以下是式(7.26)中的原始梯度更新：

$$\nabla_\theta J(\theta) = \frac{1}{N} \sum_{i=1}^{N} \sum_{t=1}^{T} \nabla_\theta \log \pi_\theta(a_t^i \mid s_t^i) \left[\hat{Q}^i(s_t, a_t) - b^i(s_t) \right]$$

将式(7.29)的 $b^i(s_t) = V(s_t)$ 代入上式，得到以下结果：

$$\nabla_\theta J(\theta) = \frac{1}{N} \sum_{i=1}^{N} \sum_{t=1}^{T} \nabla_\theta \log \pi_\theta(a_t^i \mid s_t^i) \left[\hat{Q}(s_t^i, a_t^i) - V(s_t) \right] \tag{7.32}$$

使用 MC 方法，得到以下结果：

$$\hat{Q}(s_t^i,a_t^i)=\sum_{t'=t}^{T}r(s_{t'}^i,a_{t'}^i)$$

或者,使用 TD(0)方法,得到

$$\hat{Q}(s_t^i,a_t^i)=r(s_{t'}^i,a_{t'}^i)+V(s_{t+1})-V(s_t) \tag{7.33}$$

现在来看上一个表达式中的内项 $\hat{Q}(s_t^i,a_t^i)-V(s_t)$。$Q$ 是使用当前策略遵循特定步数 a_t 的值。换句话说,"演员"和 V 是以下当前策略的平均值,即"评论家"。"演员"试图最大化奖励,"评论家"判断算法与平均值相比该步骤的好坏。演员-评论家方法是一系列算法,其中演员通过改变策略梯度来改进动作,评论家告诉算法使用当前策略进行的动作的好处。

可以以优化的形式重写式(7.32),以获得以下内容:

$$\boldsymbol{\nabla}_\theta J(\theta)=\frac{1}{N}\sum_{i=1}^{N}\sum_{t=1}^{T}\boldsymbol{\nabla}_\theta\log\pi_\theta(a_t^i\mid s_t^i)\left[\hat{A}^i(s_t,a_t)\right] \tag{7.34}$$

这个公式就是我们称之为优势演员-评论家的原因。注意,演员-评论家是一系列方法,A2C 和 A3C 是其中的两个具体实例。同时,一些论文将 A2C 称为 A3C 的同步版本,7.5 节将简要介绍。

可以进一步将式(7.32)、式(7.33)与式(7.34)结合起来得到以下内容:

$$\text{MC 方法:}\hat{A}(s_t^i,a_t^i)=\sum_{t'=t}^{1}r(s_{t'}^i,a_{t'}^i)-V(s_t)$$

$$\text{TD(0) 方法:}\hat{A}(s_t^i,a_t^i)=r(s_{t'}^i,a_{t'}^i)+V(s_{t+1})-V(s_t)$$

使用演员-评论家修订的更新规则如下:

$$\text{MC 方法:}\boldsymbol{\nabla}_\theta J(\theta)=\frac{1}{N}\sum_{i=1}^{N}\sum_{t=1}^{T}\boldsymbol{\nabla}_\theta\log\pi_\theta(a_t^i\mid s_t^i)\left[\sum_{t'=t}^{T}r(s_{t'}^i,a_{t'}^i)-V(s_t)\right]$$

$$\text{TD 方法:}\boldsymbol{\nabla}_\theta J(\theta)=\frac{1}{N}\sum_{i=1}^{N}\sum_{t=1}^{T}\boldsymbol{\nabla}_\theta\log\pi_\theta(a_t^i\mid s_t^i)\left[r(s_{t'}^i,a_{t'}^i)+V(s_{t+1})-V(s_t)\right]$$

$$\tag{7.35}$$

我们需要两个网络,一个网络用来估计由参数 ϕ 参数化的状态值函数 $V(s_t)$,另一个网络用来输出由 θ 参数化的策略 $\pi_\theta(a_t|s_t)$。图 7-7 显示了演员-评论家的完整伪代码。

注意,在前面的伪代码中,我们对 $\hat{A}(s_t^i,a_t^i)$ 使用了一步非折扣回报。

$$r(s_t^i,a_t^i)+V_\phi(s_{t+1})-V_\phi(s_t)$$

一步折扣版本如下:

$$r(s_t^i,a_t^i)+\gamma V_\phi(s_{t+1})-V_\phi(s_t)$$

同样,一步折扣回报版本如下:

$$\sum_{t'=t}^{t+n-1}\gamma^{t'-t}r(s_{t'}^i,a_{t'}^i)+\gamma^n V_\phi(s_{t+n})-V_\phi(s_t)$$

采用直接使用奖励因子的 MC 方法,优势如下:

$$\hat{A}(s_t^i,a_t^i)=\sum_{t'=t}^{T}\gamma^{t'-t}r(s_{t'}^i,a_{t'}^i)-V(s_t)$$

输入：

    一个带有参数 θ 的模型将状态 S 作为输入并且生成 $\pi_\theta(a \mid s)$

    一个带有参数 θ 的模型将状态 S 作为输入并且生成 $V_\phi(s)$

    其他参数：步长 α , β

初始化：

    初始化权重 θ , ϕ

循环：

    样本 $\langle\tau'\rangle$ 来自当前策略 $\pi_\theta(a_t \mid s_t)$ 的 N 条轨迹

    计算奖励因子 $\hat{Q}_t^i = \sum\limits_{t'=t}^{T} r(s_{t'}^i, a_{t'}^i)$

    通过形成平均平方均方差来拟合价值函数 $V_\phi(s)$ ：

$$L = (V_\phi(s) - \hat{Q}_t^i)^2$$

    在 L 上进行随机梯度步骤来调整 ϕ ：

$$\phi = \phi - \beta * \nabla_\phi L$$

    更新模型参数 θ ：

        计算伪交叉熵损失： $L_{CE}(\theta) = -J(\theta)$

$$J(\theta) = \frac{1}{N} \sum_{i=1}^{N} \sum_{t=1}^{T} \log \pi_\theta(a_t^i \mid s_t^i) \cdot (r(s_t^i, a_t^i) + V_\phi(s_{t+1}) - V_\phi(s_t))$$

        在 θ 上执行梯度步骤：

$$\theta = \theta + \alpha \nabla_\theta J(\theta)$$

图 7-7　优势演员-评论家算法

这就是我们将在代码中实现的版本。

7.4.3　A2C 算法的实现

现在来看伪代码的实现细节，如图 7-7 所示。需要两个网络/模型：一个是参数为 θ 的策略网络（演员），另一个是参数为 ϕ 的价值估计网络（评论家）。在实际设计中，策略网络和价值估计网络可以共享一些初始权重。这类似于第 6 章介绍的竞争网络架构。这是一个让收敛更快的理想设计。图 7-8 给出了组合模型的示意图。

在代码演示中，我们对图 7-7 中给出的演员-评论家算法做如下更改：

- 利用蒙特卡洛折扣版本的优势。

$$\hat{A}(s_t^i, a_t^i) = \sum_{t'=t}^{T} \gamma^{t'-t} r(s_{t'}^i, a_{t'}^i) - V(s_t)$$

- 像强化一样，引入熵正则化器。
- 我们将不再训练第一个拟合 $V(s)$ 的两个单独的损失训练步骤，然后进行策略梯度，而是形成一个单一的损失目标，该目标将与熵正则化器一起进行 $V(s)$ 拟合以及策略梯度步骤。

使用之前修改的演员-评论家的损失：

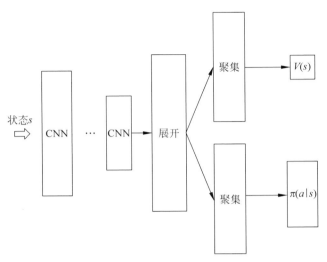

图7-8　演员-评论家网络在初始层中的共同权重

$$\mathrm{Loss}(\theta,\phi)=-J(\theta,\phi)-H(\pi_\theta(a_t^i\mid s_t^i))$$

$$=-\frac{1}{N}\sum_{i=1}^{N}\Big[\sum_{t=1}^{T}(\log\pi_\theta(a_t^i\mid s_t^i)\,[\hat{Q}(s_t^i,a_t^i)-V_\phi(s_t^i)]\,)-$$

$$\beta\sum_a\pi_\theta(a\mid s_t^i)\cdot\log\pi_\theta(a\mid s_t^i)\Big]$$

与强化一样，我们将在每条轨迹后进行权重更新。因此得到 $N=1$。但是，我们将它与动作的次数进行平均，得到平均损失。要实现的函数如下所示：

$$\mathrm{Loss}(\theta,\phi)=-\frac{1}{T}\Big[\sum_{t=1}^{T}(\log\pi_\theta(a_t\mid s_t)\,[\hat{Q}(s_t,a_t)-V_\phi(s_t)]\,)-$$

$$\beta\sum_a\pi_\theta(a\mid s_t)\cdot\log\pi_\theta(a\mid s_t)\Big]$$

这是我们要实现的损失。在 listing7_2_actor_critic_pytorch.ipynb 中可以找到在 PyTorch 中实现演员-评论的完整代码。代码库还有一个 TensorFlow 版本，如 listing7_2_actor_critic_tensorflow.ipynb 所示。实现将遵循与强化中相同的步骤。只有一些小的变化：网络结构和按照前面的表达式损耗的计算。

我们先来谈谈网络。我们将拥有一个共享权重的联合网络，一个产生策略动作概率，另一个产生状态值。对于 CartPole，它是一个相当简单的网络，如图 7-9 所示。

代码块 7-6 显示了 PyTorch 中的实现。它是由网络的直接实现的，如图 7-9 所示。

代码块 7-6　PyTorch 中的演员-评论家网络

```python
class ActorCritic(nn.Module):
    def __init__(self):
        super(ActorCritic, self).__init__()
        self.fc1 = nn.Linear(state_dim, 128)
        self.actor = nn.Linear(128, n_actions)
        self.critic = nn.Linear(128, 1)

    def forward(self, s):
```

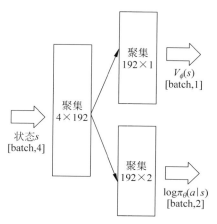

状态s
[batch,4]

聚集
4×192

聚集
192×1

$V_\phi(s)$
[batch,1]

聚集
192×2

$\log\pi_\theta(a|s)$
[batch,2]

图 7-9   **CartPole 环境下的演员-评论家网络**

```
x = F.relu(self.fc1(s))
logits = self.actor(x)
state_value = self.critic(x)
return logits, state_value
```

```
model = ActorCritic()
```

另一个变化是我们为情节实现训练代码的方式。它与代码块 7-4 中的代码类似,只是做了一个小改动,引入了 $V(s_t)$ 作为基线值。代码块 7-7 给出了 train_one_episode 的完整代码。

代码块 7-7   在 PyTorch 中使用蒙特卡洛奖励因子的演员-评论家网络 train_one_episode

```
# init Optimizer
optimizer = torch.optim.Adam(model.parameters(), lr = 1e - 3)

def train_one_episode(states, actions, rewards, gamma = 0.99, entropy_coef = 1e - 2):
    # get rewards to go
    rewards_to_go = get_rewards_to_go(rewards, gamma)

    # convert numpy array to torch tensors
    states = torch.tensor(states, device = device, dtype = torch.float)
    actions = torch.tensor(actions, device = device, dtype = torch.long)
    rewards_to_go = torch.tensor(rewards_to_go, device = device, dtype = torch.float)

    # get action probabilities from states

    logits, state_values = model(states)
    probs = nn.functional.softmax(logits, - 1)
    log_probs = nn.functional.log_softmax(logits, - 1)

    log_probs_for_actions = log_probs[range(len(actions)), actions]

    advantage = rewards_to_go - state_values.squeeze( - 1)

    # Compute loss to be minimized
    J = torch.mean(log_probs_for_actions * (advantage))
    H = - (probs * log_probs).sum( - 1).mean()
```

```
loss = -(J + entropy_coef * H)

optimizer.zero_grad()
loss.backward()
optimizer.step()

return np.sum(rewards)  # to show progress on training
```

注意,在多条轨迹上进行训练的代码与以前相同。当运行代码时,我们发现与强化相比,使用 A2C 进行的训练速度更快,并且朝着更好的策略稳步推进。

注意,演员-评论家也是一种在线策略方法,与强化一样。

7.4.4 异步优势演员-评论家

2016 年,论文 *Asynchronous Methods for Deep Reinforcement Learning* 中介绍了 A2C 的异步版本。其基本思想很简单。我们有一个全局服务器,它是提供网络参数的"参数"服务器:θ、ϕ。有多个演员-评论家智能体并行运行。每个演员-评论家智能体从服务器获取参数,执行轨迹展开,并在 θ、ϕ 上进行梯度下降。智能体将参数更新回服务器。它允许更快地学习,特别是在使用模拟器的环境中,例如机器人环境。我们可以首先在模拟器的多个实例上使用 A3C 训练算法。随后将在真实环境中对物理机器人的算法进行进一步的微调/训练。

图 7-10 显示了 A3C 的高级示意图。注意,这是对该方法的简化版解释。有关实际实施细节,建议读者详细参考相关论文。

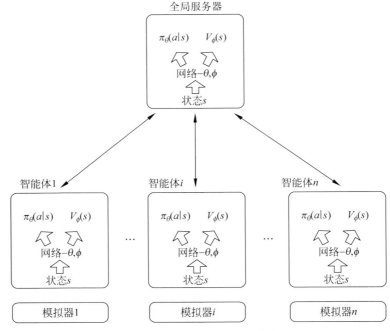

图 7-10　异步优势演员-评论家

如前所述，一些论文将多个智能体一起训练的同步版本称为 A3C 的 A2C 版本，即没有异步部分的 A3C。然而，有时只有一个智能体的演员-评论家也称为优势演员-评论家。最后，演员-评论家是一系列算法，其中，同时使用两个网络：一个用于估计 $V(s)$ 的价值网络；一个用于估计策略 $\pi_\theta(a \mid s_t)$ 的策略网络。我们充分利用了两个方法的优势：基于价值的方法和策略梯度方法。

7.5　信赖域策略优化算法

到目前为止，本章详细介绍的方法也称为原始策略梯度（Vanilla Policy Gradient，VPG）。我们使用 VPG 训练的策略是一种随机策略，它有自己的探索，而不使用 ε-贪婪探索。随着训练的进行，策略分布以最优动作为中心变得更尖。这减少了探索，使得算法越来越多地利用所学知识。它可能会导致策略停留在局部最大值。我们试图通过引入正则化器来解决这个问题，但这不是唯一的方法。

正如在前面章节介绍的策略梯度方法中所看到的，我们通过以下等式给出的少量更新策略参数：

$$\theta_{\text{new}} = \theta_{\text{old}} + \alpha \, \nabla_\theta J(\theta) \mid_{\theta = \theta_{\text{old}}}$$

换句话说，在旧策略参数 $\theta = \theta_{\text{old}}$ 处计算梯度，然后由步长 α 确定的小步进行更新。VPG 试图通过使用学习速率 α 来限制策略参数从 θ_{old} 到 θ_{new} 的变化，从而使新策略和旧策略在参数空间中彼此接近。然而，仅仅因为策略参数在附近，并不能保证新旧策略（即动作概率分布）在实际上彼此接近。参数 θ 的微小变化可能导致策略概率的显著改变。理想情况下，我们希望新旧策略在概率空间而不是参数空间中彼此接近。这是 2015 年题为 *Trust Region Policy Optimization* 的论文详细阐述的关键见解。在深入讨论细节之前，让我们花几分钟讨论一个称为 Kullback-Liebler 散度（KL-散度）的度量。它是衡量两种概率的不同程度的一种方法。它来自信息论领域，深入研究它需要参阅相关图书。我们只给出公式及其背后的一些原理，而不进行数学证明。

假设有两个离散的概率分布 P 和 Q，定义在某个值范围内（称为支持度）。设支持度为 $x(x$ 为 1～6)。$P_X(X=x)$ 使用概率分布 P 定义 $X=x$ 的概率。同样，我们在相同的支持度上定义了另一个概率分布 Q。举个例子，考虑一个具有概率分布的 6 个面的骰子。

X	1	2	3	4	5	6
$P(X)$	1/6	1/6	1/6	1/6	1/6	1/6
$Q(X)$	2/9	1/6	1/6	1/6	1/6	1/9

骰子 Q 被设定为更小的概率显示 6，更大的概率显示 1，而 P 是一个正常的骰子，其显示骰子任何一面的概率相等。

P 和 Q 之间的 KL-散度表示如下：

$$D_{\text{KL}}(P \parallel Q) = \sum_x P(x) \log \frac{P(x)}{Q(x)} \tag{7.36}$$

让我们计算前面表格的 $D_{\text{KL}}(P \parallel Q)$。

$$\begin{aligned}
D_{\mathrm{KL}}(P \parallel Q) &= \frac{1}{6}\log\frac{1/6}{2/9} + \frac{1}{6}\log\frac{1/6}{1/6} + \frac{1}{6}\log\frac{1/6}{1/6} + \frac{1}{6}\log\frac{1/6}{1/6} + \frac{1}{6}\log\frac{1/6}{1/6} + \frac{1}{6}\log\frac{1/6}{1/9} \\
&= \frac{1}{6}\log\frac{3}{4} + \frac{1}{6}\log 1 + \frac{1}{6}\log 1 + \frac{1}{6}\log 1 + \frac{1}{6}\log 1 + \frac{1}{6}\log\frac{3}{2} \\
&= \frac{1}{6}\log\frac{3}{4} + \frac{1}{6}\times 0 + \frac{1}{6}\times 0 + \frac{1}{6}\times 0 + \frac{1}{6}\times 0 + \frac{1}{6}\log\frac{3}{2} \\
&= \frac{1}{6}\log\frac{9}{8} = 0.0283
\end{aligned}$$

可以将 $P = Q$ 代入以获得 $D_{\mathrm{KL}}(P \parallel Q) = 0$。当两个概率相等时，KL 散度为 0。对于任何其他两个不相等的概率分布，将得到 KL 散度为 +ve。分布距离越远，KL 散度值越大。有一个严格的数学证明表明：只有当两个分布相等时，KL 散度总是 +ve 和零。

还需要注意 KL 散度不是对称的。

$$D_{\mathrm{KL}}(P \parallel Q) \neq D_{\mathrm{KL}}(Q \parallel P)$$

KL 散度是概率空间中两个概率分布之间距离的一种伪测度。连续概率分布的 KL 散度公式如下所示：

$$D_{\mathrm{KL}}(P \parallel Q) = \int P(x)\log\frac{P(x)}{Q(x)}\mathrm{d}x \tag{7.37}$$

回到 TRPO，我们希望新的和旧的策略不是在参数空间而是在概率空间中彼此接近。这相当于说，我们希望 KL 散度在每个更新步骤中都是有界的，以确保新策略和旧策略不会发散得太远。

$$D_{\mathrm{KL}}(\theta \parallel \theta_k) \leqslant \delta$$

这里，θ_k 是当前策略参数，θ 是更新策略的参数。

现在把注意力转向试图最大化的目标。之前的 $J(\theta)$ 与新、旧策略参数（例如 θ_{k+1} 和 θ_k）没有任何关系。有一种使用重要性采样的策略目标替代方案。我们将在不进行数学推导的情况下说明这一点，如下所示：

$$J(\theta, \theta_k) = \mathop{E}_{a \sim \pi_{\theta_k}(a|s)}\left[\frac{\pi_\theta(a \mid s)}{\pi_{\theta_k}(a \mid s)} A^{\pi_{\theta_k}}(s, a)\right] \tag{7.38}$$

在这里，θ 是修改/更新策略的参数，θ_k 是旧策略的参数。我们正试图采取最大可能的步骤，从旧策略参数 θ_k 到具有参数 θ 的修订策略，以使新策略和旧策略之间的 KL 散度不会太大。换言之，$D_{\mathrm{KL}}(\theta \parallel \theta_k) \leqslant \delta$ 定义了在不超出旧策略信任区的情况下最大限度地增加目标的新策略。可以将最大化问题总结为如下数学表达式：

$$\theta_{k+1} = \mathop{\mathrm{argmax}}_{\theta} J(\theta, \theta_k)$$

$$\mathrm{s.t.}\ D_{\mathrm{KL}}(\theta \parallel \theta_k) \leqslant \delta$$

$$J(\theta, \theta_k) = \mathop{E}_{a \sim \pi_{\theta_k}(a|s)}\left[\frac{\pi_\theta(a \mid s)}{\pi_{\theta_k}(a \mid s)} A^{\pi_{\theta_k}}(s, a)\right] \tag{7.39}$$

其中，优势 $A^{\pi_{\theta_k}}(s, a)$ 的定义如下：

$$A^{\pi_{\theta_k}}(s, a) = Q^{\pi_{\theta_k}}(s, a) - V^{\pi_{\theta_k}}(s)$$

或者，将优势进行一步展开，并且将 V 由另一个参数为 ϕ 的网络参数化，公式如下：

$$A^{\pi_{\theta_k}}(s_t,a_t)=r(s_t,a_t)+V^{\pi_{\theta_k}}(s_{t+1};\phi)-V^{\pi_{\theta_k}}(s_t;\phi)$$

这是 TRPO 中目标最大化的理论表示。但是,我们使用目标 $\theta_{k+1}=\underset{\theta}{\arg\max}\,J(\theta,\theta_k)$ 的泰勒级数展开和 KL 约束 $D_{KL}(\theta\parallel\theta_k)\leqslant\delta$ 结合凸优化的拉格朗日对偶可以得到一个近似的更新表达式。这种近似可以打破 KL-散度有界的保证,并且在更新规则中加入回溯线搜索。最后,它涉及 $n\times n$ 矩阵的求逆,这并不容易计算。在这种情况下,我们将使用共轭梯度算法。在这种情况下,我们有一个实用的使用 TRPO 来计算更新的算法。

本书没有深入这些推导的细节,也没有给出完整的算法。只是希望读者能了解基本设置。大多数情况下,我们不会自己动手实现这些算法。

7.6 近似策略优化算法

近似策略优化(Proximal Policy Optimization,PPO)也受到与 TRPO 相同的问题的启发。"我们怎么才能在策略参数中采用最大可能的步长,而不会偏离太远,以至于得到一个比更新前的策略更糟糕的策略呢?"

我们将详细介绍的 PPO-clip 变量并没有 KL-散度。它取决于裁剪目标函数中的梯度,这样更新就没有动力使策略偏离原始步骤太远。PPO 更易于实现,并经过经验证明它的性能与 TRPO 一样好。详细信息见 2017 年题为 *Proximal Policy Optimization Algorithms* 的论文。

使用 PPO-clip 变量的目标方程如下:

$$J(\theta,\theta_k)=\min\left(\frac{\pi_\theta(a\mid s)}{\pi_{\theta_k}(a\mid s)}A^{\pi_{\theta_k}}(s,a),g(\varepsilon,A^{\pi_{\theta_k}}(s,a))\right)$$

其中,

$$g(\varepsilon,A)=\begin{cases}(1+\varepsilon)A, & A\geqslant 0\\(1-\varepsilon)A, & A<0\end{cases} \tag{7.40}$$

让我们重写 $J(\theta,\theta_k)$,当优势 A 为+ve 时,如下所示:

$$J(\theta,\theta_k)=\min\left(\frac{\pi_\theta(a\mid s)}{\pi_{\theta_k}(a\mid s)},(1+\varepsilon)\right)A^{\pi_{\theta_k}}(s,a)$$

当优势为+ve 时,我们希望更新参数,使新策略 $\pi_\theta(a\mid s)$ 高于旧策略 $\pi_{\theta_k}(a\mid s)$。但是,我们没有将其增加太多,而是进行梯度裁剪,以确保新策略的增加幅度在旧策略的$(1+\varepsilon)$倍以内。

类似地,当优势为-ve 时,得到以下结果:

$$J(\theta,\theta_k)=\min\left(\frac{\pi_\theta(a\mid s)}{\pi_{\theta_k}(a\mid s)},(1-\varepsilon)\right)A^{\pi_{\theta_k}}(s,a)$$

换句话说,当优势为-ve 时,我们希望更新参数,以降低(s,a)对的策略概率。然而,我们没有一直减小梯度,而是进行梯度裁剪,使新策略概率不低于旧策略概率的$(1-\varepsilon)$倍。

换句话说,我们进行梯度裁剪,以确保策略更新使策略概率分布保持在旧概率分布的$(1-\varepsilon)$到$(1+\varepsilon)$倍以内。在这里,ε 充当正则化器。与 TRPO 相比,实现 PPO 相对更容易。我们可以遵循图 7-7 中给出的 A2C 伪代码,只需对图 7-7 中的目标 $J(\theta)$ 进行一次更改,即可将其与式(7.40)中给出的目标互换。

这次,我们将使用库,而不是自己编写代码。OpenAI 有一个称为 Baselines 的库

(https://github.com/openai/baselines)。它能够实现很多流行的、最新的算法。还有另一个基于 Baselines 的库，称为 Stable Baselines3。

我们的代码将遵循与以前相同的模式，只是不会定义策略网络。我们也不会自己编写计算损失和跨过梯度的训练步骤。读者可以在 listing7_3_PPO_baselines3.ipynb 中找到使用 PPO 训练和记录 CartPole 训练性能的完整代码。现在看一下创建智能体并在 CartPole 上对其进行训练以及评估性能的代码片段，如代码块 7-8 所示。

代码块 7-8 使用 Stable Baselines3 实现 CartPole 的 PPO 智能体

```
from stable_baselines3 import PPO
from stable_baselines3.ppo.policies import MlpPolicy
from stable_baselines3.common.evaluation import evaluate_policy

# create enviroment
env_name = 'CartPole - v1'
env = gym.make(env_name)

# build model
model = PPO(MlpPolicy, env, verbose = 0)

# Train the agent for 30000 steps
model.learn(total_timesteps = 30000)

# Evaluate the trained agent
mean_reward, std_reward = evaluate_policy(model, env, n_eval_episodes = 100)
print(f"mean_reward:{mean_reward:.2f} + / - {std_reward:.2f}")
```

像这样，只需几行代码就可以用 PPO 训练智能体。Python notebook 包含额外的代码，用于记录经过训练的智能体的性能并播放视频。我们不打算讨论它的代码细节。建议感兴趣的读者使用前面的链接深入了解 OpenAI Baselines 以及 Stable Baselines。

我们还想借此机会再次强调了解流行的强化学习库的重要性。在浏览本书中各种算法的实现时，读者应该熟悉流行的强化学习实现并学会根据特定需求使用它们。本书附带的代码旨在帮助读者更好地理解这些概念。

这绝不是产品代码。库（如 Baselines）具有高度优化的代码，能够利用 GPU 和多核并行运行多个智能体。

7.7　总结

本章介绍了另一种直接学习策略的方法，而不是先查看学习状态-动作值，然后使用这些值来找到最优策略。

我们研究了强化的推导，这是最基本的策略梯度方法。在最初的推导之后，我们研究了一些减少方差的技巧，比如使用奖励和基线。

这让我们了解了演员-评论家系列方法，使用强化，并结合了基于价值的方法来学习将状态值作为基线。策略网络（演员）和状态价值网络（评论家）使我们能够结合基于价值的方法和策略梯度方法的优点。我们简要介绍了异步版本 A3C。

最后，研究了两种先进的策略优化技术：信赖域策略优化和近端策略优化。我们讨论了使用这两种技术的关键动机和方法。此外，我们还使用库来训练使用 PPO 的智能体。

## 第8章

结合策略梯度和Q-学习

到目前为止,在深度学习与强化学习相结合的背景下,我们已经在第 6 章研究了深度 Q-学习及其变体,在第 7 章中研究了策略梯度。神经网络训练需要多次迭代,而 Q-学习(一种离线策略方法)使我们能够多次使用转移,从而提高样本效率。然而,Q-学习有时是不稳定的。此外,它是一种间接的学习方式。我们不是直接学习最优策略,而是首先学习 q 值,然后使用这些动作值来学习最优行为。第 7 章研究了直接学习策略的方法,为我们提供了更好的改进保障。然而,第 7 章中的所有策略都是在线策略。我们使用策略与环境交互,并更新策略权重,以增加良好轨迹/动作的概率,同时降低不良轨迹/动作的概率。然而,由于在更新策略权重后,之前的转移失效,因此我们进行了在线策略的学习。

本章将结合这两种方法(即离线学习策略和直接学习策略)的优点。先讨论 Q-学习与策略梯度方法的权衡。再探讨 3 种将 Q-学习与策略梯度结合的流行方法:深度确定性策略梯度(Deep Deterministic Policy Gradient,DDPG)、双延迟 DDPG(Twin Delayed DDPG,TD3)和软演员-评论家(Soft Actor Critic,SAC)。我们将主要遵循 OpenAI spinning Up 库中记录的符号、方法和示例代码。

8.1 策略梯度与 Q-学习的权衡

第 7 章讨论了 DQN。在 Q-学习(离线策略方法)中,我们从探索性行为策略中收集转移,然后将这些转移用于批量随机梯度更新来学习 q 值。当学习 q 值时,我们通过取某一状态下所有可能动作的 q 值的最大值来选择最佳动作来改进策略。这是我们使用的方程:

$$w_{t+1} = w_t + \alpha \cdot \frac{1}{N} \sum_{i=1}^{N} \left[r_i + \gamma \max_{a_i'} \tilde{q}(s_i', a_i'; w_t^-) - \hat{q}(s_i, a_i; w) \right] \cdot \nabla_w \hat{q}(s_i, a_i; w)$$

$$(8.1)$$

请注意式(8.1)中的最大值。通过取最大值,即 $\max\limits_{a_i'} \tilde{q}(s_i', a_i'; w_t^-)$,我们改进了目标值 $r_i + \gamma \max\limits_{a_i'} \tilde{q}(s_i', a_i'; w^-)$,并使用当前状态-动作 q 值 $\hat{q}(s_i, a_i; w)$ 来更新权重以达到更高的目标。这就是我们要求网络权重满足的贝尔曼最优方程。整个学习都是基于离线策略的,因为不管遵循什么策略，贝尔曼最优方程对最优策略都成立。不管这些转移是使用哪个策略生成的，它都需要满足所有的(s,a,r,s')转移。重用回放池的转移，这使这种学习的样本非常有效。然而，Q-学习也存在一些问题。

第一个问题是如何将 Q-学习的当前形式用于连续动作。请看$\max_{a'_i} \bar{q}(s'_i, a'_i; w_t^-)$。我们在第 6 章看到的所有例子都具有离散动作。大家知道为什么吗？当动作空间是连续的、多维时，应该如何取 max 值呢？例如，同时移动机器人的多个关节时？

当动作是离散时，这时很容易取 max 值。我们向模型输入状态 s，得到所有可能的动作 $Q(s,a)$。在有限数量的离散动作中，选择 max 是很容易的。样本模型如图 8-1 所示。

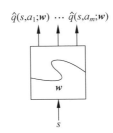

$$\hat{q}(s,a_1;\boldsymbol{w}) \cdots \hat{q}(s,a_m;\boldsymbol{w})$$

图 8-1　具有离散动作的 DQN 学习的一般模型

现在假设这些动作是连续的，这时又如何取最大值呢？找到对于每个 s'_i 的$\max_{a'_i} \bar{q}(s'_i, a'_i; w_t^-)$，必须运行另一个优化算法来找到最大值。这将是一个复杂的过程，因为作为策略改进的一部分，它需要对这一批中的每一个转移执行那个优化算法。

第二个问题是学习错误的目标。我们实际上想要一个最优的策略，但不会直接在 DQN 下这样做。我们学习动作-价值函数，然后用 max 求最优 q 值/最优动作。

第三个问题是 DQN 有时不稳定。这里没有理论上的保证，我们尝试使用第 5 章中讨论的半梯度更新来更新权重。我们基本上是在尝试遵循目标不断变化的监督学习过程。学习的内容会影响新轨迹的生成，而新轨迹又会影响学习质量。我们在 DQN 中看到的所有带有平均奖励的进程图并没有得到持续改善。它们非常不稳定，需要仔细调整超参数，以确保算法朝着良好的策略发展。

最后，第四个问题是 DQN 学习确定性策略。我们使用探索性行为策略来生成和探索智能体在确定性策略中学习的内容。相关的实验，特别是在机器人领域的实验表明，一些随机策略更好，因为我们对世界的建模和对关节的操作并不总是完美的。我们需要有一定的随机性来调整不完美的建模或将动作值转换为实际的机器人关节运动。另外，确定性策略是随机策略的一种极限情况。

让我们把注意力转向策略梯度方法。在策略梯度方法中，我们输入状态，得到的输出是离散动作的动作概率或连续动作的概率分布参数。可以看到，策略梯度允许我们学习离散和连续动作的策略。然而，学习连续动作在 DQN 中是不可行的。图 8-2 显示了策略梯度中使用的模型。

此外，采用策略梯度法，我们直接学习改进策略，而不是先学习价值函数，然后利用价值函数间接地找到最优策略。原始的策略梯度由于压缩而不太理想，同时，我们看到使用像 TRPO 和 PPO 这样的方法控制步长来改善策略梯度的保证，能让我们有一个更好的策略。

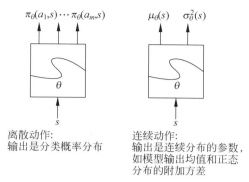

$\pi_\theta(a_1,s)\cdots\pi_\theta(a_m,s)$ $\mu_\theta(s)$ $\sigma_\theta^2(s)$

θ θ

s s

离散动作:
输出是分类概率分布

连续动作:
输出是连续分布的参数,
如模型输出均值和正态
分布的附加方差

图 8-2　用于策略梯度方法的策略网络(在第 7 章中,我们看到了离散动作,
但正如该章所解释的那样,这个过程对于连续动作也很有效)

与 DQN 不同的是,策略梯度学习的是随机策略,因此我们试图学习的策略中包含了探索。然而,策略梯度法最大的缺陷在于它是一种策略上的方法。一旦使用转移来计算梯度更新,模型就移动到一个新的策略。在这个策略更新的世界里,早期的转移不再相关。我们需要在更新后丢弃之前的转移,并生成新的轨道/转移来训练模型。这使得策略学习非常低效。

我们使用演员-评论家方法将价值学习作为策略梯度的一部分,其中,策略网络是试图学习最优动作的演员,而价值网络是告知策略网络这些行动是好是坏的评论家。然而,即使使用演员-评论家方法,学习还是属于在线策略。我们使用评论家来指导演员,但是我们仍然需要在更新策略(和/或价值)网络之后丢弃所有的转移。

有没有一种方法,让我们可以直接学习策略,又能以某种方式利用 Q-学习来学习离线策略的内容?并且,对于连续的动作空间能这样做吗?这就是本章要讨论的内容。我们将 Q-学习与策略梯度相结合,提出一种离线策略的算法,这种算法可以很好地处理连续动作。

8.2　结合策略梯度与 Q-学习的一般框架

接下来研究连续动作的策略。我们将拥有两个网络。一个是学习给定状态下的最优动作,即演员网络。假设策略网络被 θ 参数化,并且网络学习到一个产生的动作 $a=\mu_\theta(s)$ 策略,该策略使 $Q(s,a)$ 最大化。这里使用以下数学符号来表示它:

$$\max_{a'} Q^*(s',a') \approx Q^*(s',\mu_\theta(s))$$

第二个网络即评论家网络,将状态 s 作为一个输入,将第一个网络的最优动作 $\mu_\theta(s)$ 作为另一个输入,得到 q 值 $Q_\phi(s,\mu_\theta(s))$。图 8-3 从概念上展示了网络的相互作用。

为了确保探索,要采取一种探索的动作 a。这与我们在 Q-学习中采用的方法类似,在 Q-学习中,我们学习了一个确定性策略,但从一个探索性的 ε-贪婪策略生成了转移。类似地,当我们学习 a 时,我们添加一些随机性的 $\varepsilon \sim N(0,\sigma^2)$,并使用动作 $a+\varepsilon$ 来探索环境并生成轨迹。

像 Q-学习一样,我们将使用回放池来存储转移并重用之前的转移来学习。这将是我们在本章中看到的所有方法的最大优点之一。它们将使策略学习变为离线策略,因此样本

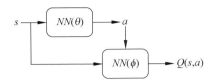

图 8-3 结合策略和 Q-学习[我们使用两个网络直接学习策略和 Q，其中第一个网络（演员）的动作输出被输入第二个网络（评论家：学习 $Q(s,a)$）]

有效。

在 Q-学习中，必须使用一个目标网络，它是 Q-网络的副本，这是为了在学习 q 值时提供某种静止目标。读者可以回顾在第 5 章和第 6 章对目标网络的讨论。在这些方法中，使用在线/智能体网络权重定期更新目标网络权重。这里我们也将使用一个目标网络。但本章中更新算法的目标网络权重的方法是 polyak 平均（指数平均），如下所示：

$$\phi_{\text{target}} \leftarrow \rho\phi_{\text{target}} + (1-\rho)\phi \tag{8.2}$$

我们还将使用一个目标网络作为策略网络。这与提供稳定的目标 q 值的原因相同，它允许我们进行梯度下降的监督学习，并将权重调整到近似的 $Q(s,a)$。

有了这些背景知识，再来看看第一个算法：深度确定性策略梯度。

8.3 深度确定性策略梯度

2016 年，DeepMind 的两位作者在一篇题为 *Continuous Control with Deep Reinforcement Learning* 的论文中介绍了 DDPG 算法。关于他们的方法，作者提出了以下几点：

- DQN 求解高维状态空间时，它只能处理离散的和低维行为空间。DQN 不能应用于连续的高维动作领域，例如机器人等物理控制任务。
- 由于维度灾难，离散化动作空间不是一个合适的选择。假设有一个有 7 个关节的机器人，每个关节可以在 $(-k,k)$ 内移动。让我们对每个关节进行粗离散化，每个关节有 3 个可能的值 $\{-k,0,k\}$。即使采用这种粗离散化，所有 7 个维度中离散行为的总组合算出来也是 $3^7 = 2187$。相反，如果决定将每个关节的离散范围划分为 $(-k, k)$ 内的 10 个可能值，则将得到 10^7（一千万）个选项。这就是维度灾难，即其中可能的动作组合的集合随着每个新维度/关节呈指数增长。
- DDPG 是一种算法，具体如下：
  ① 无模型——我们不知道它的模型。我们从智能体与环境的相互作用中来学习它的模型。
  ② 离线策略——与 DQN 一样，DDPG 使用探索性策略来生成转移，并学习确定性策略。
  ③ 连续高维的动作空间——DDPG 只适用于连续的动作空间和高维的动作空间。
  ④ 演员-评论家——这意味着我们有一个演员（策略网络）和评论家（动作-价值，q 值网络）。
  ⑤ 回放池——像 DQN 一样，DDPG 使用回放池来存储转移并使用它们来学习。这

打破了训练示例的时间依赖性/相关性,否则可能会扰乱学习。

⑥ 目标网络——像 DQN 一样,DDPG 使用目标网络为要学习的 q 值提供相当稳定的目标。但是,与 DQN 不同的是,它不通过定期复制在线/智能体/主网络的权重来更新目标网络。相反,它使用 polyak/指数平均值来保持目标网络在每次更新主网络后移动一点点。

现在将注意力转向网络架构和计算的损失。先研究 Q-学习部分,再研究策略学习网络。

8.3.1　Q-学习在 DDPG 中的应用(评论家)

在 DQN 中,我们计算了通过梯度下降最小化的损失。损失由式(6.3)给出,我们在此处重现:

$$L = \frac{1}{N} \sum_{i=1}^{N} \left[r_i + ((1-\text{done}_i) \cdot \gamma \cdot \max_{a_i'} \hat{q}(s_i', a_i'; \boldsymbol{w}_t^-)) - \hat{q}(s_i, a_i; \boldsymbol{w}_t) \right]^2 \quad (8.3)$$

重写这个方程。删除子索引 i 和 t 以避免符号的混乱。我们将求和改为求期望,以强调我们通常想要的是期望,但它是由蒙特卡洛下样本的平均值来估计的。最后在代码中有求和,但它们是一些期望的蒙特卡洛估计。我们还用 ϕ_{targ} 替换目标网络权重 $\boldsymbol{w}_t^-$。同样,用 ϕ 代替主要权重 $\boldsymbol{w}_t$。进一步地,我们将权重从函数参数内部移动到函数的子索引上,即 $Q_\phi(\cdots) \leftarrow Q(\cdots; \phi)$。在所有这些符号变化之后,式(8.3)看起来如下:

$$L(\phi, D) = \mathop{E}_{(s,a,r,s',d) \sim D} \left[(Q_\phi(s,a) - (r + \gamma(1-d)\max_{a'} Q_{\phi_{\text{targ}}}(s', a')))^2 \right] \quad (8.4)$$

这仍然是 DQN 公式,在状态 s' 中采取最大的离散动作,以得到 $\max_{a'} Q_{\phi_{\text{targ}}}(s', a')$。在连续空间中,不能取 max,因此有另一个网络(演员)取输入状态 s 并产生动作,使 $Q_{\phi_{\text{targ}}}(s', a')$ 最大,即,我们将 $\max_{a'} Q_{\phi_{\text{targ}}}(s', a')$ 替换为 $Q_{\phi_{\text{targ}}}(s', \mu_{\theta_{\text{targ}}}(s'))$,其中 $a' = \mu_{\theta_{\text{targ}}}(s')$ 是目标策略。更新后的损失表达式如下:

$$L(\phi, D) = \mathop{E}_{(s,a,r,s',d) \sim D} \left[(Q_\phi(s,a) - (r + \gamma(1-d)Q_{\phi_{\text{targ}}}(s', \mu_{\theta_{\text{targ}}}(s'))))^2 \right] \quad (8.5)$$

这是更新后的均方贝尔曼误差(MSBE),我们将在代码中实现,然后进行反向传播,以最小化损失函数。请注意,这只是 ϕ 的函数,所以 $L(\phi, D)$ 的梯度是关于 ϕ 的。如前所述,在代码中,我们将用样本平均值(即期望的 MC 估计)来替换期望。

接下来看看策略学习部分。

8.3.2　DDPG 中的策略学习(演员)

在策略学习部分,我们试图学习 $a = \mu_\theta(s)$,这是一个确定性的策略,它给出了使 $Q_\phi(s,a)$ 最大的动作。由于动作空间是连续的,所以假设 Q 函数对动作是可微的,可以对策略参数进行梯度上升求解。

$$\max_\theta J(\theta, D) = \max_\theta \mathop{E}_{s \sim D} \left[Q_\phi(s, \mu_\theta(s)) \right] \quad (8.6)$$

由于策略是确定性的,所以式(8.6)中的期望不依赖于策略,这与我们在第 7 章中看到的随机梯度不同。这里的期望算子依赖于策略参数,因为策略是随机的,而策略参数又会影响期望 q 值。

可以求出 J 相对于 θ 的梯度:

$$\nabla_{\theta}J(\theta,D)=\underset{s\sim D}{E}\left[\nabla_{a}Q_{\phi}(s,a)\big|_{a=\mu_{\phi}(s)}\nabla_{\phi}\mu_{\phi}(s)\right] \tag{8.7}$$

这是链式法则的直接应用。还请注意，我们在期望中没有得到任何$\nabla\log(\cdots)$项，因为期望采取的状态s来自回放池，它不依赖于所取梯度的参数θ。

此外，在2014年的一篇题为 *Deterministic Policy Gradient Algorithms* 的论文中，作者表明式(8.7)是策略梯度，即策略性能的梯度。建议读者阅读这两篇论文，以获得对DDPG背后的数学方法更深层次的理论理解。

如前所述，为了帮助探索，当学习确定性策略时，我们将使用已学习策略的噪声探索版本来探索和生成转移。我们通过在学习策略中添加一个均值为零的高斯噪声来实现它。

8.3.3 伪代码和实现

现在，已经准备好给出完整的伪代码了，参见图8-4。

输入：初始策略参数θ、Q函数参数ϕ和空回放池D
设置目标参数等于在线参数$\theta_{\text{targ}}\leftarrow\theta$和$\phi_{\text{targ}}\leftarrow\phi$
Repeat
 观测状态s并且选择动作
  $a=\text{clip}(\mu_{\theta}(s)+\varepsilon,a_{\text{Low}},a_{\text{High}})$，其中$\varepsilon\sim N$
 在环境中执行动作a并且观测下一状态s'、奖励r和完成的信号d
 在回放池D中存储(s,a,r,s',d)。
 如果s'是最终状态，将环境重置。
 If it's time to update, **then**:
  For as many updates as required:
   从回放池D中采样 batch $B=\{(s,a,r,s',d)\}$
   计算目标。
    $y(r,s',d)=r+\gamma(1-d)Q_{\text{targ}}(s',\mu_{\theta_{\text{targ}}}(s'))$
   在ϕ上用一步梯度下降更新Q函数。
    $\nabla_{\phi}\frac{1}{|B|}\sum_{(s,a,r,s',d)\in B}(Q_{\phi}(s,a)-y(r,s',d))^2$
   在θ上用一步梯度下降更新策略。
    $\nabla_{\theta}\frac{1}{|B|}\sum_{s\in B}Q_{\phi}(s,\mu_{\theta}(s))$
   用polyak平均更新目标网络。
    $\phi_{\text{targ}}\leftarrow\rho\phi_{\text{targ}}+(1-\rho)\phi$
    $\theta_{\text{targ}}\leftarrow\rho\theta_{\text{targ}}+(1-\rho)\theta$

图8-4 深度确定性策略梯度算法

代码中使用 Gym 环境

在实现部分，我们将在本章中使用两个环境来运行代码。第一个是钟摆摆动环境，称为钟摆-v0(pendulum-v0)。这里的状态是一个三维向量，给出了摆的角度（即它的余弦(cos)和正弦(sin)分量），第三维是角速度$[\cos\theta,\sin\theta,\dot{\theta}]$。这个动作是一个单值，力矩作用于摆。其目的是使钟摆尽可能长时间地保持直立，参见图8-5。

在用一维动作空间在这个简单的连续动作环境上训练网络之后，将研究另一个称为月球着陆器(lunar-lander)的连续动作环境：LunarLanderContinuous-v2。在这种环境下，我们

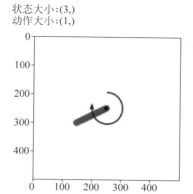

状态大小:(3,)
动作大小:(1,)

图 8-5 OpenAI Gym 库的钟摆环境

试着让登月舱在两面旗帜之间着陆。状态向量是八维的:[x_pos,y_pos,x_vel,y_vel,lander_angle,lander_angular_vel,left_leg_ground_contact_flag,right_leg_ground_contact_flag]。

该动作是二维的浮点数:[main engine,left-right engines]。

- 主引擎:−1．0 是发动机关闭,范围(0,1)是发动机油门从 50% 到 100% 的功率。这台发动机的功率不足 50% 就不能工作。
- 左右引擎:range(−1.0,−0.5)启动左引擎,range(+0.5,+1.0)启动右引擎,range(−0.5,0.5)关闭两个引擎。

这个环境的截图如图 8-6 所示。

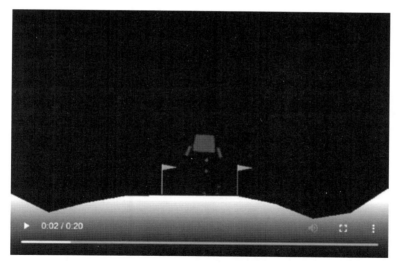

▶ 0:02 / 0:20

图 8-6 OpenAI Gym 库的连续月球着陆器

8.3.4 代码实现

现在将注意力转向 DDPG 伪代码的实现,如图 8-4 所示。代码来自 listing8_1_ddpg_pytorch.ipynb 文件。在 TensorFlow 2.0 中,listing8_1_ddpg_tensorflow.ipynb 文件中也

有完整的实现代码。所有的代码演示都将从这两个文件中借用代码片段。首先讨论 Q 和策略网络，然后是损失计算，之后是训练循环。最后，讨论用于运行和测试经过训练的智能体的性能的代码。

1. 策略网络（演员）

1) PyTorch

首先，让我们看看演员/策略网络。代码块 8-1 显示了 PyTorch 版本的策略网络代码。我们定义了一个简单的神经网络，它有两个大小为 256 的隐藏层，每个层都有 ReLU 激活。对于 forward 函数，可以注意到最后一层（self.actor）是通过 tanh 激活传递的。tanh 是一个压缩函数，将$(-\infty, \infty)$中的值重新映射到一个压缩范围$(-1, 1)$。然后将这个压缩值与动作限制（self.act_limit）相乘，以便 MLPActor 的连续输出在环境接收的动作值的有效范围内。我们通过扩展 PyTorch nn.Module 类来创建我们的网络类，它要求我们定义一个forward 函数，将输入状态 S 作为参数，产生动作值作为网络输出。

代码块 8-1　使用 PyTorch 的策略网络

```
class MLPActor(nn.Module):
    def __init__(self, state_dim, act_dim, act_limit):
        super().__init__()
        self.act_limit = act_limit
        self.fc1 = nn.Linear(state_dim, 256)
        self.fc2 = nn.Linear(256, 256)
        self.actor = nn.Linear(256, act_dim)

    def forward(self, s):
        x = self.fc1(s)
        x = F.relu(x)
        x = self.fc2(x)
        x = F.relu(x)
        x = self.actor(x)
        x = torch.tanh(x)  # to output in range(-1,1)
        x = self.act_limit * x
        return x
```

2) TensorFlow

代码块 8-2 中有与 TensorFlow 2.0 相同的函数。它与 PyTorch 实现非常相似，除了子类化了 tf.keras.Model 而不是 nn.Module。在名为 call 的函数中实现网络向前逻辑，而不是在函数 forward 中实现。此外，层的命名方式（如 dense 与 linear）以及层的维度的传递方式也有细微的不同。

代码块 8-2　使用 TensorFlow 的策略网络

```
class MLPActor(tf.keras.Model):
    def __init__(self, state_dim, act_dim, act_limit):
        super().__init__()
        self.act_limit = act_limit
        self.fc1 = layers.Dense(256, activation = "relu")
        self.fc2 = layers.Dense(256, activation = "relu")
```

```
    self.actor = layers.Dense(act_dim)

def call(self, s):
    x = self.fc1(s)
    x = self.fc2(x)
    x = self.actor(x)
    x = tf.keras.activations.tanh(x)  # to output in range(-1,1)
    x = self.act_limit * x
    return x
```

2. Q-网络评论家实现

接下来看看 Q-网络（评论家）。这也是一个简单的带有 ReLU 激活的两层隐藏网络，最后一层的输出等于 1。最后一层没有激活，以使网络能够产生作为网络输出的任何值。这个网络输出的是 q 值，这就是为什么我们需要一个可能的范围 $(-\infty, \infty)$ 的原因。

1）PyTorch

代码块 8-3 显示了 PyTorch 版本的评论家网络的代码，代码块 8-4 显示了 TensorFlow 版本的代码。除了前面讨论的微小差异外，它们与演员/策略网络的实现非常相似。

代码块 8-3 使用 PyTorch 的 Q 网络/评论家网络

```
class MLPQFunction(nn.Module):
    def __init__(self, state_dim, act_dim):
        super().__init__()
        self.fc1 = nn.Linear(state_dim + act_dim, 256)
        self.fc2 = nn.Linear(256, 256)
        self.Q = nn.Linear(256, 1)

    def forward(self, s, a):
        x = torch.cat([s,a], dim=-1)
        x = self.fc1(x)
        x = F.relu(x)
        x = self.fc2(x)
        x = F.relu(x)
        q = self.Q(x)
        return torch.squeeze(q, -1)
```

2）TensorFlow

代码块 8-4 显示了 TensorFlow 中评论家网络的代码。

代码块 8-4 使用 TensorFlow 的 Q 网络/评论家网络

```
class MLPQFunction(tf.keras.Model):
    def __init__(self, state_dim, act_dim):
        super().__init__()
        self.fc1 = layers.Dense(256, activation="relu")
        self.fc2 = layers.Dense(256, activation="relu")
        self.Q = layers.Dense(1)

    def call(self, s, a):
        x = tf.concat([s,a], axis=-1)
        x = self.fc1(x)
```

```
x = self.fc2(x)
q = self.Q(x)
return tf.squeeze(q, -1)
```

3. 组合模型-演员-评论家的实现

一旦定义了这两个网络，就将它们合并到一个类中，这样就可以以更为模块化的方式管理在线和目标网络。这只是为了更好地组织代码。结合两个网络的类被实现为MLPActorCritic。在这个类中，还定义了一个 get_action 函数，它能获得状态和噪声比例。它通过策略网络得到 $\mu_\theta(s)$，然后加上噪声（零均值高斯噪声），为探测加上一个噪声动作。这是实现算法第四步的函数：

$$a = \text{clip}(\mu_\theta(s) + \varepsilon, a_{\text{Low}}, a_{\text{High}}), \quad \varepsilon \sim N$$

代码块 8-5 显示了 MLPActorCritic 在 PyTorch 中的实现，代码块 8-6 显示了其 TensorFlow 版本。它们的实现非常相似，除了个别的细微差别，比如哪个是类，哪个是子类。另一个区别是，在 PyTorch 中，我们需要在通过网络传递 NumPy 数组之前将它们转换为 torch 张量；而在 TensorFlow 中，可以直接将 NumPy 数组传递给模型。

代码块 8-5　PyTorch 中的 MLPActorCritic

```
class MLPActorCritic(nn.Module):
    def __init__(self, observation_space, action_space):
        super().__init__()
        self.state_dim = observation_space.shape[0]
        self.act_dim = action_space.shape[0]
        self.act_limit = action_space.high[0]

        # build Q and policy functions
        self.q = MLPQFunction(self.state_dim, self.act_dim)
        self.policy = MLPActor(self.state_dim, self.act_dim, self.act_limit)

    def act(self, state):
            with torch.no_grad():
                return self.policy(state).numpy()

        def get_action(self, s, noise_scale):
            a = self.act(torch.as_tensor(s, dtype=torch.float32))
            a += noise_scale * np.random.randn(self.act_dim)
            return np.clip(a, -self.act_limit, self.act_limit)
```

代码块 8-6　TensorFlow 中的 MLPActorCritic

```
class MLPActorCritic(tf.keras.Model):
    def __init__(self, observation_space, action_space):
        super().__init__()
        self.state_dim = observation_space.shape[0]
        self.act_dim = action_space.shape[0]
        self.act_limit = action_space.high[0]

        # build Q and policy functions
        self.q = MLPQFunction(self.state_dim, self.act_dim)
        self.policy = MLPActor(self.state_dim, self.act_dim, self.act_limit)

    def act(self, state):
```

```
    return self.policy(state).numpy()

def get_action(self, s, noise_scale):
    a = self.act(s.reshape(1, -1).astype('float32')).reshape(-1)
    a += noise_scale * np.random.randn(self.act_dim)
    return np.clip(a, -self.act_limit, self.act_limit)
```

4. 经验回放

与 DQN 一样,我们使用经验回放。它与我们在 PyTorch 和 TensorFlow 的 DDPG 中使用的 DQN 版本相同。它是使用 NumPy 数组实现的,同样的代码也适用于 PyTorch 和 TensorFlow。因为它的实现与 DQN 相同,所以我们不提供它的代码。要查看 ReplayBuffer 的代码,请参考 Jupyter notebooks 中的实现。

5. Q-损失的实现

接下来将研究 Q-损失的计算。我们从本质上实现了伪代码的第 11 步和第 12 步中的方程。

$$y(r,s',d) = r + \gamma(1-d)Q_{\text{targ}}(s',\mu_{\theta_{\text{targ}}}(s'))$$

$$\nabla_\phi \frac{1}{|B|} \sum_{(s,a,r,s',d)\in B} (Q_\phi(s,a) - y(r,s',d))^2$$

1) PyTorch

代码块 8-7 给出了 PyTorch 实现。首先将一批 (s,a,r,s',d) 转换成 PyTorch 张量。接下来利用 (s,a) 计算 $Q_\phi(s,a)$,并将其通过策略网络传递。接下来,按照前面的表达式计算目标 $y(r,s',d)$。我们使用 with torch.no_grad() 来停止梯度计算,同时计算目标,这可以不使用 PyTorch 的自动差分来调整目标网络权重。我们将使用 polyak 平均手动调整目标网络权重。停止不需要的梯度的计算可以加快训练速度,还可以确保不会因为梯度步骤而产生任何副作用,从而影响读者想要保持固定或手动调整的权重。最后计算损失。

$$Q_{\text{Loss}} = \frac{1}{|B|} \sum_{(s,a,r,s',d)\in B} (Q_\phi(s,a) - y(r,s',d))^2$$

PyTorch 通过反向传播来计算梯度,而不需要在代码中计算梯度。

代码块 8-7 PyTorch 中的 Q-损失计算

```
def compute_q_loss(agent, target_network, states, actions, rewards,
                   next_states, done_flags, gamma = 0.99):

    # convert numpy array to torch tensors
    states = torch.tensor(states, dtype = torch.float)
    actions = torch.tensor(actions, dtype = torch.float)
    rewards = torch.tensor(rewards, dtype = torch.float)

next_states = torch.tensor(next_states, dtype = torch.float)
done_flags = torch.tensor(done_flags.astype('float32'), dtype = torch.float)

# get q - values for all actions in current states
# use agent network
predicted_qvalues = agent.q(states, actions)

# Bellman backup for Q function
with torch.no_grad():
    q__next_state_values = target_network.q(next_states,
```

```
                target_network.policy(next_states))
            target = rewards + gamma * (1 - done_flags) * q__next_state_values

    # MSE loss against Bellman backup
    loss_q = ((predicted_qvalues - target) ** 2).mean()

    return loss_q
```

2）TensorFlow

TensorFlow 版本与 PyTorch 类似，代码块 8-8 列出了完整的实现。其与 PyTorch 的主要区别在于，没有将 NumPy 数组转换为张量。但是，将数据类型强制转换为 float32，以使其与网络权重的默认数据类型兼容。请记住，对于所有 TensorFlow 实现，我们都使用了 Eager Execution 模型，与 PyTorch 类似，使用 tape. stop_recording() 来停止目标网络中的梯度计算。

代码块 8-8　TensorFlow 中的 Q-损失计算

```
def compute_q_loss(agent, target_network, states, actions, rewards,
                   next_states, done_flags, gamma, tape):

    # convert numpy array to proper data types
    states = states.astype('float32')
    actions = actions.astype('float32')
    rewards = rewards.astype('float32')
    next_states = next_states.astype('float32')
    done_flags = done_flags.astype('float32')

    # get q - values for all actions in current states
    # use agent network
    predicted_qvalues = agent.q(states, actions)

    # Bellman backup for Q function
    with tape.stop_recording():
        q__next_state_values = target_network.q(next_states,
        target_network.policy(next_states))
        target = rewards + gamma * (1 - done_flags) * q__next_state_values

    # MSE loss against Bellman backup
    loss_q = tf.reduce_mean((predicted_qvalues - target) ** 2)

    return loss_q
```

6. 策略损失实现

接下来按照伪代码的步骤 13 计算策略损失。

$$\text{Policy}_{\text{Loss}} = -\frac{1}{|B|}\sum_{s\in B}Q_{\phi}(s,\mu_{\theta}(s))$$

这是一个简单的计算。它只用 3 行代码实现，在 PyTorch 和 TensorFlow 中都是如此。代码块 8-9 包含 PyTorch 版本，代码块 8-10 包含 TensorFlow 版本。请注意损失中的−ve 符号。我们的算法需要在策略目标上进行梯度上升，在 PyTorch 和 TensorFlow 这样的自动微分库进行梯度下降。策略目标乘以−1.0 就是损失，在损失上的梯度下降和策略目标上的梯度上升是一样的。

代码块 8-9　PyTorch 中的策略损失计算

```
def compute_policy_loss(agent, states):

    # convert numpy array to torch tensors
    states = torch.tensor(states, dtype = torch.float)

    predicted_qvalues = agent.q(states, agent.policy(states))

    loss_policy = - predicted_qvalues.mean()

    return loss_policy
```

代码块 8-10　TensorFlow 中的策略损失计算

```
def compute_policy_loss(agent, states, tape):

    # convert numpy array to proper data type
    states = states.astype('float32')

    predicted_qvalues = agent.q(states, agent.policy(states))

    loss_policy = - tf.reduce_mean(predicted_qvalues)

    return loss_policy
```

7. 一步更新实现

接下来定义一个名为 one_step_update 的函数,该函数能够获取值 (s, a, r, s', d),并在计算 Q-损失后进行反向传播,然后执行策略损失计算步骤与梯度步骤。最后利用 polyak 平均算法对目标网络权重进行更新。实际上,这个步骤与前面两个函数 compute_q_loss 和 compute_policy_loss 一起实现了伪代码中的步骤 11~14。

代码块 8-11 显示了 one_step_update 的 PyTorch 版本。首先计算 Q-损失,并将梯度下降法用于评论家/Q 网络权重。然后冻结 Q 网络的权重,使策略网络的梯度下降不会影响 Q 网络的权重。接下来是计算演员/策略网络权重上的策略损失和梯度下降。我们再次解冻 Q 网络权重。最后,利用 polyak 平均算法来更新目标网络权重。

代码块 8-11　PyTorch 中的一步更新

```
def one_step_update(agent, target_network, q_optimizer, policy_optimizer, states, actions,
                    rewards, next_states, done_flags, gamma = 0.99, polyak = 0.995):

    # one step gradient for q - values
    q_optimizer.zero_grad()
    loss_q = compute_q_loss(agent, target_network, states, actions,
    rewards, next_states, done_flags, gamma)
    loss_q.backward()

q_optimizer.step()

# Freeze Q - network
for params in agent.q.parameters():
    params.requires_grad = False

# one step gradient for policy network
policy_optimizer.zero_grad()
loss_policy = compute_policy_loss(agent, states)
```

```
loss_policy.backward()
policy_optimizer.step()

# UnFreeze Q - network
for params in agent.q.parameters():
    params.requires_grad = True

# update target networks with polyak averaging
with torch.no_grad():
    for params, params_target in zip(agent.parameters(), target_network.parameters()):
        params_target.data.mul_(polyak)
        params_target.data.add_((1 - polyak) * params.data)
```

代码块 8-12 给出了 one_step_update 的 TensorFlow 版本，它类似于 PyTorch 的实现。不同之处在于计算梯度的方式、在每个库中执行梯度步骤的方式、权重冻结和解冻的方式以及目标网络权重更新的方式。但其中的逻辑是一样的，只是调用哪个库函数和传递什么参数不同——基本上是两个库之间的语法差异。

代码块 8-12   TensorFlow 中的一步更新

```
def one_step_update(agent, target_network, q_optimizer, policy_optimizer, states, actions,
                    rewards, next_states, done_flags, gamma = 0.99, polyak = 0.995):

    # one step gradient for q - values
    with tf.GradientTape() as tape:

        loss_q = compute_q_loss(agent, target_network, states, actions, rewards, next_states,
                                done_flags, gamma, tape)

        gradients = tape.gradient(loss_q, agent.q.trainable_variables)
        q_optimizer.apply_gradients(zip(gradients, agent.q.trainable_variables))

    # Freeze Q - network
    agent.q.trainable = False

    # one step gradient for policy network
    with tf.GradientTape() as tape:
        loss_policy = compute_policy_loss(agent, states, tape)
        gradients = tape.gradient(loss_policy, agent.policy.trainable_variables)
        policy_optimizer.apply_gradients(zip(gradients, agent.policy.trainable_variables))

    # UnFreeze Q - network
    agent.q.trainable = True

    # update target networks with polyak averaging
    updated_model_weights = []
    for weights, weights_target in zip(agent.get_weights(), target_network.get_weights()):
        new_weights = polyak * weights_target + (1 - polyak) * weights
        updated_model_weights.append(new_weights)
    target_network.set_weights(updated_model_weights)
```

8. DDPG：主循环

最后一步是 DDPG 算法的实现，它使用前面的 one_step_update 函数，创建优化器并初始化环境，使用当前的在线策略在环境中不断运行。最初，对于第一个 start_steps＝10000，它采取一个随机动作来探索环境,一旦收集到足够的转移,它就使用带有噪声的当前策略来选择动作。转移被添加到 ReplayBuffer 中,若回放池已经饱和,则从中删除最早的一个转移。

update_after 告诉算法只有在回放池中收集到 update_after ＝1000 个转移之后才能进行梯度更新。代码按照参数 epochs＝5 的定义多次运行循环。为了演示,我们使用 epochs＝5。读者可以运行更长的时间,比如 100 个 epoch 左右。这在月球-着陆器环境中是绝对推荐的。代码块 8-13 只给出了 PyTorch 的版本。

代码块 8-13 PyTorch 中的 DDPG 外训练循环

```python
def ddpg(env_fn, seed = 0,
        steps_per_epoch = 4000, epochs = 5, replay_size = int(1e6), gamma = 0.99, polyak = 0.995,
        policy_lr = 1e - 3, q_lr = 1e - 3, batch_size = 100, start_steps = 10000, update_after =
        1000, update_every = 50, act_noise = 0.1, num_test_episodes = 10, max_ep_len = 1000):

    torch.manual_seed(seed)
    np.random.seed(seed)

    env, test_env = env_fn(), env_fn()

    ep_rets, ep_lens = [], []

    state_dim = env.observation_space.shape
    act_dim = env.action_space.shape[0]

    act_limit = env.action_space.high[0]

    agent = MLPActorCritic(env.observation_space, env.action_space)
    target_network = deepcopy(agent)

    # Freeze target networks with respect to optimizers (only update via polyak averaging)
    for params in target_network.parameters():
        params.requires_grad = False

    # Experience buffer
    replay_buffer = ReplayBuffer(replay_size)

    # optimizers
    q_optimizer = Adam(agent.q.parameters(), lr = q_lr)
    policy_optimizer = Adam(agent.policy.parameters(), lr = policy_lr)

    total_steps = steps_per_epoch * epochs
    state, ep_ret, ep_len = env.reset(), 0, 0

    for t in range(total_steps):
        if t > start_steps:
            action = agent.get_action(state, act_noise)
        else:
            action = env.action_space.sample()

        next_state, reward, done, _ = env.step(action)
        ep_ret += reward
        ep_len += 1

        # Ignore the "done" signal if it comes from hitting the time
        # horizon (that is, when it's an artificial terminal signal
```

```
    # that isn't based on the agent's state)
    done = False if ep_len == max_ep_len else done

    # Store experience to replay buffer
    replay_buffer.add(state, action, reward, next_state, done)

    state = next_state

    # End of trajectory handling
    if done or (ep_len == max_ep_len):
        ep_rets.append(ep_ret)
        ep_lens.append(ep_len)
        state, ep_ret, ep_len = env.reset(), 0, 0

    # Update handling
    if t >= update_after and t % update_every == 0:
        for _ in range(update_every):
            states, actions, rewards, next_states, done_flags = \
            replay_buffer.sample(batch_size)

            one_step_update(
                    agent, target_network, q_optimizer, policy_optimizer, states, actions,
                    rewards, next_states, done_flags, gamma, polyak
            )

    # End of epoch handling
    if (t + 1) % steps_per_epoch == 0:
        epoch = (t + 1) // steps_per_epoch

        avg_ret, avg_len = test_agent(test_env, agent, num_test_episodes, max_ep_len)
        print("End of epoch: {:.0f}, Training Average Reward: {:.0f},
        Training Average Length: {:.0f}".format(epoch, np.mean(ep_rets), np.mean(ep_lens)))
        print("End of epoch: {:.0f}, Test Average Reward: {:.0f}, Test Average Length: {:.0f}".
        format(epoch, avg_ret, avg_len)) ep_rets, ep_lens = [],[]

return agent
```

TensorFlow 版本与 PyTorch 版本非常相似，只是在调用哪个库函数和如何传递参数方面有一些细微的差异。在 TensorFlow 版本中，我们有一个额外的代码位来初始化网络权重，这样就可以在开始训练之前冻结目标网络权重。按照构建模型的方式，模型在第一步训练之前是不会被构建的，因此我们需要在 TensorFlow 中用额外的代码位来强制构建模型。这里没有给出 TensorFlow 版本的代码。

代码的其余部分是训练智能体，然后记录训练后的智能体的性能。我们先对摆环境运行算法，然后对月球-着陆器 Gym 环境运行算法。这些代码读起来很有趣，但由于它们与学习 DDPG 无关，所以我们不会深入研究这些代码实现的细节。感兴趣的读者可以查看相关的库文档并逐步遍历代码。

这就完成了代码实现演示。可以看到，即使经过了 5 个批次的训练，智能体在简单的摆环境和更复杂的月球-着陆器环境中也能表现得很好。

接下来研究双延迟 DDPG，它也称为 TD3。它还有一些其他的增强和技巧（用来解决在 DDPG 中的一些稳定性和收敛速度问题）。

8.4 双延迟 DDPG

双延迟 DDPG 是于 2018 年在一篇题为 *Addressing Function Approximation Error in Actor-Critic Methods* 的论文中提出的。DDPG 有我们在第 4 章 Q-学习中学习过的过度估计偏差(见 4.8 节)。我们在第 6 章研究了双 DQN 的方法,通过解耦最大动作和最大 q 值来解决偏差问题。在刚刚提到的文章中,作者表明,DDPG 也存在同样的过度估计偏差。他们提出了一种双 Q-学习的变体,这种变体解决了 DDPG 中的过度估计偏差问题。该方法使用了以下修改:

- 裁剪双 Q-学习——TD3 使用两个独立的 Q 函数,并且 TD3 在贝尔曼方程下形成目标时取两者的最小值,即图 8-4 中 DDPG 伪代码步骤 11 中的目标。这个修改就是该算法被称为双的原因。
- 延迟策略更新——与 Q 函数更新相比,TD3 更新策略和目标网络的频率较低。此论文建议每更新两次 Q 函数就更新一次策略和目标网络。即每两次更新步骤 11 和步骤 12 中的 Q 函数,就更新一次图 8-4 中 DDPG 伪代码的步骤 13 和步骤 14。这个修改就是调用这个算法延迟的原因。
- 目标策略平滑——TD3 增加了目标动作的噪声,使得策略更难利用 Q 函数估计误差和控制过度估计偏差。

8.4.1 目标-策略平滑

计算目标 $y(r,s',d)$ 的动作是基于目标网络的。在 DDPG 中,我们在图 8-4 的步骤 11 中计算了 $a'(s')=\mu_{\theta_{targ}}(s')$。然而,在 TD3 中,我们通过在动作中添加噪声来实现目标策略平滑。对于确定性动作 $\mu_{\theta_{targ}}(s')$,我们添加了一个带有一些裁剪范围的平均零高斯噪声。然后使用 tanh 进一步裁剪动作,并与 max_action_range 相乘,以确保动作值适合接受的动作值范围。

$$a'(s')=\text{clip}(\mu_{\theta_{targ}}(s')+\text{clip}(\varepsilon,-c,c),a_{\text{Low}},a_{\text{High}}),\quad \varepsilon \sim N(0,\sigma) \tag{8.8}$$

8.4.2 Q-损失(评论家)

我们使用两个独立的 Q 函数,并从一个使用两个独立 Q 函数的最小值的共同目标中学习它们。目标用数学方法表示如下:

$$y(r,s',d)=r+\gamma(1-d)\min_{i=1,2}Q_{\phi_{targ,i}}(s',a'(s')) \tag{8.9}$$

首先使用式(8.8)来找到噪声目标动作值 $a'(s')$。然后反过来利用这个值计算目标 q 值:第一个和第二个 Q 目标网络的 q 值:$Q_{\phi_{targ,1}}(s',a'(s'))$ 和 $Q_{\phi_{targ,2}}(s',a'(s'))$。

然后使用式(8.9)中的共同目标来计算两个 Q 网络的损失,如下所示:

$$Q_{\text{Loss},1}=\frac{1}{B}\sum_{(s,a,r,s',d)\in B}(Q_{\phi_1}(s,a)-y(r,s',d))^2$$

和

$$Q_{\text{Loss},2}=\frac{1}{B}\sum_{(s,a,r,s',d)\in B}(Q_{\phi_2}(s,a)-y(r,s',d))^2 \tag{8.10}$$

将损失相加,然后独立最小化,以训练 Q_{ϕ_1} 和 Q_{ϕ_2} 网络(即两个在线评论家网络)。

$$Q_{\text{Loss}} = \sum_{i=1,2} Q_{\text{Loss},i} \tag{8.11}$$

8.4.3 策略损失(演员)

策略损失计算保持不变,与 DDPG 使用的相同。

$$\text{Policy}_{\text{Loss}} = -\frac{1}{B}\sum_{s \in B} Q_{\phi_1}(s,\mu_\phi(s,\mu_\theta(s))) \tag{8.12}$$

请注意,我们只在方程中使用了 Q_{ϕ_1}。与 DDPG 一样,也请注意-ve 符号。我们需要使用梯度上升,但 PyTorch 和 TensorFlow 使用梯度下降。所以,我们用-ve 符号把上升变为下降。

8.4.4 延迟更新

我们采用延迟的方式更新在线策略和智能体网络权重,即在线 Q 网络 Q_{ϕ_1} 和 Q_{ϕ_2},每更新两次就更新一次在线策略和智能体网络权重。

8.4.5 伪代码和实现

现在,我们已经准备好给出完整的伪代码了。如图 8-7 所示。

输入:初始策略参数 θ、Q 函数参数 ϕ_1 和 ϕ_2、空回放池 D

设置目标参数等于在线参数 $\theta_{\text{targ}} \leftarrow \theta$, $\phi_{\text{targ},1} \leftarrow \phi_1$, 和 $\phi_{\text{targ},2} \leftarrow \phi_2$

Repeat

    观测状态 s 并且选择动作

$$a = \text{clip}(\mu_\theta(s) + \varepsilon, a_{\text{Low}}, a_{\text{High}}),\text{其中 } \varepsilon \sim N(0,\sigma)$$

    在环境中执行动作 a 并且观测下一状态 s'、奖励 r 和完成的信号 d

    在回放池 D 中存储 (s,a,r,s',d)

    如果 s' 是最终状态,将环境重置

    If it's time to update,**then**:

        For j in range (as many updates as required):

        从回放池 D 中采样 batch $B = \{(s,a,r,s',d)\}$

        计算目标动作

$$a'(s') = \text{clip}(\mu_{\theta_{\text{targ}}}(s') + \text{clip}(\varepsilon,-c,c), a_{\text{Low}}, a_{\text{High}}), \varepsilon \sim N(0,\sigma)$$

        计算目标

$$y(r,s',d) = r + \gamma(1-d)\min_{i=1,2} Q_{\phi_{\text{targ},i}}(s',a'(s'))$$

        在 ϕ 上用一步梯度下降更新 Q 函数

$$\nabla_\phi \frac{1}{B}\sum_{(s,a,r,s',d)\in B}(Q_{\phi_i}(s,a) - y(r,s',d))^2, \quad i=1,2$$

    If j mod policy_update == 0

        在 θ 上用一步梯度下降更新策略

$$\nabla_\theta \frac{1}{|B|}\sum_{s \in B} Q_\phi(s,\mu_\theta(s))$$

        用 polyak 平均更新目标网络

$$\phi_{\text{targ}} \leftarrow \rho\phi_{\text{targ}} + (1-\rho)\phi$$
$$\theta_{\text{targ}} \leftarrow \rho\theta_{\text{targ}} + (1-\rho)\theta$$

图 8-7 双延迟 DDPG 算法

8.4.6　代码实现

现在看看代码实现。像 DDPG 一样，我们将在钟摆和月球-着陆器两类环境上运行算法。除了前面提到的 3 处改进外，大部分代码与 DDPG 相似。因此，我们将只介绍 PyTorch 和 TensorFlow 版本中这些更改的重点。读者可以在 listing8_2_td3_pytorch. ipynb 文件中找到 PyTorch 版本的完整代码，并在 listing8_2_td3_tensorflow. ipynb 中找到 TensorFlow 版本。

1. 结合模型-演员-评论家实现

我们首先看看智能体网络。个别 Q 网络（评论家）MLPQFunction 和策略网络（演员）MLPActor 与之前相同。然而，我们将演员和评论家结合在一起的智能体有一个小变化，即 MLPActorCritic。现在有两个 Q 网络与 TD3 的"双"部分一致。代码块 8-14 包含了 PyTorch 和 TensorFlow 的 MLPActorCritic 代码。

代码块 8-14　PyTorch 和 TensorFlow 中的 MLPActorCritic

```
################ PyTorch ################
class MLPActorCritic(nn.Module):
    def __init__(self, observation_space, action_space):
        super().__init__()
        self.state_dim = observation_space.shape[0]
        self.act_dim = action_space.shape[0]
        self.act_limit = action_space.high[0]

        # build Q and policy functions
        self.q = MLPQFunction(self.state_dim, self.act_dim)
        self.policy = MLPActor(self.state_dim, self.act_dim, self.act_limit)

    def act(self, state):
        with torch.no_grad():
            return self.policy(state).numpy()

    def get_action(self, s, noise_scale):
        a = self.act(torch.as_tensor(s, dtype=torch.float32))
        a += noise_scale * np.random.randn(self.act_dim)
        return np.clip(a, -self.act_limit, self.act_limit)


################ TensorFlow ################
class MLPActorCritic(tf.keras.Model):
    def __init__(self, observation_space, action_space):
        super().__init__()
        self.state_dim = observation_space.shape[0]
        self.act_dim = action_space.shape[0]
        self.act_limit = action_space.high[0]

        # build Q and policy functions
        self.q1 = MLPQFunction(self.state_dim, self.act_dim)
        self.q2 = MLPQFunction(self.state_dim, self.act_dim)
        self.policy = MLPActor(self.state_dim, self.act_dim, self.act_limit)
```

```
    def act(self, state):
        return self.policy(state).numpy()

    def get_action(self, s, noise_scale):
        a = self.act(s.reshape(1, -1).astype('float32')).reshape(-1)
        a += noise_scale * np.random.randn(self.act_dim)
        return np.clip(a, -self.act_limit, self.act_limit)
```

2. Q-损失实现

保持回放池不变,改变 Q-损失的计算方式。按照式(8.8)～式(8.11)执行目标策略平滑和裁剪双 Q-学习。代码块 8-15 包含 PyTorch 版本的 compute_q_loss 代码。这次没有列出 TensorFlow 的代码,读者可以在文件 listing8_2_td3_tensorflow.ipynb 中进一步研究它。

代码块 8-15　PyTorch 中的 Q-损失

```
def compute_q_loss(agent, target_network, states, actions, rewards, next_states,
                   done_flags, gamma, target_noise, noise_clip, act_limit, tape):

    # convert numpy array to proper data types
    states = states.astype('float32')
    actions = actions.astype('float32')
    rewards = rewards.astype('float32')

    next_states = next_states.astype('float32')
    done_flags = done_flags.astype('float32')

    # get q-values for all actions in current states
    # use agent network
    q1 = agent.q1(states, actions)
    q2 = agent.q2(states, actions)

    # Bellman backup for Q function
    with tape.stop_recording():
        action_target = target_network.policy(next_states)

        # Target policy smoothing
        epsilon = tf.random.normal(action_target.shape) * target_noise
        epsilon = tf.clip_by_value(epsilon, -noise_clip, noise_clip)
        action_target = action_target + epsilon
        action_target = tf.clip_by_value(action_target, -act_limit, act_limit)

        q1_target = target_network.q1(next_states, action_target)
        q2_target = target_network.q2(next_states, action_target)
        q_target = tf.minimum(q1_target, q2_target)
        target = rewards + gamma * (1 - done_flags) * q_target
    # MSE loss against Bellman backup
    loss_q1 = tf.reduce_mean((q1 - target) ** 2)
    loss_q2 = tf.reduce_mean((q2 - target) ** 2)
    loss_q = loss_q1 + loss_q2

    return loss_q
```

3. 策略损失实现

策略损失计算方式保持不变,只是我们只使用其中一个 Q 网络(它实际上是第一个权

重为 ϕ_1 的 Q-网络）。

　　4. 一步更新实现

　　one_step_update 函数的实现也和前面的函数非常相似,除了需要将计算的 Q-损失相对于 Q1 和 Q2 网络的组合网络权重的梯度作为 q_params 传入函数中。

　　此外,我们需要冻结和解冻 Q1 和 Q2 的网络权重。

　　代码块 8-16 包含 PyTorch 的 one _ step _ update 的 实现,代码块 8-17 包含其 TensorFlow 版本的代码。要特别注意权重是如何冻结和解冻的,梯度更新是如何计算的,以及权重是如何更新到目标网络的。这些操作在 PyTorch 版本和 TensorFlow 版本之间有一些细微差别。

代码块 8-16　PyTorch 中的一步更新

```
def one_step_update(agent, target_network, q_params, q_optimizer, policy_optimizer, states,
                    actions, rewards, next_states, done_flags, gamma, polyak, target_noise,
                    noise_clip, act_limit, policy_delay, timer):

    # one step gradient for q - values
    q_optimizer.zero_grad()
    loss_q = compute_q_loss(agent, target_network, states, actions, rewards, next_states,
                            done_flags, gamma, target_noise, noise_clip, act_limit)
    loss_q.backward()
    q_optimizer.step()

    # Update policy and target networks after policy_delay updates of Q - networks
    if timer % policy_delay == 0:
        # Freeze Q - network
        for params in q_params:
            params.requires_grad = False

        # one step gradient for policy network
        policy_optimizer.zero_grad()
        loss_policy = compute_policy_loss(agent, states)
        loss_policy.backward()
        policy_optimizer.step()

        # UnFreeze Q - network
        for params in q_params:
            params.requires_grad = True

        # update target networks with polyak averaging
        with torch.no_grad():
            for params, params_target in zip(agent.parameters(),
            target_network.parameters()):
                params_target.data.mul_(polyak)
                params_target.data.add_((1 - polyak) * params.data)
```

代码块 8-17　TensorFlow 中的一步更新

```
def one_step_update(agent, target_network, q_params, q_optimizer, policy_optimizer, states,
                    actions, rewards, next_states, done_flags, gamma, polyak, target_noise,
                    noise_clip, act_limit, policy_delay, timer):

    # one step gradient for q - values
```

```
with tf.GradientTape() as tape:
    loss_q = compute_q_loss(agent, target_network, states, actions, rewards, next_states,
                            done_flags, gamma, target_noise, noise_clip, act_limit, tape)

    gradients = tape.gradient(loss_q, q_params)
    q_optimizer.apply_gradients(zip(gradients, q_params))

# Update policy and target networks after policy_delay updates of Q-networks
if timer % policy_delay == 0:
    #Freeze Q-network
    agent.q1.trainable = False
    agent.q2.trainable = False

    #one step gradient for policy network
    with tf.GradientTape() as tape:
        loss_policy = compute_policy_loss(agent, states, tape)
    gradients = tape.gradient(loss_policy, agent.policy.trainable_variables)
    policy_optimizer.apply_gradients(zip(gradients, agent.policy.
    trainable_variables))

#UnFreeze Q-network
agent.q1.trainable = True
agent.q2.trainable = True

# update target networks with polyak averaging
updated_model_weights = []
for weights, weights_target in zip(agent.get_weights(), target_network.get_weights()):
    new_weights = polyak * weights_target + (1 - polyak) * weights
    updated_model_weights.append(new_weights)
target_network.set_weights(updated_model_weights)
```

5. TD3 主循环

下一个变化是更新的频率。与 DDPG 不同，在 TD3 中，每经历两次 Q-网络的更新，就更新一次在线策略和目标权重。这是对 DDPG 代码的一个小更改，因此不在这里列出它。

我们先在钟摆环境下运行 TD3，然后在月球-着陆器 Gym 环境下运行 TD3。可以看到，在 5 个情节之后，钟摆在直立状态下得到了很好的平衡。而月球-着陆器的训练质量，与 DDPG 相同——比较一般。这是因为月球-着陆器的环境是相当复杂的，我们需要进行更多的训练，比如 50 或 100 个迭代。

我们也可能看不到 DDPG 和 TD3 之间在学习质量上有任何明显的差异。然而，若能在更复杂的环境中运行 TD3，则会看到它有比 DDPG 更高的性能。有兴趣的读者可以参考 TD3 的原始论文，查看 TD3 的作者对其他算法所做的基准研究。

在讨论本章的最后一个算法——软演员-评论家的算法之前，我们先来了解一下 SAC 使用的重参数化技巧。

8.5　重参数化技巧

重参数化技巧是在变分自动编码器（Variational Auto-Encoder，VAE）中使用的变量方法的变式。它需要使用节点传播梯度，并且这个节点是随机的。重参数化也被用来降低梯度估计的方差。这里主要探讨第二点，深入研究主要来源于 Goker Erdogan 的一篇博客文章,文中还提供了更多的分析推导和解释。

假设随机变量 x 服从正态分布。设 θ 参数化分布如下:

$$x \sim p_\theta(x) = N(\theta, 1) = \frac{1}{\sqrt{2\pi}} e^{-\frac{1}{2}(x-\theta)^2} \tag{8.13}$$

从中抽取样本,然后利用这些样本求出以下等式的最小值:

$$J(\theta) = \mathop{E}_{x \sim p_\theta(x)}[x^2]$$

我们使用梯度下降法。重点是找到两个不同的方法来确定导数/梯度的估计值 $\mathbf{\nabla}_\theta J(\theta)$。

8.5.1   分数/强化方法

首先,我们将遵循日志(log)技巧,这是我们在使用策略梯度进行强化时做过的。可以发现它具有很高的方差,这就是我们希望为前面展示的简单例子的分布演示的内容。

取 $J(\theta)$ 对 θ 的导数,

$$
\begin{aligned}
\mathbf{\nabla}_\theta J(\theta) &= \mathbf{\nabla}_\theta \mathop{E}_{x \sim p_\theta(x)}[x^2] \\
&= \mathbf{\nabla}_\theta \int p_\theta(x) x^2 \, \mathrm{d}x \\
&= \int \mathbf{\nabla}_\theta p_\theta(x) x^2 \, \mathrm{d}x \\
&= \int \frac{p_\theta(x)}{p_\theta(x)} \mathbf{\nabla}_\theta p_\theta(x) x^2 \, \mathrm{d}x \\
&= \int p_\theta(x) \frac{\mathbf{\nabla}_\theta p_\theta(x)}{p_\theta(x)} x^2 \, \mathrm{d}x \\
&= \int p_\theta(x) \mathbf{\nabla}_\theta \log p_\theta(x) x^2 \, \mathrm{d}x \\
&= \mathop{E}_{x \sim p_\theta(x)}[\mathbf{\nabla}_\theta \log p_\theta(x) x^2]
\end{aligned}
$$

接下来,使用蒙特卡洛方法形成一个使用样本的估计 $\mathbf{\nabla}_\theta J(\theta)$。

$$\widehat{\mathbf{\nabla}_\theta J(\theta)} = \frac{1}{N} \sum_{i=1}^{N} \mathbf{\nabla}_\theta \log p_\theta(x_i) x_i^2$$

将前面的表达式替换为 $P_\theta(x)$,取对数,然后取梯度 wrt θ,将得到以下结果:

$$\widehat{\mathbf{\nabla}_\theta J(\theta)} = \frac{1}{N} \sum_{i=1}^{N} (x_i - \theta) x_i^2 \tag{8.14}$$

8.5.2   重参数化技巧与路径导数

第二种方法是重新参数化技巧。我们把 x 重新定义为常数和无参数 θ 的正态分布的组合。设 x 的定义如下:

$$x = \theta + \varepsilon, \quad \varepsilon \sim N(0, 1)$$

可以看到,前面的重参数化使 x 的分布保持不变。

$$p_\theta(x) = N(\theta, 1)$$

接下来计算 $\nabla_\theta J(\theta) = \nabla_\theta \underset{x \sim p_\theta(x)}{E} [x^2]$。

$$\nabla_\theta J(\theta) = \nabla_\theta \underset{x \sim p_\theta(x)}{E} [x^2]$$

$$= \nabla_\theta \underset{\varepsilon \sim N(0,1)}{E} [(\theta + \varepsilon)^2]$$

由于期望值不依赖于 θ，因此可以将梯度移到内部，这样就不会遇到前面方法中提到的 log 问题（即在导数中求 log）。

$$\nabla_\theta J(\theta) = \nabla_\theta \int p(\varepsilon)(\theta + \varepsilon)^2 \, d\varepsilon$$

$$= \int p(\varepsilon) \nabla_\theta (\theta + \varepsilon)^2 \, d\varepsilon$$

$$= \int p(\varepsilon) 2(\theta + \varepsilon) \, d\varepsilon$$

$$= \underset{\varepsilon \sim N(0,1)}{E} [2(\theta + \varepsilon)]$$

接下来，将期望值转换为 MC 估计值，以获得以下结果：

$$\widehat{\nabla_\theta J(\theta)} = \frac{1}{N} \sum_{i=1}^{N} 2(\theta + \varepsilon_i) \tag{8.15}$$

8.5.3 实验

将式(8.14)和式(8.15)用两种方法来计算估计值的均值和方差。我们使用不同的 N 值来计算式(8.14)和式(8.15)，并对每个 N 值重复实验 10 000 次，以计算式(8.14)和式(8.15)中给出的梯度估计的平均值和方差。实验结果表明这两个方程的平均值是相同的。换句话说，它们估计的值相同，但式(8.14)中的估计方差比式(8.15)中的估计方差高出近一个数量级。在我们的案例中，它高出了 21.75 倍。

让我们对它进行冻结：

$$\theta = 2$$

• 生成样本 $x \sim N(\theta, 1)$，并使用式(8.14)中的这些样本计算强化估计值 $\nabla_\theta J(\theta)$。

• 生成样本 $\varepsilon \sim N(\theta, 1)$，并使用式(8.15)中的这些样本计算重参数估计值 $\nabla_\theta J(\theta)$。

请参见 listing8 _ 3 _ reparameterization. ipynb 中的实验和代码的详细信息。在 notebook 中，我们还计算了解析解以得出以下结果。

对于使用式(8.14)的强化梯度，梯度具有以下特点：

$$\text{mean} = 4$$

$$\text{variance} = \frac{87}{N}$$

对于使用式(8.15)的重参数梯度，梯度具有以下特性：

$$\text{mean} = 4$$

$$\text{variance} = \frac{4}{N}$$

可以看到，两种方法下的梯度估计值具有相同的平均值。然而，重新参数化方法的方差要小得多，相差一个数量级。这正是我们的代码运行所证实的。

总之，假设有一个以状态 s 为输入的策略网络，该网络由 θ 参数化。策略网络产生策略的均值和方差,即具有正态分布的随机策略,其均值和方差是网络的输出,如图 8-8 所示。

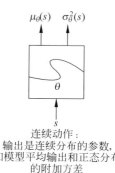

$$\mu_\theta(s) \quad \sigma_\theta^2(s)$$

对动作 a 的定义如下:

$$a \sim N(\mu_\theta(s), \sigma_\theta^2(s)) \qquad (8.16)$$

对动作 a 进行重参数化,将确定性和随机性部分分解出来,使得随机性部分不依赖于网络参数 θ。

$$a = \mu_\theta(s) + \sigma_\theta^2(s) \cdot \varepsilon, \quad \varepsilon \sim N(0,1) \qquad (8.17)$$

与使用非参数化方法相比,重参数化允许我们计算具有更低的方差的策略梯度。此外,重参数化允许我们通过将随机部分分离为非参数部分的方法,用另一种方式使梯度通过网络返回。我们将在软演员-评论家算法中使用这种方法。

连续动作:
输出是连续分布的参数,
如模型平均输出和正态分布
的附加方差

图 8-8 随机策略网络

8.6 熵解释

在开始深入研究 SAC 的细节之前,还需要重温一下熵的概念。第 7 章讨论了在将熵作为正则化器时,它如何作为强化代码演练的一部分。现在,将做一件类似的事情,那就是了解一下熵是什么。

假设随机变量 x 服从某个分布 $P(x)$。x 的熵定义如下:

$$H(p) = \mathop{E}_{x \sim P}\left[-\log P(x)\right] \qquad (8.18)$$

假设有一枚 $P(x) = p$ 和 $P(\bar{x}) = 1 - p$ 的硬币。计算 $p \in (0,1)$ 时不同值的熵 H,

$$H(p) = -\left[p \log p + (1-p) \log(1-p)\right]$$

可以绘制 $H(p)$ 与 p 的关系曲线,如图 8-9 所示。

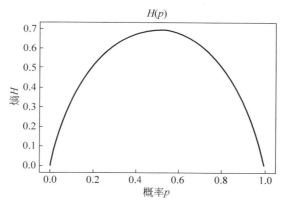

$H(p)$

图 8-9 随机策略网络伯努利分布的熵作为 p 的函数(p 是在实验中得到 1 的概率)

可以看到,$p = 0.5$ 时熵 H 取到最大值,也就是说,这是在 0/1 的最大不确定性时取得的。换句话说,通过最大化熵,我们可以确保随机动作策略具有广泛的分布,而不会过早地压缩到一个尖峰,因为尖峰会减少探索。

8.7 软演员-评论家

软演员-评论家与 TD3 几乎同时问世。与 DDPG 和 TD3 一样，SAC 也使用了演员-评论家结构，并使用离线策略学习进行连续控制。然而，与 DDPG 和 TD3 不同，SAC 学习随机策略。因此，SAC 在 DDPG 等确定性策略算法和 TD3 等随机策略优化之间架起了一座桥梁。在 2018 年的一篇题为 *Soft Actor-Critic：Off-Policy Maximum Entropy Deep Reinforcement Learning with a Stochastic Actor* 的论文中介绍了该算法。

它使用了裁剪双-Q 技巧，如 TD3，并且由于其学习随机策略，它间接受益于目标策略平滑，而无须向目标策略添加噪声。

SAC 的一个核心特征是使用熵作为最大化的一部分。在这里，我们引用论文作者的话："在这个框架中，演员的目标是同时最大化期望回报和熵；也就是说，在尽可能随机的情况下成功完成任务。"

8.7.1 SAC 与 TD3

两者的相似之处如下：
- 这两种方法都使用均方贝尔曼误差（MSBE）最小化来达到一个共同的目标。
- 使用 polyak 平均获得的目标 Q 网络来计算公共目标。
- 这两种方法都使用剪裁双 Q 技巧，它至少由两个 q 值组成，以避免过度估计。

两者的不同之处如下：
- SAC 使用熵正则化，这在 TD3 中是不存在的。
- TD3 用目标策略计算下一个状态的动作，而在 SAC 中，我们使用当前策略来获取下一个状态的动作。
- 在 TD3 中，目标策略通过向动作添加随机噪声来使用平滑。然而，在 SAC 中，学习到的策略是一种随机策略，它能够在没有任何噪声添加的情况下提供平滑效果。

8.7.2 熵-正则化下的 Q-损失

熵度量分布具有随机性，熵越大，分布越平坦。尖峰策略的所有概率都以该峰值为中心，因此它的熵较低。我们通过熵正则化训练策略，使其在期望回报和熵之间实现最大的权衡，同时熵 α 控制这个权衡。

该策略被训练为在期望回报和熵之间进行最大化权衡（衡量策略随机性的一种方法）。

$$\pi^* = \arg\max_{\pi} \, E_{\tau \sim \pi} \left[\sum_{t=0}^{\infty} \gamma^t (R(s_t, a_t, s_{t+1}) + \alpha H(\pi(\cdot \mid s_t))) \right] \tag{8.19}$$

在此设置中，V^{π} 被更改为包含来自每个步长的熵。

$$V^{\pi}(s) = E_{\tau \sim \pi} \left[\sum_{t=0}^{\infty} \gamma^t (R(s_t, a_t, s_{t+1}) + \alpha H(\pi(\cdot \mid s_t))) \mid s_0 = s \right] \tag{8.20}$$

此外，Q^{π} 被更改为包含除第一个步长之外的每个步长的熵加值。

$$Q^{\pi}(s, a) = E_{\tau \sim \pi} \left[\sum_{t=0}^{\infty} \gamma^t R(s_t, a_t, s_{t+1}) + \alpha \sum_{t=1}^{\infty} \gamma^t H(\pi(\cdot \mid s_t)) \mid s_0 = s, a_0 = a \right]$$

$$\tag{8.21}$$

根据这些定义,V^π 和 Q^π 通过以下方式连接:

$$V^\pi(s) = \mathop{E}_{a \sim \pi} [Q^\pi(s,a) + \alpha H(\pi(\cdot \mid s))] \tag{8.22}$$

Q^π 的贝尔曼方程如下:

$$Q^\pi(s,a) = \mathop{E}_{s' \sim P, a' \sim \pi} [R(s,a,s') + \gamma(Q^\pi(s',a') + \alpha H(\pi(\cdot \mid s')))]$$
$$= \mathop{E}_{s' \sim P} [R(s,a,s') + \gamma V^\pi(s')] \tag{8.23}$$

右边是我们转换为样本估计的期望值

$$Q^\pi(s,a) \approx r + \gamma(Q^\pi(s',\widetilde{a'}) - \alpha \log\pi(\widetilde{a'} \mid s')), \widetilde{a'} \sim \pi(\cdot \mid s') \tag{8.24}$$

在上面的公式中,(s,a,r,s') 来自回放池,$\widetilde{a'}$ 来自在线/智能体策略的采样。在 SAC 中,我们根本不使用目标网络策略。

与 TD3 一样,SAC 使用剪裁双 Q 并最小化均方贝尔曼误差(MSBE)。综上所述,SAC 中 Q 网络的损失函数如下:

$$L(\phi_i, D) = \mathop{E}_{(s,a,r,s',d) \sim D} [(Q_{\phi_i}(s,a) - y(r,s',d))^2], \quad i = 1,2 \tag{8.25}$$

其中目标由下式给出:

$$y(r,s',d) = r + \gamma(1-d)(\min_{i=1,2} Q_{\phi_{\text{targ}},i}(s',\widetilde{a'}) - \alpha\log\pi_\theta(\widetilde{a'} \mid s')), \quad \widetilde{a'} \sim \pi_\theta(\cdot \mid s')$$
$$\tag{8.26}$$

将期望值转换为样本平均值,

$$L(\phi_i, D) = \frac{1}{|B|} \sum_{(s,a,r,s',d) \in B} (Q_{\phi_i}(s,a) - y(r,s',d))^2, \quad i = 1,2 \tag{8.27}$$

最小化的最终 Q-损失如下:

$$Q_{\text{Loss}} = L(\phi_1, D) + L(\phi_2, D) \tag{8.28}$$

8.7.3 具有重参数技巧的策略损失

策略应选择能够最大化期望未来回报和未来熵的动作,即 $V^\pi(s)$。

$$V^\pi(s) = \mathop{E}_{a \sim \pi} [Q^\pi(s,a) + \alpha H(\pi(\cdot \mid s))]$$

我们将其改写如下:

$$V^\pi(s) = \mathop{E}_{a \sim \pi} [Q^\pi(s,a) - \alpha \log\pi(a \mid s)] \tag{8.29}$$

这里使用了重参数化和挤压高斯策略。

$$\widetilde{a}_\theta(s,\xi) = \tanh(\mu_\theta(s) + \sigma_\theta(s) \odot \xi), \xi \sim N(0,1) \tag{8.30}$$

结合前面的式(8.29)和式(8.30),并注意到我们的策略网络由 θ(策略网络权重)参数化,得到以下结果:

$$\mathop{E}_{a \sim \pi_\theta} [Q^{\pi_\theta}(s,a) - \alpha\log\pi_\theta(a \mid s)] = \mathop{E}_{\xi \sim N} [Q^{\pi_\theta}(s,\widetilde{a}_\theta(s,\xi)) - \alpha\log\pi_\theta(\widetilde{a}_\theta(s,\xi) \mid s)]$$
$$\tag{8.31}$$

接下来,用函数逼近器代替 Q,取两个 Q 函数的最小值。

$$Q^{\pi_\theta}(s,\widetilde{a}_\theta(s,\xi)) = \min_{i=1,2} Q_{\phi_i}(s,\widetilde{a}_\theta(s,\xi)) \tag{8.32}$$

策略目标相应地转变为以下内容：

$$\max_{\theta} \mathop{E}_{\substack{s \sim D \\ \xi \sim N}} \left[\min_{i=1,2} Q_{\phi_i}(s, \widetilde{a}_{\theta}(s, \xi)) - \alpha \log \pi_{\theta}(\widetilde{a}_{\theta}(s, \xi) \mid s) \right] \qquad (8.33)$$

像以前一样，我们在 PyTorch/TensorFlow 中使用极小值。因此，引入$-$ve 符号将最大化转换为损失最小化。

$$\text{Policy}_{\text{Loss}} = - \mathop{E}_{\substack{s \sim D \\ \xi \sim N}} \left[\min_{i=1,2} Q_{\phi_i}(s, \widetilde{a}_{\theta}(s, \xi)) - \alpha \log \pi_{\theta}(\widetilde{a}_{\theta}(s, \xi) \mid s) \right] \qquad (8.34)$$

我们还使用样本将期望值转换为估计值，以获得以下结果：

$$\text{Policy}_{\text{Loss}} = - \frac{1}{|B|} \sum_{s \in B} \left(\min_{i=1,2} Q_{\phi_i}(s, \widetilde{a}_{\theta}(s)) - \alpha \log \pi_{\theta}(\widetilde{a}_{\theta}(s) \mid s) \right) \qquad (8.35)$$

8.7.4 伪代码及其实现

现在给出完整的伪代码，参见图 8-10。

输入初始策略参数 θ、Q 函数参数 ϕ_1、ϕ_2 和空回放池 D

设置目标参数等于在线参数 $\phi_{\text{targ},1} \leftarrow \phi_1$ 和 $\phi_{\text{targ},2} \leftarrow \phi_2$

Repeat

    观测状态 s 并且选择动作

$$a = \text{clip}(\mu_{\theta}(s) + \varepsilon, a_{\text{Low}}, a_{\text{High}}), \text{其中 } \varepsilon \sim N$$

    在环境中执行动作 a 并且观测下一状态 s'、奖励 r 和完成的信号 d

    在回放池 D 中存储 (s, a, r, s', d)

    如果 s' 是最终状态，将环境重置

If it's time to update, **then**：

    For j in range (as many updates as required)：

        从回放池 D 中采样 batch $B = \{(s, a, r, s', d)\}$：

        计算 Q 函数的目标：

$$y(r, s', d) = r + \gamma(1 - d)\left(\min_{i=1,2} Q_{\phi_{\text{targ},i}}(s', \widetilde{a'}) - \alpha \log \pi_{\theta}(\widetilde{a'} \mid s') \right)$$

$$\widetilde{a'} \sim \pi_{\theta}(\cdot \mid s')$$

        在 ϕ 上用一步梯度下降更新 Q 函数。

$$\nabla_{\phi} \frac{1}{B} \sum_{(s,a,r,s',d) \in B} (Q_{\phi_i}(s, a) - y(r, s', d))^2, \quad i = 1, 2$$

        用一步梯度下降更新策略：

$$\nabla_{\theta} \frac{1}{|B|} \sum_{s \in B} \left(\min_{i=1,2} Q_{\phi_i}(s, \widetilde{a}_{\theta}(s)) - \alpha \log \pi_{\theta}(\widetilde{a}_{\theta}(s) \mid s) \right)$$

        其中 $\widetilde{a}_{\theta}(s)$ 是 $\pi_{\theta}(\cdot \mid s)$ 中的样本，并且 $\widetilde{a}_{\theta}(s)$ 通过重参数技巧对 θ 可微分

        用 polyak 平均更新目标网络

$$\phi_{\text{targ},i} \leftarrow p \phi_{\text{targ},i} + (1 - p) \phi_i, \quad i = 1, 2$$

图 8-10 软演员-评论家算法

8.7.5 代码实现

有了所有的数学推导和伪代码，现在是深入研究 PyTorch 和 TensorFlow 实现的时候

了。使用 PyTorch 的实现在文件 listing_8_4_sac_PyTorch. ipynb 中。像以前一样,我们在钟摆和月球-着陆器环境中使用 SAC 对智能体进行训练。TensorFlow 2.0 的实现在文件 listing_8_4_sac_TensorFlow. ipynb 中。

1. 策略网络-演员实现

首先来看演员网络。这一次,演员实现将状态作为输入,与之前的方法相同。但是,此时的输出有两个组件。

- 挤压(即通过 tanh 传递动作值)确定性动作 a,即 $\mu_\theta(s)$,或分布 $N(\mu_\theta(s), \sigma_\theta^2(s))$ 上的样本动作 a。采样使用了重参数化技巧,PyTorch 使用 distribution. rsample()实现了这一点。

- 第二个输出是对数概率,我们需要根据式(8.26)计算 Q-损失内的熵。由于使用的是挤压/tanh 变换,对数概率需要使用以下公式对随机分布应用变量变化:

$$f_Y(y) = f_X(g^{-1}(y)) \left| \frac{\mathrm{d}}{\mathrm{d}y}(g^{-1}(y)) \right|$$

代码使用了一些技巧来计算数值稳定的版本。

代码块 8-18 列出了前面讨论过的 SquashedGaussianMLPartor 的代码。它的神经网络仍然和以前一样:两个大小为 256 个单元的隐藏层,具有 ReLU 激活。

代码块 8-18　PyTorch 中的 SquashedGaussianMLPartor

```
LOG_STD_MAX = 2
LOG_STD_MIN = -20
class SquashedGaussianMLPActor(nn.Module):
    def __init__(self, state_dim, act_dim, act_limit):
        super().__init__()
        self.act_limit = act_limit
        self.fc1 = nn.Linear(state_dim, 256)
        self.fc2 = nn.Linear(256, 256)
        self.mu_layer = nn.Linear(256, act_dim)
        self.log_std_layer = nn.Linear(256, act_dim)
        self.act_limit = act_limit

    def forward(self, s, deterministic = False, with_logprob = True):
        x = self.fc1(s)
        x = F.relu(x)
        x = self.fc2(x)
        x = F.relu(x)
        mu = self.mu_layer(x)
        log_std = self.log_std_layer(x)
        log_std = torch.clamp(log_std, LOG_STD_MIN, LOG_STD_MAX)
        std = torch.exp(log_std)

        # Pre-squash distribution and sample
        pi_distribution = Normal(mu, std)
        if deterministic:
            # Only used for evaluating policy at test time.
            pi_action = mu
        else:
            pi_action = pi_distribution.rsample()
```

```
    if with_logprob:
        # Compute logprob from Gaussian, and then apply correction for Tanh squashing.
        # NOTE: The correction formula is a little bit magic. To get an understanding
        # of where it comes from, check out the original SAC paper (arXiv 1801.01290)
        # and look in appendix C. This is a more numerically-stable equivalent to Eq 21.
        # Try deriving it yourself as a (very difficult) exercise. :)
        logp_pi = pi_distribution.log_prob(pi_action).sum(axis = -1)
        logp_pi -= (2 * (np.log(2) - pi_action - F.softplus(-2 * pi_action))).sum(axis = 1)
    else:
        logp_pi = None

    pi_action = torch.tanh(pi_action)
    pi_action = self.act_limit * pi_action

    return pi_action, logp_pi
```

代码块 8-19 显示了 TensorFlow 版本。对于重参数化，使用以下代码行对其进行示例说明：

```
pi = mu + tf.random.normal(tf.shape(mu)) * std
```

核心 TensorFlow 包没有计算熵的对数可能性的函数。我们用自己实现的函数 gaussian_likelihood 来计算。一个替代的解决方法是使用 TensorFlow 分发包：tfp. distributions.Distribution。演员的其余实现与 PyTorch 代码中看到的类似。

代码块 8-19 TensorFlow 中的 SquashedGaussianMLPartor

```
LOG_STD_MAX = 2
LOG_STD_MIN = -20

EPS = 1e-8

def gaussian_likelihood(x, mu, log_std):
    pre_sum = -0.5 * (((x-mu)/(tf.exp(log_std) + EPS)) ** 2 + 2 * log_std +
    np.log(2 * np.pi))
    return tf.reduce_sum(pre_sum, axis = 1)

def apply_squashing_func(mu, pi, logp_pi):
    # Adjustment to log prob
    # NOTE: This formula is a little bit magic. To get an understanding of where it
    # comes from, check out the original SAC paper (arXiv 1801.01290) and look in
    # appendix C. This is a more numerically-stable equivalent to Eq 21.
    # Try deriving it yourself as a (very difficult) exercise. :)
    logp_pi -= tf.reduce_sum(2 * (np.log(2) - pi - tf.nn.softplus(-2 * pi)), axis = 1)

    # Squash those unbounded actions!
    mu = tf.tanh(mu)
    pi = tf.tanh(pi)
    return mu, pi, logp_pi

class SquashedGaussianMLPActor(tf.keras.Model):
    def __init__(self, state_dim, act_dim, act_limit):
        super().__init__()
        self.act_limit = act_limit
        self.fc1 = layers.Dense(256, activation = "relu")
        self.fc2 = layers.Dense(256, activation = "relu")
```

```python
        self.mu_layer = layers.Dense(act_dim)
        self.log_std_layer = layers.Dense(act_dim)
        self.act_limit = act_limit

    def call(self, s):
        x = self.fc1(s)
        x = self.fc2(x)
        mu = self.mu_layer(x)
        log_std = self.log_std_layer(x)
        log_std = tf.clip_by_value(log_std, LOG_STD_MIN, LOG_STD_MAX)
        std = tf.exp(log_std)

        pi = mu + tf.random.normal(tf.shape(mu)) * std
        logp_pi = gaussian_likelihood(pi, mu, log_std)
        mu, pi, logp_pi = apply_squashing_func(mu, pi, logp_pi)

        mu *= self.act_limit
        pi *= self.act_limit

        return mu, pi, logp_pi
```

2. Q-网络、组合模型和经验回放

Q-函数网络 MLPQFunction 将演员和评论家结合到类 MLPActorCritic 的智能体中，它和 ReplayBuffer 的实现是相同的，至少非常相似。因此，我们就不在此列出这部分的代码。

3. Q-损失和策略损失实现

接下来看看 compute_q_loss 和 compute_policy_loss。这是图 8-10 中伪代码步骤 11～13 的直接实现。如果将这些步骤与图 8-7 中 TD3 的步骤 11～14 进行比较，可以看到许多相似之处，除了从在线网络中对动作进行采样，SAC 在这两个损失中都有一个额外的熵项。这些改变很小，因此我们没有列出代码。

4. 一步更新和 SAC 主循环

同样，one_step_update 的代码和整体训练算法遵循与之前类似的模式。

一旦运行并训练了智能体，就会看到与 DDPG 和 TD3 类似的结果。如前所述，因为我们使用的是简单的环境，所以本章中的 3 种连续控制算法（DDPG、TD3 和 SAC）都表现良好。可以参阅本章中引用的文档，深入了解这些方法的性能的比较。

最后，我们谈谈演员-评论家环境中的连续控制。到目前为止，我们已经看到了基于模型的策略迭代方法、基于深度学习的 Q-学习（DPN）方法、离散动作的策略梯度以及连续控制的策略梯度。这涵盖了大多数流行的强化学习方法。在结束本章之前，还有一个更重要的主题：在无模型世界中使用模型学习；在我们知道模型，但它太复杂或太庞大而无法进行详尽探索的情况下进行有效的模型探索。

8.8 总结

本章研究了用于连续控制的演员-评论家方法，其中将离线策略 Q-学习类型与策略梯度相结合，推导出了离线策略连续控制演员-评论家方法。

我们首先研究了 2016 年引入的深度决定性策略梯度，这是我们研究的第一个连续控制算法。DDPG 是一种具有确定性连续控制策略的演员-评论家方法。接下来，我们研究了 2018 年推出的双延迟 DDPG，它解决了 DDPG 中存在的一些稳定性和低效率问题。和 DDPG 一样，它还通过演员-评论家结构在离线策略设置中学习了确定性策略。

最后，研究了软演员-评论家方法，它将 DDPG 学习风格与使用熵的随机策略优化联系起来。SAC 是一种使用演员-评论家方法设置的离线策略随机策略优化。此外，我们还研究了重参数化技巧，以获得较低的梯度方差估计。

## 第9章

综合规划与学习

本章主要对前几章的知识进行统一的总结与应用。第 3 章已经对基于模型的强化学习方法进行了介绍,相信大家都对智能体使用的模型动态已有所了解。智能体使用模型动态知识和贝尔曼方程,首先对任务进行评估或预测,以此来学习状态或状态-动作值。然后,它又通过改进策略来获得最佳行为,这一步称为**策略改进/策略迭代**。一旦知道了模型,我们就可以提前对策略进行评估或改进。上述过程就是所谓的**规划阶段**。

第 4 章对无模型方法进行了探索。**无模型**意味着我们不知道模型,因此需要与模型交互来学习模型,这种行为称为**学习**。我们还分别研究了蒙特卡洛和时序差分方法,并对两种方法的优缺点进行了比较。在本章中,MC 和 TD 方法将会通过 **n-步**和**资格迹**结合在一起。

第 6 章使用函数逼近和深度学习扩展了第 4 章的方法,并将其应用于连续空间内的大规模问题。第 3～6 章所述的所有方法都称为**基于值的方法**,这些方法将会学习状态价值或状态-动作价值,然后利用学习到的状态/状态-动作价值进行策略改进。

第 7 章重点讨论了另一种方法——**基于策略的方法**。这种方法直接学习最优策略,而不必经过学习状态-动作价值的中间步骤。听起来基于值的方法和基于策略的方法差别很大,但是就像使用资格迹的方法将 MC 与 TD 合二为一一样,第 8 章将基于价值的 Q-学习和策略学习结合起来,并在 DDPG、TD3 和 SAC 等演员-评论家算法下融合了两方面的优势。

本章将结合基于模型的方法和无模型的方法,通过利用两者的优点来使我们的算法更强大,样本效率更高,这也是本章的重点。

此外,为了避免盲目遵循 **ε-贪婪**策略,我们将更详细探讨"**探索-利用**"困境,也将深入研究引导式的前瞻树搜索方法,即**蒙特卡洛树搜索**。

9.1 基于模型的强化学习

什么是无模型的强化学习方法呢? 实际上,在无模型的强化学习中,我们不知道具体的模型,而是通过让智能体与环境交互来学习价值函数和/或策略,即经验学习,本书第 4～8 章已经对相关知识进行了介绍。而本章谈论的基于模型的强化学习是一种通过让智能体与环境互动来学习模型的强化学习，即再次通过经验来学习。学习到的模型用于规划价值函数和策略（类似于第3章中的内容）。在第3章中，我们假设了模型的先验知识，并且假设模型是完美的。而在基于模型的强化学习中，我们先学习模型，然后使用这些知识。但是，这些知识可能是不完整的。换句话说，我们可能不知道确切的转移概率或奖励的完整分布。在智能体与环境互动时，我们学习到系统动态的部分内容。这些知识仅仅基于有限的交互，因此如果没有涵盖所有可能性的详尽交互，那么所有的模型的知识是不完整的。

那么，这里的模型是什么意思呢？这意味着对转移概率 $P(s_t, a_t)$ 和奖励 $R(s_t, a_t)$ 进行估计。智能体与世界/环境相互作用，形成了对世界的印象。该过程如图9-1所示。

图 9-1　基于模型的强化学习（智能体基于与环境的交互学习模型，然后将模型用于规划）

该方法的优点是使学习变得高效。与无模型方法相比，我们可以使用学习的模型进行有效的规划。进一步地，模型的交互都是在状态 s_t 时采取行动，并观测下一个状态 s_{t+1} 和奖励 r_{t+1} 的结果。可以使用监督学习机制从与现实世界的互动中学习，其中给定的 (s_t, a_t) 是样本输入，s_{t+1} 和 r_{t+1} 是样本目标。

$$s_1, a_1 \rightarrow r_2, s_2$$
$$s_2, a_2 \rightarrow r_3, s_3$$
$$\vdots$$
$$s_{T-1}, a_{T-1} \rightarrow r_T, s_T$$

与其他常规的有监督机器学习设置一样，我们可以从智能体与环境互动时收集的先前样本中学习。

- 学习 s_t，此时 $a_t \rightarrow r_{t+1}$ 是一个回归问题，其损失类似于均方损失。
- 学习**转移动态方法**，$a_t \rightarrow r_{t+1}$ 是一个密度估计问题。我们可以学习一个离散的分类分布、高斯模型，或者混合高斯模型参数。损失可以是 KL-发散损失。

若将学习扩展到贝叶斯学习，则可以对模型的不确定性进行推理，即对所学的模型转移和奖励函数的确定或不确定程度。贝叶斯学习方法不仅产生点估计，而且产生估计的整体分布，使我们能够推理估计的强度。对于估计的一个窄概率分布意味着很大一部分概率以峰值为中心，即对估计有很强的信心。反之，估计值的广泛分布反映了估计值的不确定性较高。

然而，生活中没有完美的东西。这种先学习模型的一个不完善表示，然后利用这个不完善的表示来规划或寻找最优策略的两步方法将引入两个误差来源：第一，学习到的模型动态的表示可能不准确；第二，从一个不完善的模型中学习价值函数可能有其自身的不准确性。

学习到的模型可以表示为"**查表**"（类似于我们在第2章和第3章中看到的）、线性期望模型或线性高斯模型。甚至可以有更复杂的模型表示,如高斯过程模型、深度信念网络模型。它取决于问题的性质、数据收集的容易程度等,判断是否正确地表征也需要域专业知识。下面看一个学习查表模型的简单例子。

首先看一下将用来学习奖励和转移动态的表达式。我们使用的是一个简单的平均法,转移概率是这样进行估计的:用转移$(s_t, a_t) \rightarrow s_{t+1}$被看到的次数的平均值除以智能体在$(s_t, a_t)$中看到自己的总次数。

$$\hat{p}(s, a) = \frac{1}{N(s, a)} \sum_{t=1}^{T} \mathbb{1}(S_t = s, A_t = a, S_{t+1} = s') \tag{9.1}$$

这里,$\mathbb{1}(S_t = s, A_t = a, S_{t+1} = s')$是一个指示函数。当括号内的条件为真时,指示函数取值为1,否则取值为0。总之,这个指示函数是用来统计(s, a)转移到下一个状态$S_{t+1} = s'$的次数。

同样,也可以将奖励学习定义为平均水平。

$$\hat{r}(s, a) = \frac{1}{N(s, a)} \sum_{t=1}^{T} \mathbb{1}(S_t = s, A_t = a) R_t \tag{9.2}$$

接下来看一个只有两种状态的简单环境,我们观察一组(8个)智能体与环境的交互,并假设折扣因子$\gamma = 1$。

假设看到的是$(A, 0, B, 0)$。它的意思是智能体从状态A开始,观察到奖励为零,然后在状态B中看到自己,又观察到奖励为0,最后转移到终止状态。

智能体收集的8种转移/交互如下:

$$A, 0, B, 0$$
$$B, 1$$
$$B, 1$$
$$B, 1$$
$$B, 1$$
$$B, 1$$
$$B, 1$$
$$B, 0$$

应用式(9.1)和式(9.2)构建模型如下:

- 在上述8类转移中,只有一个从A到B的转移,得到的奖励为0。因此可以得出结论:$P(B|A) = 1, R(\text{state} = A) = 0$。注意,在前面的例子中,为了保持简单,我们没有明确显示动作。读者可以认为这是在每个状态下采取的随机动作,也可以认为这是一个MRP,而不是一个完整的MDP。
- 我们看到了从B到终止的8个转移。在两种情况下,奖励为零,而在其余6种情况下,奖励为1。这可以被建模为$P(\text{Terminal}|B) = 1$。奖励$R(B) = 1$的概率为0.75(6/8),奖励$R(B) = 0$的概率为0.25。

图9-2显示了从这8种交互中学到的模型。

以上是许多参数化的模型表示方法之一,在该方法中我们明确地学习了模型动态,然后放弃了与现实世界的样本交互。但是,DQN采用的还有另一种方法:非参数化模型。在非参数化模型中,我们将交互存储在缓冲器中,然后从缓冲器中采样。前8个交互的一个例子

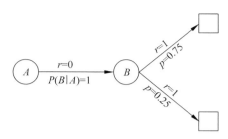

图 9-2   从环境交互中学习到的查表模型

是将$(state, reward, next\_state)$的元组存储在一个列表中(在这个例子中我们没有进行这个操作，因为它是一个 MRP)。

$$D = [(A,0,B),(B,0,T),(B,1,T),(B,1,T),(B,1,T),(B,1,T),$$
$$(B,1,T),(B,1,T),(B,0,T)]$$

其中 D 中前两个值来自一个转移，即 $A,0,B,0$。其余 7 个条目是前一个例子中剩余的 7 个转移。

模型学习的大致分类如下：

- 参数化。
  ① 查表模型
  ② 线性期望模型
  ③ 线性高斯模型
  ④ 高斯过程模型
  ⑤ 深度信念网络模型
- 非参数化。将所有交互(s,a,r,s')存储在一个缓冲器中，然后从该缓冲器中进行采样以生成样本转移。

9.1.1   使用学习的模型进行规划

一旦知道了模型，就可以使用它来执行在第 3 章中描述的价值或策略迭代，这方法主要使用贝尔曼方程进行一步展开。

然而，还有另一种方法可以使用学到的模型。我们可以从中抽取样本，并在 MC 或 TD 学习方法下使用这些样本。在这种情况下进行 MC 或 TD 学习时，智能体并不与真实环境互动。相反，它与过去的经验中所近似的环境模型相互作用。在某种程度上，它仍然称为规划。但是是用学到的模型来规划，而不是从与现实世界的直接互动中规划。

请记住，我们学习的模型只是一个近似值。它是基于我们的智能体与环境的部分交互，通常不是完整的，我们在前面也讨论了这一点。所学模型的不精确性会限制学习的质量，因为算法会针对形成的模型而不是现实世界的模型来优化学习，这就会限制学习的质量。如果担心所学的模型严重影响学习质量，可以参考之前的无模型强化学习方法，也可以使用贝叶斯方法来推理模型的不确定性。贝叶斯方法并不是我们在本书中要进一步探讨的内容，感兴趣的读者可以查看各种强化学习著作和论文来进一步探索。

迄今为止，我们已经看到基于模型的强化学习提供了学习模型的优势，从而使学习更高效。然而，它的代价是模型的估计不准确，这反过来又限制了学习的质量。有没有一种方法可以将基于模型和无模型的学习结合到一个统一的框架中,并充分利用这两种方法的优点呢? 这就是我们接下来要探讨的问题。

9.1.2　集成学习与规划

有两种类型的经验:一种是真实经验,其中智能体通过与真实环境互动来获得下一个状态 s_{t+1} 和奖励 r_{t+1};另一种是模拟经验,其中智能体使用所学习的模型生成额外的模拟经验。

模拟经验代价更小,并且更容易生成,特别是在机器人领域。我们有快速的机器人模拟器来生成在现实世界中可能不是 100% 准确的样本,与现实世界互动相比,它可以帮助我们以更快的速度生成和模拟智能体行为。

然而,模拟结果可能并不准确,这也是对真实经验的进一步学习时对结果有所帮助的地方。可以修改图 9-1 来引入这一步骤,如图 9-3 所示。

图 9-3　Dyna 架构

在 Dyna 架构中,智能体与环境进行互动(动作)以产生真实的经验。这些真实的经验被用来学习现实世界的模型,并像无模型的强化学习设置那样直接改进价值/策略,这与我们在第 4～8 章中看到的情况相同。将从与真实世界的互动中学习到的模型用于生成模拟转移,这些模拟转移又用于进一步改进价值/策略,这一步骤称为规划。因为我们正在使用世界的模型来产生经验,可以通过在每一步"动作"中多次使用模拟经验来执行规划步骤,以生成来自真实世界的新样本。

接下来看一下 Dyna 架构的具体实现,即表格型 Dyna Q。在此,假设状态和动作是离散的,并形成一个小集合,这样就可以用一个表格来表示 $Q(s,a)$,即 q 值。我们使用 TD 下的 Q-学习方法来学习和改进策略,这与我们在 Q-学习部分图 4-14 中看到的方法类似,即离线策略 TD 控制。我们也会通过一些额外的步骤来借鉴模拟的经验。在图 4-14 中,我们只使用了真实的经验来学习 q 值,但现在将学习模型,并使用它来生成额外的模拟经验,以供学习。图 9-4 给出了完整的算法。

从图 9-4 中的伪代码可以看出,表格型 Dyna Q 与图 4-14 中的表格型 Q-学习类似。只是在 Dyna Q 中,对于真实环境中的每一步,我们还使用模拟经验执行额外的 n 步。也就是说,在这种情况下,我们从现实世界中看到的之前的转移进行采样。随着 n 的增加,收敛和学习最优值所需的情节数量将减少。

考虑这样一种情况,除了最后一个终止/目标状态转移的奖励值为 1 之外,迷宫对每个转移的奖励都为零。这种迷宫的一个例子是图 9-5 左侧的迷宫,假设每对 (s,a) 的初始 q 值都为零。在常规 Q-学习中,我们将在第一个回合结束时学习目标值 1。然后 1 的值将缓慢传播到每一个情节的每一个单元格/级,最终从起始状态到达目标状态。之后,q 值和最优策略将开始收敛于额外的情节。但是,在 Dyna Q 的情况下,我们将在环境中的每个实际步骤生成 n 个额外的样本,这将加速收敛,我们将看到策略收敛远早于普通的 Q-学习方法。读者可以参阅 *Reinforcement Learning: An Introduction* 一书的第 8 章,以便了解关于这种快速收敛的更加理论与详细的解释。

初始化：

    状态-动作值 $Q(s,a)=0,s\in S,a\in A$

    初始化模型 $(s,a),s\in S,a\in A$

    策略 $\pi=\varepsilon$-贪婪策略, $\varepsilon\in[0,1]$

    学习率 $\alpha\in[0,1]$

    折扣因子 $\gamma\in[0,1]$

每个情节循环：

    初始状态 S

    每步循环直到情节终止：

        基于 ε-贪婪策略选择动作 A

        执行动作 A 并观测奖励 R 以及下一个状态 S'

        If S' 不是终止

$$Q(S,A)\rightarrow Q(S,A)+\alpha\left[R+\gamma\max_{a'}Q(S',a')-Q(S,A)\right]$$

        Else：

$$Q(S,A)\rightarrow Q(S,A)+\alpha\left[R-Q(S,A)\right]$$

        模型 $(S,A)\leftarrow R,S'$ (假设在确定性环境下)

        $S\leftarrow S'$

        循环 n 次：

            $S\leftarrow$一个随机的先前看到的状态

            $A\leftarrow S$ 前采取的随机动作

            $R,S'\leftarrow$模型(S,A)

$$Q(S,A)\rightarrow Q(S,A)+\alpha\left[R+\gamma\max_{a'}Q(S',a')-Q(S,A)\right]$$

        基于最终的 Q-值返回策略 π

图 9-4　表格型 Dyna Q 算法

现在将前面的 Dyna Q 伪代码应用到第 4 章中的相同环境中。我们将修改代码块 4-4，以纳入模型学习，然后为从实际经验中直接基于强化学习的每一步规划 n 步（从模拟经验中学习）。完整的代码在 listing9_1_dynaQ.ipynb 中给出。在演示中，我们将突出 Dyna Q 代码与 Q-学习代码的关键区别。

变化之一是将智能体从 QLearningAgent 重命名为 DynaQAgent。这只是一个名称更改，代码保持不变，我们只是增加了一个字典来存储看到的真实世界中的转移。__init__ 函数中添加了以下两行代码：

```
self.buffer = {}
self.n = n  # the number of planning steps to be taken from simulated experience
```

其次，添加了一些逻辑来实现图 9-4 中伪代码的规划部分，如下所示：

循环 n 次：

    $S\leftarrow$之前看到的随机状态

    $A\leftarrow$之前在 S 中采取的随机动作

    $R,S\leftarrow\text{Model}(S,A)$

$$Q(S,A)\leftarrow Q(S,A)+\alpha\left[R+\gamma\max_{a'}Q(S',a')-Q(S,A)\right]$$

这个逻辑被添加到函数 train_agent 中，在该函数中训练智能体。代码块 9-1 显示了修改后的函数实现。

代码块 9-1 使用 Dyna Q 的 train_agent

```
# training algorithm
def train_agent(env, agent, episode_cnt = 10000, tmax = 10000, anneal_eps = True):
    episode_rewards = []
    for i in range(episode_cnt):
        G = 0
        state = env.reset()
        for t in range(tmax):
            action = agent.get_action(state)
            next_state, reward, done, _ = env.step(action)
            agent.update(state, action, reward, next_state, done)
            G += reward
            if done:
                episode_rewards.append(G)
                # to reduce the exploration probability epsilon over the training period.
                if anneal_eps:
                    agent.epsilon = agent.epsilon * 0.99
                break
            # add the experience to agent's buffer (i.e. agent's model estimate)
            agent.buffer[(state,action)] = (next_state, reward, done)
            state = next_state
            # plan n steps through simulated experience

        for j in range(agent.n):
            state_v, action_v = random.choice(list(agent.buffer))
            next_state_v, reward_v, done_v = agent.buffer[(state_v,action_v)]
            agent.update(state_v, action_v, reward_v, next_state_v, done_v)

    return np.array(episode_rewards)
```

接着,在 OpenAI Gym 和真实环境下运行 Dyna Q。查看 Python notebook 中的训练曲线,可以发现 Dyna Q 下的收敛比原始的 Q-学习要快。这就验证了 Dyna Q(或一般任何 Dyna 架构)是样本高效的说法。

9.1.3 Dyna Q 和变化的环境

接下来探讨使用 Dyna Q 学习迷宫最优策略的情况。经过一些步骤后,我们改变环境,使其变得更加复杂,如图 9-5 所示。左图是原始网格,智能体学习通过灰色砖墙右侧的开口如何从起点 S 到终点 G。在智能体学会了最佳行为后,网格会发生变化:右边的开口被关闭,而在左边做了一个新的开口。当智能体试图通过先前学到的路径导航到终点时,看到的是原来的路径已经被封锁,而在原始迷宫的右侧是打开的。

Sutton 和 Barto 在 *Reinforcement Learning: An Introduction* 一书中指出,Dyna Q 需要一段时间来学习变化后的环境。在图 9-5 中,一旦环境在中途发生变化,智能体继续向右移动但发现路径被阻塞后,它需要 ε-贪婪策略下进行额外的步骤来学习替代路线,即走左边的开口来到达目标。

接下来考虑他们书中提到的第二种情况。在第二种情况下,环境中途变得更简单,即一

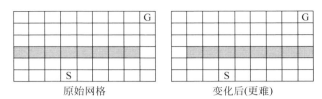

图 9-5　智能体学习通过砖墙左侧的新开口导航网格（在智能体学会通过右侧的
开口进行导航后，**Dyna Q** 的网格在中途的进展变得更加困难）

个新的开口被引入到右边，而没有关闭左边原来的开口。图 9-6 显示了改变前后的迷宫。

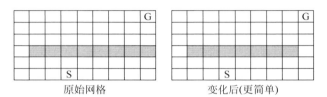

图 9-6　在智能体学习了左侧网格的最佳策略后，带有网格的 **Dyna Q** 变得更简单，
但 **Dyna Q** 智能体未能通过新的正确开口发现更短的路径

在此设置上运行 Dyna Q-学习算法后，可以看到 Dyna Q 没有学习到砖墙右侧的新开口。如果遵循的是通过砖墙右侧的新路径，将提供一条更短的路径到目标状态。这是因为 Dyna Q 已经学会了最优策略，没有动力去探索改变的环境。对新开放的随机探索取决于探索性策略，而这又取决于 ε 探索。有一个修正的算法来解决这个问题，称为 Dyna Q+，如下节所述。

9.1.4　Dyna Q+

Dyna Q+ 是在所有强化学习设置中需要被仔细考虑的探索-利用困境的典型例子。我们在前面谈到了这个问题。如果提前开始利用知识（即模型或策略），就有可能无法获知更好的路径。

智能体对已经设法学习的任何东西都会感到满意。反之，如果智能体探索太多，即使它已经获得了最佳解决方案，也会浪费时间查看次优路径/选项。不幸的是，智能体没有直接的方法知道它已经达到了最优策略，因此它需要使用其他启发式方法来平衡探索-利用困境。

在 Dyna Q+ 中，我们通过在观察到的状态之外增加奖励来鼓励对未知状态的探索。这个额外的奖励鼓励智能体探索那些在现实世界中在一段时间内未被访问过的状态。

在模拟规划部分，我们在奖励中加入 $\kappa\sqrt{\tau}$，即奖励由 r 变成 $r+\kappa\sqrt{\tau}$，其中 κ 是一个小常数，τ 是从在现实世界探索中所讨论的转移开始的时间。它鼓励智能体尝试这些转移，从而有效地捕捉到环境中的变化，而一定的滞后由 κ 控制。在图 9-6 中，智能体最初学习通过左侧开口。它按照修改后的规则进行探索，但发现通往目标的唯一途径是通过左边的开口。然而，当环境被在右侧打开新的开口改变后，后续探索迷宫这部分的智能体将发现新的开口，最终发现它是通往目标的更短路径。智能体将修改其最佳行为，以选择右侧的开口。而随着上次访问部分网格的时间增加，奖励中的 $\kappa\sqrt{\tau}$ 项将逐渐变大，如果在某个阶段它增长得太多,以至于大小远远超过当前最佳行为的奖励,那么将迫使智能体再次探索未访问的部分。

9.1.5 期望与示例更新

我们已经学习了将学习和规划结合起来的各种方法。可以看到,学习和规划都是价值函数更新的方式,可以从 3 个维度来理解。第一个维度是更新的内容,是状态价值(v)还是动作价值(q)。第二个维度是更新的宽度。换句话说,我们需要判断更新是基于看到的单个样本发生的(样本更新),还是基于使用给定当前状态和动作的下一个状态的转移概率的所有可能的转移(期望更新),即 $p(s_t,a_t)$。第三个维度是需要判断更新是基于任意策略 v_π、q_π,还是基于最优策略 v^*、q^* 进行的更新策略。接下来看看各种维度不同方法的组合,并把它们与本书中迄今为止所介绍的知识联系起来。

- 使用期望更新更新 $v_\pi(s)$,该更新是针对价值函数的。它是一个期望的更新,使用转移概率分布 $p(s',r|s,a)$。该操作使用当前策略智能体执行。

以下是使用动态规划的策略评估,如式(3.6)所示。

$$v_{k+1}(s) \leftarrow \sum_a \pi(a|s) \sum_{s',r} p(s',r|s,a)[r+\gamma v_k(s')]$$

- 使用样本更新来更新 $v_\pi(s)$,该更新是针对价值函数的,并且基于智能体遵循策略 π 看到的样本。

如式(4.4)所示,这是 TD(0)下的策略评估。状态价值根据智能体按照策略 π 所采取的动作、得到的奖励(r)和智能体看到的下一个状态 s' 进行更新。

$$v_{k+1}(s) \leftarrow v_k(s) + \alpha[r+\gamma v_k(s')-v_k(s)]$$

- $v^*(s)$ 在所有可能的动作上使用 max 进行更新。状态的价值是基于对所有可能的下一个状态和奖励的期望而更新的。更新通过取所有可能动作的最大值来完成,即给定时间点上的最优动作,而不是基于智能体遵循的当前策略。

以下是根据式(3.8)使用动态规划的价值迭代:

$$v_{k+1}(s) \leftarrow \max_a \sum_{s',r} p(s',r|s,a)[r+\gamma v_k(s')]$$

- 使用期望更新更新 $q_\pi(s,a)$。正在更新的值是 q 值,并根据给定状态-动作对的所有下一个状态和可能的奖励的期望更新。更新基于智能体遵循的当前策略。

下式是采用动态规划的 q-策略评估,即用迭代形式表示的式(3.2)。

$$q_{k+1}(s,a) \leftarrow \sum_{s',r} p(s',r|s,a)\left[r+\gamma \sum_{a'} \pi(a'|s')q_k(s',a')\right]$$

- $q_\pi(s,a)$ 使用样本更新。q 值的更新是基于样本和智能体遵循的当前策略,即在线策略更新。
- 下式是使用动态规划的 q 值迭代。式(3.4)的迭代版本如下:

$$q_{k+1}(s,a) \leftarrow \sum_{s',r} p(s',r|s,a)[r+\gamma \max_{a'} q_k(s',a')]$$

- $q^*(s,a)$ 使用所有可能的状态和下一个状态中所有可能的动作的最大值 max 进行更新。这是 q 值的更新,它基于所有可能的后续状态和动作对的期望。它的更新方式是采用取动作的最大值,因此此更新的是最优策略,而不是智能体当前遵循的策略。

下式是使用无模型设置的 SARSA,如式(4.6)所示(它已经被重写以匹配本节中的符号)。

$$q_{k+1}(s,a) \leftarrow q_k(s,a) + \alpha \left[r + \gamma q_k(s',a') - q_k(s,a) \right]$$

- $q^*(s,a)$使用样本动作更新,然后对下一个状态的所有可能动作取最大值。这是使用样本更新 q 值。更新基于所有可能动作的最大值,即离线策略更新,而不是基于当前策略的更新。

以上就是第 4 章中研究的 Q-学习扩展到 DQN 下的深度网络的一些变化。为匹配本章中的符号,我们重写了式(4.10)。

$$q_{k+1}(s,a) \leftarrow q_k(s,a) + \alpha \left[r + \gamma \max_{a'} q_k(s',a') - q_k(s,a) \right]$$

前面的解释说明了 DP 和无模型世界是如何联系起来的。在 DP 中,由于知道模型的动态,所以可以了解所有可能的转移 $p(s_t,a_t)$。而在无模型世界中,由于不知道模型,所以进行了基于样本的 MC 或 TD 更新。简言之,动态规划和无模型之间的区别在于更新是基于期望完成的还是基于样本完成的。

这也表明,一旦开始学习模型动态,就可以在 Dyna 设置下组合和匹配之前的任何方法。与前面使用的方法一样,我们在一个统一的单一设置中结合了无模型和基于模型的方法。这类似于在演员-评论家方法下将基于价值的 DQN 和策略梯度组合成一个统一的方法,以及使用资格迹将一步样本和多步样本组合成一个单一框架的方法。

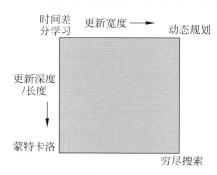

图 9-7 简化的强化学习方法

组合强化学习算法的另一种方式是观测一个垂直轴为更新长度/深度的二维世界,其中 TD(0) 位于一端,MC 位于另一端。第二个/水平维度可以看作是更新的宽度,一端是动态规划期望更新,另一端是基于样本的 MC/TD 更新。图 9-7 显示了这种区别。

可以通过增加更多的维度来进一步完善这种统一。与更新的宽度和深度正交的第三个可能的维度,可以是在线策略更新和离线更新。也可以增加第四个维度,即纯粹基于价值的方法或纯粹的策略学习方法或两者的混合,也就是演员-评论家方法。

到目前为止,我们一直把学习和规划结合在一起,这就是所谓的**后向视图**。我们使用规划(例如,Dyna Q)来更新价值函数,但是在现实世界中选择动作时没有任何规划。

这是一种被动的规划方法,规划用于生成额外的步骤/综合样本,以训练和改进模型/策略/值函数。下面将讨论在决策时执行规划的前向规划。换句话说,我们使用模型知识(学到的或给出的)来规划未来,然后根据我们认为的最佳动作采取行动。我们将在蒙特卡洛树搜索算法的上下文中研究这种方法。但是在此之前,需要在下一节中重新讨论探索与利用问题。

9.2 探索 vs 利用

在强化学习中,智能体总是需要在使用现有知识和进行更多探索以获得新知识之间取得平衡。最初,智能体对世界(环境)一无所知或知之甚少。智能体可以探索更多,开始改善智能体对世界的信念。随着智能体信念的改善和加强,它开始利用这种信念并逐渐减少探索。

到目前为止,我们已经看到了不同形式的探索。

- ε-贪婪策略。它是指智能体基于其当前信念以概率$(1-\varepsilon)$采取最佳行动,以概率ε进行随机探索,并随着这样的循环逐渐减小ε的值。在所有的 DQN 方法中都可以看到这一操作,如果读者查阅第 6 章,可以看到以下函数:

```
def epsilon_schedule(start_eps, end_eps, step, final_step):
    return start_eps + (end_eps - start_eps) * min(step, final_step)/ final_step
```

- 总是从 epsilon $= 1.0$ 开始,然后经过一段时间将其降低到 0.05 的探索。它实现了 ε 缩减。
- 在策略梯度方法中以学习随机策略的形式进行的探索。其中总是学习策略分布 $\pi_\theta(a\,|\,s)$。在 DQN 中,没有采取任何最大的行动来学习单一的最佳动作,这使得智能体不会学习确定性动作,因此所有动作的多个非零概率能够确保足够的探索。
- 熵正则化在策略梯度和演员-评论家方法中的应用,这些方法强制进行了足够的探索,以确保智能体不会在没有对策略/动作空间的未知部分进行足够探索的情况下过早地进行开发。请参阅第 7 章的代码块 7-1,以获取有关此方法的快速示例。

接下来介绍一个简单的设置来更正式地研究探索和开发之间的权衡以及有效探索的各种策略。

9.2.1　多臂强盗

考虑一个称为多臂强盗的环境,该环境基于多个老虎机堆叠在一起的概念。智能体不知道每台老虎机的成功率以及奖励金额。它的工作是选择一台老虎机并拉动拉杆来获得奖励。这个循环可以无限重复。智能体需要尝试所有的机器,并形成关于每个机器的奖励分配的信念。当它的信念变得更强时,它必须开始更多地利用它的知识/信念来拉动最佳机器的拉杆并减少探索。设置如图 9-8 所示。

研究多臂强盗的原因是这个环境足够简单。此外,它可以扩展为上下文多臂强盗,其中每个强盗的奖励分配是不固定的,而是取决于给定时间点的上下文,例如智能体的"当前状态"。上下文多臂强盗有许多实际的用例。这里考虑一个这样的例子:

图 9-8　多臂强盗

假设有 10 个广告,我们希望根据页面的
上下文(例如,内容)在浏览器窗口中向用户显示一个广告。当前页面是上下文,显示 10 个广告之一就是动作。当用户点击广告时,用户将获得 1 的奖励;否则,奖励为 0。智能体具有用户在相同上下文下点击显示广告的次数的历史记录,即在内容相似的网页上点击显示广告的次数。智能体想要采取一系列动作,以增加/最大化用户点击显示广告的机会。

另一个例子是在线商店，根据用户当前浏览的内容显示其他产品推荐。在线商店希望用户发现一些有趣的推荐，并可能点击它们。最后一个例子是，从 K 种可能的药物中选择一种药物，给病人用药以选择最好的一种药物，并在 T 次尝试的最大值下得出最好的药物。

我们可以进一步扩展强盗框架，以考虑全面的 MDP。但是每一个扩展都使形式分析更加费力和烦琐。因此，我们将在这里研究最简单的非上下文强盗环境，以帮助读者了解基本的知识。有兴趣的读者也可以通过网络上的资源进一步研究这一点。

9.2.2 后悔值：探索质量的衡量标准

接下来定义探索的质量。考虑系统处于状态 S。在非文本状态下，它是一个固定的初始状态，并且每次都保持不变。而对于上下文强盗来说，状态 S 可能会随着时间而变化。此外，假设在时间 t 遵循策略 $\pi_t(s)$ 来选择动作(本书假设读者已经知道最佳策略 $\pi^*(s)$)。

t 时刻的后悔值即从非最优策略中选择动作的后悔值，定义为：

$$\mathrm{regret} = \mathop{E}\limits_{a \sim \pi^*(s)} \left[r(s,a)\right] - \mathop{E}\limits_{a \sim \pi_t(s)} \left[r(s,a)\right] \tag{9.3}$$

用遵循的最优策略的期望奖励减去遵循的特定策略的奖励。

我们可以对所有的步长求和得到总后悔值数，如下所示：

$$\eta = \sum_{t=1}^{T} \left(\mathop{E}\limits_{a \sim \pi^*(s)} \left[r(s,a)\right] - \mathop{E}\limits_{a \sim \pi_t(s)} \left[r(s,a)\right] \right) \tag{9.4}$$

由于我们研究的是非上下文强盗，即状态在每个步长中都保持不变，也就是说，保持初始状态不变。因此可以简化式(9.4)，如下所示：

$$\eta = T \cdot \mathop{E}\limits_{a \sim \pi^*(s)} \left[r(s,a)\right] - \sum_{t=1}^{T} \left(\mathop{E}\limits_{a \sim \pi_t(s)} \left[r(s,a)\right] \right) \tag{9.5}$$

接下来的章节将研究 3 种常用的探索策略，并使用式(9.5)来比较各种采样策略。完整代码可以在 listing9_2_exploration_exploration.ipynb 中找到。

设置如下：假设多臂强盗有 K 个动作。每个动作产生奖励为 1 的概率 θ_k 和产生奖励为 0 的概率 $(1-\theta_k)$ 都是固定的。最优动作表示为 k 的值，它拥有最大的成功概率。

$$\theta^* = \theta_k$$

代码块 9-2 显示了强盗的代码。k 被存储为 self.N_actions 和所有 θ_k 存储为 self._probs。pull 函数以动作 k 作为输入，根据动作的概率分布返回 1 或 0 的奖励，即 θ_k。函数 optimal_reward 返回 self._probs 的最大值。

代码块 9-2 强盗环境

```python
class Bandit:
    def __init__(self, n_actions = 5):
        self._probs = np.random.random(n_actions)
        self.n_actions = n_actions

    def pull(self, action):
        if np.random.random() > self._probs[action]:
            return 0.0
        return 1.0

    def optimal_reward(self):
        return np.max(self._probs)
```

接下来将研究 3 种探索策略。

1. ε-贪婪探索

这类似于前面章节中的 ε-贪婪策略。智能体尝试不同的动作,并为强盗环境的不同动作形成未知实际成功概率 θ_k 的估计 $\hat{\theta}_k$。智能体采取 $\hat{\theta}^* = \max \hat{\theta}_k$ 动作 k 的概率为 $(1-\varepsilon)$。换句话说,它利用迄今为止获得的知识,基于 $\hat{\theta}_k$ 估计采取它认为最好的动作。此外,它采取随机的行动并以 ε 的概率的来探索。

探索的概率 ε 保持在 0.01,并在整个实验中保持恒定。代码块 9-3 显示了实现此策略的代码。首先,定义 RandomAgent 为基类。然后用两个数组来存储每个动作的成功和失败结果的累积计数,并将这些计数存储在数组 self.success_cnt 和 self.failure_cnt 中。

函数 update(self, action, reward) 会根据所采取的行动和结果更新这些计数。函数 reset(self) 可以重置这些计数。我们这样做是通过多次运行相同的实验,并绘制平均值来消除随机性。函数 get_action(self) 是探索策略的实现。它将基于策略使用不同的方法来平衡探索与利用。在 RandomAgent 中,动作总是从一组可能的动作中随机选择。

接着,我们在类 EGreedyAgent 中实现了 ε-探索智能体。这是通过扩展 RandomAgent 并覆盖 get_action(self) 函数来实现的。如前所述,以概率 $(1-\varepsilon)$ 选择概率最高的动作,以概率 ε 选择随机行为。

代码块 9-3　ε-贪婪探索智能体

```python
class RandomAgent:
    def __init__(self, n_actions = 5):
        self.success_cnt = np.zeros(n_actions)
        self.failure_cnt = np.zeros(n_actions)
        self.total_pulls = 0
        self.n_actions = n_actions

    def reset(self):
        self.success_cnt = np.zeros(n_actions)
        self.failure_cnt = np.zeros(n_actions)
        self.total_pulls = 0

    def get_action(self):
        return np.random.randint(0, self.n_actions)

    def update(self, action, reward):
        self.total_pulls += 1
        self.success_cnt[action] += reward
        self.failure_cnt[action] += 1 - reward

class EGreedyAgent(RandomAgent):
    def __init__(self, n_actions = 5, epsilon = 0.01):
        super().__init__(n_actions)
        self.epsilon = epsilon

    def get_action(self):
        estimates = self.success_cnt / (self.success_cnt + self.failure_cnt + 1e-12)
        if np.random.random() < self.epsilon:
            return np.random.randint(0, self.n_actions)
        else:
            return np.argmax(estimates)
```

在我们的设置中，ε值不会改变，因此智能体永远不会学习执行完美的最优策略。它将一直以ε为概率进行探索。因此，后悔值永远不会降到零，预计式（9.5）给出的累积后悔值将随着由ε值定义的增长斜率线性增长，并且ε值越大，生长斜率越陡。

2. 上置信界探索

现在研究名为上置信界（Upper Confidence Bound，UCB）的策略。在这种方法中，智能体尝试不同的动作，并记录成功（α_k）或失败（β_k）的次数。

它计算成功概率的估计值，用于查看哪个动作的成功估计值最高。

$$\text{exploit} = \hat{\theta}_k = \frac{\alpha_k}{\alpha_k + \beta_k}$$

它还计算有利于最少访问动作的探索需求，如下所示：

$$\text{explore} = \sqrt{\frac{2\log t}{\alpha_k + \beta_k}}$$

其中，t 是到目前为止所采取的总步数。

然后，智能体选择最大（探索＋利用）分数的动作，如下所示：

$$\text{score} = \frac{\alpha_k}{\alpha_k + \beta_k} + \lambda \sqrt{\frac{2\log t}{\alpha_k + \beta_k}} \tag{9.6}$$

其中，λ 控制探索和利用的相对重要性。我们将在代码中设置 $\lambda = 1$。

UCB 中的方法是计算上置信界（上置信区间），以确保实际估计值在 UCB 值范围内的概率为 0.95（或任何其他置信水平）。随着试验次数的增加，以及多次采取特定的动作，估计中的不确定性就会减少，式（9.6）中的分数也将接近 $\hat{\theta}_k$ 的估计值。由于式（9.6）中的 $\alpha_k + \beta_k = 0$，所以完全没有访问过的动作的分数为∞。UCB 被证明与接近最优增长界有密切的关系。

本书不讨论它的数学证明，读者可以参考关于强盗问题的相关描述。

我们来看看 UCB 智能体的实现，代码块 9-4 给出了代码。如前所述，再次扩展代码块 9-3 中所示的 RandomAgent 类，并覆盖 get_action 函数，以根据 UCB 方程（9.6）选择动作。注意，为了避免被零除，我们在 self.success_cnt＋self.failure_cnt 的分母上加了一个小常数 1e－12。

代码块 9-4　UCB 探索智能体

```python
class UCBAgent(RandomAgent):
    def get_action(self):
        exploit = self.success_cnt / (self.success_cnt + self.failure_cnt + 1e-12)
        explore = np.sqrt(2 * np.log(np.maximum(self.total_pulls,1))/(self.
        success_cnt + self.failure_cnt + 1e-12))
        estimates = exploit + explore
        return np.argmax(estimates)
```

3. 汤普森采样探索

接下来看看最后的策略——汤普森采样（Thompson Sampling）法。它是一种基于能够最大化期望奖励的可能性来选择动作的方法。UCB 基于频率主义的概率概念，而汤普森采样基于贝叶斯思想。

刚开始时，我们不知道哪个是更好的动作，即哪个动作的成功概率 θ_k 最高。因此，我们形成一个初始信念,即所有 θ_k 值都是均匀分布在 $(0,1)$ 范围内的。这在贝叶斯术语中称为先验。我们用 beta 分布 $\hat{\theta}_k \sim \text{Beta}(\alpha=1, \beta=1)$ 来表示它。智能体为每个动作 k 采样一个值,并选择采样最大的动作 $\hat{\theta}_k$。

接下来,它执行这个动作(即调用 pull 函数来执行所选择的动作)并观察结果。根据结果更新 $\hat{\theta}_k$ 的后验分布,每一步更新成功和失败计数,智能体更新其对 $\hat{\theta}_k$ 的信念。

$$\hat{\theta}_k \sim \text{Beta}(\alpha=\alpha_k+1, \beta=\beta_k+1) \tag{9.7}$$

反复进行这样的循环。当我们经历多个步骤时,α_k 和 β_k 增加。分布变窄,峰值在 $\dfrac{\alpha_k}{\alpha_k+\beta_k}$ 的平均值附近。

汤普森采样的代码实现如代码块 9-5 所示。与前面一样,我们扩展 RandomAgent 类并重写 get_action 方法来实现方程(9.7)。

代码块 9-5 汤普森采样探索

```python
class ThompsonAgent(RandomAgent):
    def get_action(self):
        estimates = np.random.beta(self.success_cnt + 1, self.failure_cnt + 1)
        return np.argmax(estimates)
```

4. 比较不同的探索策略

我们实现了一个函数 get_regret,使用强盗环境和选择的探索策略执行 n_steps = 10000。实验 n_trials = 10 次,并将平均累积后悔值作为步数的函数存储。代码块 9-6 给出了实现 get_regret 的代码。

代码块 9-6 get_regret 函数

```python
def get_regret(env, agent, n_steps = 10000, n_trials = 10):
    score = np.zeros(n_steps)
    optimal_r = env.optimal_reward()

    for trial in range(n_trials):
        agent.reset()
        for t in range(n_steps):
            action = agent.get_action()
            reward = env.pull(action)
            agent.update(action, reward)
            score[t] += optimal_r - reward
    score = score / n_trials
    score = np.cumsum(score)
    return score
```

我们对 ε-贪婪、UCB 和汤普森采样探索 3 种智能体进行了实验,并绘制累积奖励,如图 9-9 所示。

可以看到,UCB 和汤普森后悔值呈次线性增长,而 ε-贪婪后悔值继续以更快的速度增长(实际上是线性增长,增长速度由 ε 值决定)。

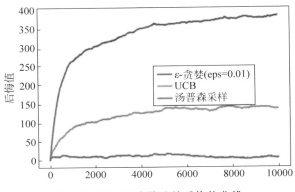

图 9-9　不同搜索策略的后悔值曲线

现在继续讨论 MCTS 方法，我们将使用 UCB 作为一种方法来进行探索与利用决策。MCTS 中 UCB 的选择是基于流行的 MCTS 实现所显示的当前趋势。

9.3　决策时间规划和蒙特卡洛树搜索

Dyna 规划又称为上下文规划。学习到的模型用于生成模拟样本，然后像真实样本一样，将这些样本输入算法中。这些额外的模拟样本有助于在使用真实交互进行评估的基础上进一步改进价值评估。当一个动作必须被选择时，比如说状态 S_t 在做决定时是没有任何规划的。

另一种规划方法是在状态 S_t 时开始和结束规划以预测，这有点像使用目前学到的模型在你的脑海中播放各种场景，并使用这个规划来决定在时间 t 要采取的动作 A_t。一旦动作 A_t 被执行，智能体将有一个新的状态 S_{t+1}。

然后智能体再次预测、规划，并采取动作，反复进行这样的循环，称为决策时间规划。根据可用的时间，智能体从当前状态中规划得越远/深入，规划在决定在时间 t 采取什么动作时就越有力和更有帮助性。因此，在不需要快速响应的情况下，决策时间规划是最有帮助的。在国际象棋和围棋这样的棋类游戏中，决策时间规划可以在决定采取什么行动之前看一看前面的十几步棋。但是如果需要快速响应，那么上下文规划是最合适的。

这些前向探索算法通过继续向前来选择可能的最佳动作。它们从智能体所处的当前状态 s_t 开始构建一个可能选项的搜索树。给定状态-动作对中的可能选项可能取决于智能体从之前的互动中了解到的 MDP 模型，也可能基于一开始给智能体的 MDP 模型。例如，在象棋和围棋等棋盘游戏中，游戏规则已经被清楚地定义，因此智能体对环境有完全准确的了解。搜索树示例如图 9-10 所示。

然而，如果分支因子很大，就不能建立一个穷举搜索树。在围棋游戏中，平均分支因子在 250 左右。即使构建了一个三级深度穷举树，第三级也将有 $250^3 = 15\,625\,000$ 个节点，即 1500 万多个节点。为了充分利用前向探索的可能优势，我们希望树的深度更深。这就是形成基于模拟的搜索树而不是穷举搜索树的区别。我们使用一种称为展开策略的方法来模拟多个轨迹，并形成动作值的 MC 估计。

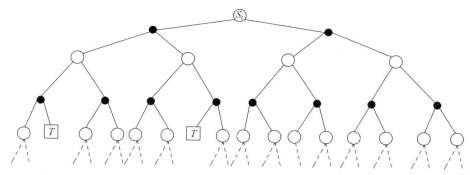

图 9-10 从当前状态开始搜索树

这些估计值被用来在根状态 S_t 下选择最佳动作,这有助于改进策略。采取最佳动作后,智能体会发现自己处于一个新的状态,并重新开始从该新状态推出模拟树,上述步骤循环执行,尝试展开轨迹的数量取决于智能体决定一个动作的时间限制。

MCTS 是决策时间规划的一个例子。MCTS 与前面的描述完全相同,只是增加了一些额外的功能,以积累价值评估,并将搜索指向树中最有价值的部分。MCTS 基本包括 4 个步骤。

(1) 选择/树遍历:从根节点开始,使用树策略遍历树并到达叶节点。

(2) 扩展:将子节点(动作)添加到叶节点,并选择其中一个。

(3) 模拟/展开:从先前选择的子节点开始玩游戏,直到游戏结束。我们使用固定的推广策略来实现这一点,它也可以是随机的推广策略。

(4) 反向传播:通过跟踪(回溯)遍历的路径,使用播放的结果来更新从终止一直到根节点的所有节点。

循环执行上述步骤,并总是从当前根节点开始,直到用完分配给搜索的时间,或者运行到固定的迭代次数。此时,根据累积的统计数据选择具有最高价值的动作。图 9-11 显示了MCTS 的示意图。

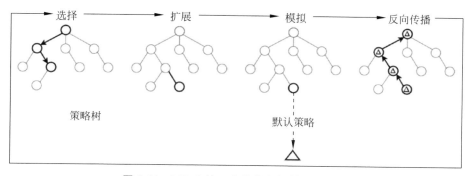

图 9-11 MCTS 的一次迭代包括的 4 个步骤

接下来,智能体在真实环境中执行选择的动作。智能体将移动到一个新的状态,并且前一个 MCTS 循环再次开始,这一次新的状态是根状态,基于该根状态构建模拟树。

让我们看一个简单的模拟例子。使用以下的 UCB 度量:

$$\mathrm{UCB1}(S_i) = \underline{V_i} + C\sqrt{\frac{\ln N}{n_i}}, \quad C = 2$$

UCB1 将用于决定在扩展阶段选择哪个节点。从根节点 S_0 开始，对于每个节点，保留两个统计数据：总分和访问该节点的次数。初始设置如下：

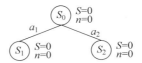

通过添加来自 S_0 的所有可用操作来扩展根节点处的树，如 a_1 和 a_2。这些动作将我们引向两个新的状态，分别是 S_1 和 S_2。初始化这两个节点的分数和计数统计，此时的树如下：

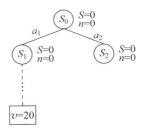

这是初始树。现在开始执行 MCTS 的步骤。第一步是使用 UCB1 值进行树遍历。我们处于 S_0，并且需要选择一个 UCB1 值最高的子节点。计算一下 S_1 的 UCB1。当 $n = 0$ 时，在 UCB1 中探索项 $\sqrt{\frac{\ln N}{n}}$ 是无限的。S_2 就是这种情况。作为树策略的一部分，在连接的情况下，我们选择子索引较小的节点，因此选择了 S_1。因为 S_1 之前从未访问过，也就是说，当 S_1 的 $n = 0$ 时，我们没有扩展，而是转移到展开的第四步。我们使用展开策略来模拟从 S_1 到终止的随机动作。假设观察到终止时的值为 20，如下所示：

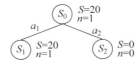

第四步即从终止状态一直反向传播到根节点。我们更新从终止状态到根节点路径上所有节点的访问计数和总分。然后去除 S_1 中的展开部分。此时，树看起来就像下面的样子。请注意节点 S_1 和 S_0 的更新统计信息。

MCTS 步骤的第一次迭代就结束了。现在将再次运行 MCTS 步骤的迭代，同样从 S_0 开始。第一步是从 S_0 开始的树遍历。我们需要基于具有更高的 UCB1 值来选择两个节点中的其中之一，即 S_1 还是 S_2。对于 S_1，UCB1 值由下式给出：

$$\mathrm{UCB1}(S_1) = \frac{20}{1} + 2 \cdot \sqrt{\frac{\ln 1}{1}} = 20$$

$\ln 1$ 中的 1 来自根节点 n 的值,它告诉我们到目前为止试验的总次数,根号内分母上的 1 来自于节点 S_1 的 n 值。当 S_2 的 n 仍然是 0 时,$\mathrm{UCB1}(S_2)$ 仍然是 ∞,所以我们选择节点 S_2。这就结束了树遍历步骤,因为 S_2 是一个叶节点。

然后从 S_2 开始,假设 S_2 的输出产生的终止值是 10,这就完成了展开阶段。此时的树如下所示:

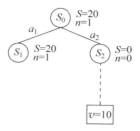

下一步是将终止值 10 反向传播回根状态,并在此过程中更新路径中所有节点的统计信息,即本例中 S_2 和 S_0。然后去掉展开部分。在反向传播步骤结束时,更新后的树如下所示:

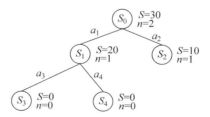

再进行一次 MCTS 迭代,这将是最后一次迭代。再次从 S_0 开始,重新计算子节点的 UCB1 值。

$$\mathrm{UCB1}(S_1) = \frac{20}{1} + 2 \cdot \sqrt{\frac{\ln 2}{1}} \approx 21.67$$

$$\mathrm{UCB1}(S_2) = \frac{10}{1} + 2 \cdot \sqrt{\frac{\ln 2}{1}} \approx 11.67$$

由于 S_1 的 UCB1 值比较大,所以选择 S_1。此时已经到达了一个叶节点,这就结束了 MCTS 的树遍历部分步骤。此时在 S_1 状态,由于它之前已经被访问过了,因此现在通过模拟 S_1 中所有可能的动作和最终的状态来扩展 S_1。此时的树如下:

我们需要在 S_3 和 S_4 之间选择一个叶节点,然后从所选节点进行展开。与之前一样,S_3 和 S_4 的 UCB1 值都是 ∞。按照我们的树策略,在值一样的情况下,选择子索引较小的节点。因此选择了 S_3,并从 S_3 进行展开。假设在展开结束时的终止状态产生的终止值为 0。这就完成了 MCTS 的展开步骤。此时的树如下所示:

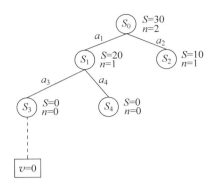

最后一步是将 0 的值反向传播到根节点。我们更新路径中节点的统计信息,即 S_3、S_1、S_0 节点。这棵树看起来如下所示:

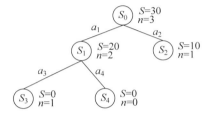

在这一点上,我们假设已经没有时间了。算法现在需要在 S_0 处选择最佳动作并在现实世界中采取该步骤。此时,只比较平均值,S_1 和 S_2 的平均值都是 10,这是平局。可以有额外的规则来打破平局,这个规则可以总是选择一个随机动作来打破平局,同时做出最佳动作的最终选择。比如随机选择了 S_1,智能体采取动作 a_1,并在确定的设置下到达状态 S_1。现在将 S_1 作为新的根节点,从 S_1 进行 MCTS 的多次迭代,最终在 S_1 选择最佳的动作。这样智能体就可以一步步进入现实世界。

以上就是 MCTS 的精髓。MCTS 有很多变体,此处不做赘述。我们的主要目的是帮助读者熟悉一个简单和基本的 MCTS 设置,并引导读者通过计算来巩固理解。

在结束本章之前,我们将简要地谈谈一个最近著名的 MCTS 用例,即 AlphaGo 和 AlphaGo Zero——它们帮助设计了一种算法,让计算机在围棋游戏中击败人类专家。

9.4 AlphaGo 模拟实验

AlphaGo 由 Deep Mind 在 2016 年设计,旨在在围棋游戏中击败人类专家。标准搜索树会从给定位置测试所以可能。然而,具有高分支因子的游戏不能使用这种方法。如果一个游戏的分支因子为 b(即任何位置的合法移动次数为 b),并且游戏总长度(即深度 bgv 或直到结束的连续移动次数)为 d,则有 b^d 个可能的移动序列。评估所有选项对于任何普通的棋盘游戏都是不可行的。考虑到国际象棋中($b \approx 35, d \approx 50$)或围棋中($b \approx 250, d \approx 150$),穷尽搜索是不可能的。但是可以通过两种通用方法来减少有效搜索空间。

- 通过位置评估来减少深度。将搜索树扩展一定深度后,用近似评估函数 $v(s) \approx v^*(s)$ 替换叶节点处的状态。这种方法曾用于国际象棋、跳棋和奥赛罗(Othello)等棋盘游戏,但由于围棋的复杂性而不适用于围棋。

- 利用策略 $p(s)$ 的采样操作,从一个节点上完全展开树来减少树的宽度。蒙特卡洛展开根本没有分支;它们从一个叶节点上完成一个情节,然后使用平均回报作为 $v(s)$ 的估计。我们在 MCTS 中看到了这种方法,该方法使用展开值来估计叶节点的 $v(s)$,并且通过使用 $v(s)$ 的修正估计值进一步改进了策略。
- 在之前的论文中,作者将 MCTS 与深度神经网络相结合,实现了超人类的性能。他们将棋盘图像作为 19×19 像素的图像传递给 CNN,并使用它来构建棋盘位置的表示,即状态。

他们使用专家的动作来执行监督学习,并学习两种策略,即 $p(s)$。

- SL 策略网络 (p_σ):作者使用有监督的策略学习网络 p_σ。这是 CNN 风格的网络,以 19×19 棋盘位置作为输入状态,棋盘位置是基于专家的人体动作。
- 展开策略 (p_π):同样的数据也被用于训练另一个名为快速策略 (p_π) 的网络,它在 MCTS 的展开阶段充当策略。

接着,作者训练了一个强化学习网络 p_ρ,从 SL 策略网络初始化,试图改进 SL 策略网络以获得更多的奖励,即使用策略优化以获得更多的奖励为目标进行改进。这与我们在第 7 章中看到的类似。

最后,通过强化学习策略网络 p_ρ 训练另一个网络 v_θ 来预测自演状态 $v(s)$ 的值。神经网络训练的高级图如图 9-12 所示。

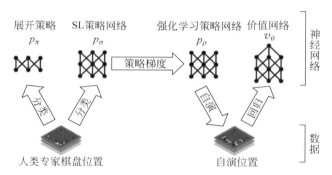

图 9-12 神经网络训练管道(转载自 AlphaGo 论文图)

最后,将策略网络与价值网络相结合,实现 MCTS 并进行前向搜索。作者使用类似 UCB 的方法遍历树的展开部分。一旦到达叶节点 (S_L),他们使用 SL 策略网络 p_σ 中的一个样本来扩展叶节点(MCTS 的步骤 2)。叶节点的评价方法有两种:一种是利用价值网络 $v_\theta(S_L)$;另一种是利用推出网络 p_π 快速推出直到终止,得到结果 z_L。这两个值使用混合参数 λ 进行组合。

$$V(S_L) = (1-\lambda)v_\theta(s_L) + \lambda z_L$$

MCTS 的第四步是更新每个节点的分数和访问次数,正如我们在 9.3 节的示例中看到的那样。

一旦搜索完成,算法就从根节点选择最佳动作,然后从新状态继续 MCTS 循环。

2017 年作者又提出了一个名为 *Mastering the game of Go without human knowledge* 的改进方案,它训练玩家在没有任何人类专家棋盘位置的情况下进行游戏,从随机游戏开始,并在此基础上进行改进。更多细节请参考论文。

这就是本章的结尾。这是本书的深入探讨强化学习的一些具体方面的最后一章。Alpha Go 的解释是在概念层面上。有兴趣的读者可以参考原文。

9.5 总结

本章进行了最后的统一，即将基于模型的规划与无模型学习相结合。首先，我们研究了基于模型的强化学习，在其中学习模型并使用它来进行规划。接下来，我们研究了将规划和学习集成到 Dyna 下的单一架构中。然后，我们在 Dyna Q 中查看了带有 Q-学习的 Dyna 的特定版本。我们还简要介绍了 Dyna Q＋对长时间未访问的状态进行探索。这有助于在不断变化的环境中管理学习，接下来，详细探讨了状态或动作价值可以通过期望或基于样本的更新来更新的各种方法。

然后，我们讨论了多臂强盗在简化设置中的探索-利用困境。我们研究了各种探索策略，例如，ε-贪婪探索、上置信界探索和汤姆森采样探索。在实验的帮助下，我们看到了这些策略在累积后悔值方面的相对表现。

本章的最后部分研究了前向搜索和基于树的搜索。我们深入研究了蒙特卡洛树搜索，并介绍了它在解决围棋游戏中的应用。

第 10 章将对前面没有涉及的主题进行广泛的讨论。

进一步的探索与后续工作

这是本书的最后一章。本书深入探讨了许多强化学习的基础知识：首先研究了 MDP 和 MDP 的动态规划；接着研究了无模型的价值函数；然后讨论了使用函数逼近来提升解决方案技术的性能，特别是使用基于深度学习的方法，如 DQN；也研究了基于策略的方法，如 REINFORCE、TRPO、PPO 等，在演员-评论家方法中还结合了价值和策略优化方法；最后，第 9 章研究了如何结合基于模型和无模型的方法。

上述方法大多数是强化学习的基础。然而，强化学习是一个快速发展的领域，在自动驾驶汽车、机器人和类似的其他领域有许多专门的用例，此外，许多领域几乎每天都会有新方法出现。这些已经超出了阅读本书所需要的知识，我们不可能把所有新出现的知识都作为核心主题的一部分，那会让本书变得很笨重。

因此，在这最后一章中，将介绍一些我们认为读者应该了解的较高层次的知识。我们的讨论将只停留在概念层面，并提供一些流行的研究/学术论文的链接（如适用）。读者可以根据自己在强化学习领域的个人兴趣，使用这些参考资料来扩展自己的知识范围。与前几章不同的是，在本章中不会总是有详细的伪代码或实际的代码实现。这样做的目的是快速提供一些新兴领域和新进展的介绍，扩宽读者的知识层面。除此之外，读者也可以根据自己的兴趣，借鉴本章的一些参考资料来深入研究感兴趣的主题。

我们还将谈论一些流行的函数库和继续学习的方法。

10.1 基于模型的强化学习：其他方法

第 9 章研究了基于模型的强化学习。通过让智能体与环境互动来学习模型，然后学习到的模型被用来产生额外的转移。换句话说，也就是通过与现实世界的实际互动来增加智能体收集的数据。这是 Dyna 算法采取的方法。

虽然 Dyna 有助于加快学习过程，并解决了无模型强化学习中的一些样本效率低下的问题，但它主要用于具有简单函数逼近的问题，在需要大量样本才能训练的深度学习函数逼近中，该方法并没有取得成功。由于模拟器准确建模世界的能力存在缺陷，过多来自模拟器的训练样本可能会降低学习的质量。本节将研究最新在深度学习的背景下将学习模型与无模型方法相结合的一些方法。

10.1.1　世界模型

在 2018 年的一篇题为 *World Models* 的论文中，作者提出了一种构建生成式神经网络模型的方法，该模型是对环境的空间和时间方面的压缩表示，并使用它来训练智能体。

人类对周围的世界形成了一种思维模式，但并不存储环境中所有可能的最小细节。相反，我们存储一个抽象的更高层次的世界表示。它压缩了世界的空间和时间以及世界不同实体之间的关系，只存储接触过的或与自己有关的世界的一部分。

基于当前的状态或手头任务的内容，我们考虑想要采取的动作，并预测该动作将带我们进入的状态。根据这种预测思维，我们选择最佳动作。举个例子，一个棒球击球手只有几毫秒的时间来行动，并需要在正确的时间和正确的方向挥棒，最后击中球，他是怎么做到的呢？其实经过多年的练习，击球手已经发展出了一个强大的内部模型，他可以预测出球的未来轨迹，并从当前开始挥动球棒并在几毫秒后达到精确的轨迹点。

好的棒球手和差的棒球手之间的区别很大程度上取决于他们自己建立的内部模型的预测能力。多年的练习使整件事变得很直观，而无须在头脑中进行大量有意识的规划。

在上述文章中，作者展示了他们如何使用一个强大的递归神经网络模型（他们称之为世界模型）和一个小的控制模型来构建这种能够预测的内部模型。小的控制模型可以使信用分配问题保持在边界内，并且在训练过程中策略迭代更快。同时，大的"世界模型"允许它保留拥有良好环境模型所需的所有空间和时间表达能力，并拥有小型控制器模型以在训练期间保持策略搜索专注于快速迭代。

作者探索了在生成的世界模型上训练智能体的能力，这完全取代了与现实世界的交互。一旦智能体在内部模型表示方面得到了良好的训练，学习到的策略就会转移到现实世界中。他们还展示了向内部世界模型添加一些随机噪声的好处：确保智能体不会过度开发学习模型的缺陷。

接下来看看所使用的模型的分类。图 10-1 给出了上述传递途径的概述。每个时刻，智能体都会收到来自环境的观测。

世界模型由两个模块组成：

- 视觉模块使用深度学习中的变分自动编码器（Variational Auto Encoder，VAE）将高维图像（观测向量）编码为低维隐藏向量。隐藏向量 z 是 V 模块的输出，将观测的空间信息压缩为更小的向量。

- 隐藏向量 z 被送入一个记忆 RNN（M）模块，用来捕捉环境中的时间。M 模块是一个 RNN 网络，它压缩了随时间发生的事件，并用作预测模型。由于许多复杂的环境是随机的，再加上我们学习的不完善，M 模块被训练来预测下一个状态的分布 $P(z_{t+1})$，而不是预测一个确定性的值 z_{t+1}。它基于当前和过去（RNN 部分）将下一个隐藏向量 z_{t+1} 的分布预测为高斯分布 $P(z_{t+1}|a_t, z_t, h_t)$ 的混合，其中 h_t 是 RNN 的隐藏状态，用于捕捉历史。这就是为什么称其为基于循环神经网络的混合密度模型（Mixture Density Model based on a Recurrent Neural Network，MDM-RNN）。

控制器模型负责获取空间信息（z_t）和时间信息（h_t），将它们连接在一起，并将反馈送到单层线性模型中。信息的整体流动如下：

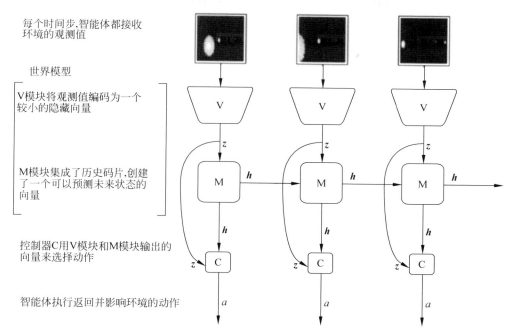

图 10-1　在"世界观"（**world view**）中使用的智能体模型（摘自 **Ha** 和 **Schmidhuber** 的
《**循环世界模型促进政策演变**》，2018）

（1）智能体在时刻 t 得到一个观测值。该观测值被输入 V 模块，V 模块将其编码为一个较小的隐藏向量 z_t。

（2）然后将隐藏向量输入 M 模块中，该模型预测向量 z_{t+1}，即 h_t。

（3）V 模块和 M 模块的输出被连接起来并输入到控制器 C，它产生动作 a_t。换句话说就是使用 z_t 和 z_{t+1} 来预测 a_t。

（4）预测的动作被输入现实世界中，M 模块也用它来更新隐藏状态。

（5）现实世界中的动作产生下一个状态/观测，又从第一步开始进入下一个循环。

有关伪代码、所用网络的实现细节以及训练中使用的损失等其他细节，请读者查阅之前参考的论文。在论文中，作者还谈到了他们如何利用预测能力，通过反馈预测 z_{t+1} 作为下一个现实世界的观测结果来提出假设场景。他们进一步展示了如何在"理想世界"中训练智能体，然后将学习转移到现实世界。

10.1.2　想象力增强智能体

如前所述，Dyna 提出了一种结合无模型和基于模型的方法。在复杂环境下，无模型方法具有更高的可扩展性，并且可以很好地结合深度学习。然而，它不是有效的，因为深度学习需要大量的训练样本才能有效。即使是一个简单的 Atari 游戏策略训练，也可能需要数百万个样本来进行训练。但是，基于模型的样本却是有效的。Dyna 提供了一种结合这两种优势的方法。真实世界的转移除了用来训练智能体之外，还用于学习一个用来生成/模拟额外训练样本的模型。然而，问题在于模型学习可能并不完美，如果忽略这个问题，那么在复杂的深度学习结合强化学习中直接使用 Dyna 不会产生好结果。较差的模型知识会导致过度乐观和智能体性能不佳。

与之前使用世界模型的方法一样，想象力增强智能体方法结合了基于模型和无模型的方法，该组合方法在复杂环境中运行良好。I2A 形成一个近似的环境模型，并通过"学习解释"学习到的模型缺陷来利用它。它提供了一种端到端的学习方法来提取从模型模拟中收集的有用信息，而不完全依赖模拟的回报。智能体使用内部模型[也称为想象]来寻求积极的结果，同时避免不利的结果。DeepMind 的作者们在 2018 年发表了一篇题为 *Imagination-Augmented Agents for Deep Reinforcement Learning* 的论文，结果表明，该方法可以在较少的数据和不完善的模型下更好地学习。

图 10-2 详细描述了参考论文中的 I2A 架构。

- 图 10-2(a)中的环境模型在给定当前信息的情况下，对未来进行预测。想象核心（Imagination Core，IC）有一个策略网络 $\hat{\pi}$，它以当前的观测 o_t 或 $\hat{o}_t$（真实的或想象的）作为输入并产生一个展开动作 $\hat{a}_t$。预测 o_t 或 $\hat{o}_t$ 和展开动作 $\hat{a}_t$ 被送入环境模型（一个基于 RNN 的网络），以预测下一个观测 $\hat{o}_{t+1}$ 和奖励 $\hat{r}_{t+1}$。

- 许多这样的 IC 串在一起，将前一个 IC 的输出传送到下一个 IC，并产生长度为 τ 的想象展开轨迹，如图 10-2(b)所示。共会产生 n 个这样的轨迹，即 $\hat{T}_1 \cdots \hat{T}_i \cdots \hat{T}_n$。由于不能假设学习的模型是完美的，因此仅依赖于预测的奖励可能是不可行的。此外，这些轨迹可能包含奖励序列之外的信息。因此，需要对每个展开进行编码，依次对输出进行处理，以获得每个轨迹上的嵌入，如图 10-2(b)的右侧所示。

- 最后，图 10-2(c)中的聚合器将这些单独的 n 个展开组合起来，将它们作为附加的上下文与直接提供观测的无模型路径输入给策略网络。

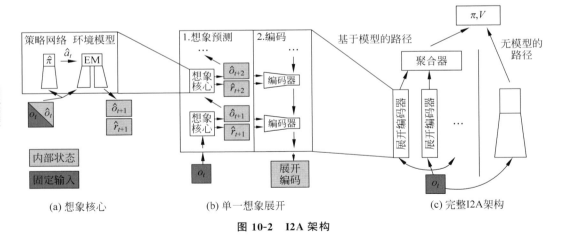

(a) 想象核心　　　　　(b) 单一想象展开　　　　　(c) 完整I2A架构

图 10-2　I2A 架构

该论文的作者表明，在步骤(b)中学习展开编码器能够很好地处理不完美模型学习。

10.1.3　基于模型的强化学习和无模型微调

在 2017 年的一篇题为 *Neural Network Dynamics for Model-Based Deep Reinforcement Learning with Model-Free Fine-Tuning* 的论文中，作者展示了另一种结合基于无模型和基于模型的强化学习的方法，他们研究了运动任务的领域。训练机器人运动的无模型方法存在样本复杂性高的问题,我们在所有基于深度学习的模型中都看到了这一点。为了解决这个问题,他们将无模型和基于模型的方法结合起来,提出了样本有效模型,利用中等复杂的神经网络来学习具有不同任务目标的运动动态。

上述问题假设奖励函数 $r_t = r(s_t, a_t)$ 是给定的。该论文给出了用于前进和轨迹跟踪的奖励函数的示例。轨迹由定义机器人需要遵循的路径的稀疏路径点显示。如图 10-3 所示,路径点是给定轨迹上的点,当它们与直线连接时,近似于给定轨迹。有关如何使用路径点进行轨迹规划的更多详细信息,可以参考任何关于自动驾驶汽车和机器人的资料。

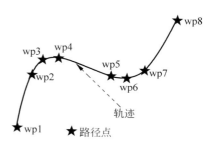

图 10-3 轨迹和路径点

在任何一点上,都要考虑机器人的预测动作序列。对于每个动作,连接当前状态 $\hat{s}_t$ 和估计的下一个状态 $\hat{s}_{t+1} = \hat{f}_\theta(\hat{s}_t, a_t)$ 被投射到两个路径点的最近线段上。若机器人沿路径点线段运动,则奖励为正;若垂直于路径点线段运动,则为负。同样地,他们对于前进的目标也有另一套奖励函数。

神经网络学习动态 $\hat{s}_{t+1} = \hat{f}_\theta(\hat{s}_t, a_t)$。然而,网络不是预测整个新状态 s_{t+1},而是接收 (s_t, a_t) 并预测差值 $s_{t+1} - s_t$,这样的方式放大了变化,并允许小的变化也被捕获。

奖励函数和动态模型被输入到模型预测控制器(Model Predictive Controller,MPC)中。MPC 接收奖励和下一个状态,使用预测的 s_{t+1} 作为预测 s_{t+2} 的新输入,以此类推。之后对 K 个随机生成的动作序列(每个动作长度为 H 步)进行评估,根据 K 个序列中最高的累积奖励,找出初始时间 t 上的最佳动作,然后机器人执行该动作。此时,样本序列被丢弃,并在时间 $t+1$ 完成对下 K 个序列的完整重新规划,每个序列的长度还是为 H。由于每一步都需要重新规划,因此使用该模型的预测控制器(而不是开环方法)可以确保错误不会向前传播。图 10-4 给出了完整的算法。

收集随机轨迹的数据集 D_{RAND}

初始化空数据集 D_{RL} 并随机初始化 $\hat{f}_\theta$

for iter $=$ 1 **to** max_iter **do**:

    基于梯度下降算法训练 $\hat{f}_\theta(s, a)$

$$\text{Loss}(\theta) = \frac{1}{|D|} \sum (s_t, a_t, s_{t+1}) \in D^{\frac{1}{2}} \| (s_{t+1} - s_t) - \hat{f}_\theta(s_t, a_t) \|^2$$

    其中,$D = D_{\text{RAND}} \bigcup D_{\text{RL}}$

for $t = 1$ **to** T **do**:

    获得智能体当前状态 s_t

    使用 $\hat{f}_\theta$ 估计最优动作序列

    根据选定的动作序列 $A_t^{(H)}$ 执行第一个动作 a_t

    添加 (s_t, a_t, s_{t+1}) 至 D_{RL} 中

图 10-4 MBMF 算法

在训练模型后，为了进一步改进模型，作者通过初始化一个无模型智能体来对其进行微调，并使用之前训练的基于模型的学习器。无模型训练可以使用我们之前学习过的任何方法来完成。这就是将其命名为带有无模型微调的基于模型方法（Model-Based with Model-free Fine-tuning，MBMF）的原因。

10.1.4 基于模型的价值扩展

在 2018 年的一篇题为 *Model-Based Value Expansion for Efficient Model-Free Reinforcement Learning* 的论文中，作者将基于模型和无模型的方法与已知的奖励函数相结合，获得了更有效的价值评估方法。

该算法通过学习系统动态 $\hat{s}_{t+1} = \hat{f}_\theta(\hat{s}_t, a_t)$ 来模拟轨迹的短期范围并结合 Q-学习来估计长期价值，也就是通过为训练提供更高质量的目标值来改进 Q-学习。

结果表明，MBVE 与 DDPG 相结合的性能优于与普通 DDPG，改进效果显著。

10.2 模仿学习和逆强化学习

还有一个学习分支称为模仿学习。这个算法首先记录专家的动作和状态的交互，然后使用监督学习来学习模仿专家的行为。

如图 10-5 所示，我们有一个专家，他查看状态 s_t 并产生动作。我们在有监督学习中使用这些数据，状态 s_t 作为模型的输入，动作 a_t 作为目标来学习策略 $\pi_\theta(a_t, s_t)$，如图 10-5 中间所示。这是学习行为的最简单方法，称为行为克隆。由于系统/学习者不分析或推理任何事情，只是盲目地学习模仿专家的行为，它甚至比整个强化学习还要简单。

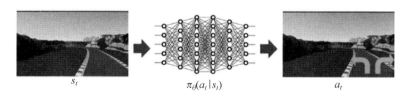

s_t $\pi_\theta(a_t|s_t)$ a_t

图 10-5　专家示例

然而，学习并不是完美的。假设从状态 s_1 开始，并且学习了一个带有一些小错误但近乎完美的策略。若根据学习到的策略来采取动作 a_1，这将与专家会采取的行动略有不同。如果接着按顺序继续执行这些操作，有些将与专家的动作匹配，有些与专家做的稍有不同。多个动作偏差叠加起来就会把车辆（见图 10-5）开到路边。然而，专家很可能不会把车开到路边。而专家训练数据从不知道专家在这种情况下会做什么。

由于训练数据从未学习到专家在这种情况下会怎么做的动作，该策略也未针对此类情况进行训练。因此学习到的策略很可能会采取随机的动作，但是目的绝对不是为了纠正错误以将车辆带回道路中心。

这是一个开环问题。每个动作的误差都越来越大，使得实际轨迹偏离专家轨迹，如图 10-6 所示。

这也称为分布偏移。换句话说，策略训练中的状态分布与智能体在没有纠正反馈的情

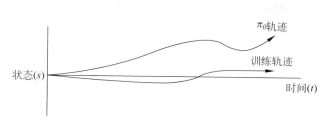

图10-6　轨迹误差随着时间的推移越来越大

况下仅在开环中执行策略时看到的状态分布不同。

　　在这种情况下,会产生额外的误差,有一种称为 DAgger(数据集聚合)的替代算法可以解决这个问题。在该算法中,首先在专家演示的数据上对智能体进行迭代训练。经过训练的策略用于生成额外的状态。之后专家为这些生成的状态提供正确的动作。增强的数据与原始数据再次用于微调策略。循环进行上述步骤,智能体在跟随行为方面将越来越接近专家。这可以归类为直接策略学习。图 10-7 给出了 DAgger 的伪代码。

无限循环(Do until tired):

　　根据行人数据 $D = \{s_1, a_1, \cdots, s_N, a_N\}$ 训练 $\pi_\theta(a_t | s_t)$

　　运行 $\pi_\theta(a_t | s_t)$ 以获得数据集 $D_\pi = \{s_1, s_2, \cdots, s_N\}$

　　专家利用动作序列 $\{a_1, a_2, \cdots, a_N\}$ 标记 D_π

　　聚合:$D \leftarrow D \cup D_\pi$

图10-7　行为克隆的 Dagger 算法

　　在图 10-7 中的策略执行的过程中,DAgger 可以使人类专家给未见的状态贴上标签,这可以训练智能体从错误/偏离中恢复。虽然 DAgger 简单高效。然而,它只是行为克隆,而不是强化学习。除了试图学习一种行为来跟随专家的行动外,它并不推理任何东西。如果专家涵盖了智能体可能看到的大部分状态空间,那么该算法可以帮助智能体去学习良好的行为。但如果是需要长期规划的事情,那么 DAgger 都不适合。

　　该算法不是强化学习,那么为什么要在这里讨论它呢?事实上,在许多情况下,让专家进行演示是了解智能体试图实现的目标的好方法。当与其他增强功能相结合时,模仿学习是一种有用的方法。接下来就讨论一个这样的问题。

　　到目前为止,本书研究了各种算法来训练智能体。在一些算法中,我们知道动态和转移,例如基于模型的设置。在一些算法中,我们是在无模型设置中学习,即没有明确的学习模型。在其他算法中,我们通过与世界的交互学习模型,以增强无模型学习。在上述这些情况下,我们都认为奖励是简单、直观和众所周知的。在其他情况下,我们也可以手工制作一个简单的奖励函数,例如,使用 MBMF 学习遵循轨迹。然而,现实世界的情况并非都如此简单。奖励有时是不明确和/或稀疏的。如果没有明确定义的奖励,那么之前的算法都不会起作用。

　　假设我们训练一个机器人拿起一壶水并把水倒进玻璃杯里,整个序列中每个动作的奖励是什么?当机器人能够将水倒入玻璃杯中而不会将水洒在桌子上或打破/掉落水罐/玻璃杯时,奖励会是 1 吗?又或者是否可以根据洒了多少水来定义奖励的范围?在这样的情况下,如何诱导机器人像人类一样学习流畅的动作？是否存在一种奖励,可以为机器人提供正确的反馈,并告诉他们什么是好的动作,什么是坏的动作呢？

现在来看另一个场景：机器人可以观看人类执行倒水的任务。它不是学习一种行为,而是首先学习一个奖励函数,将所有与人类行为相匹配的行为标记为好,其他行为标记为坏,好坏取决于与它所看到的人类行为的偏离程度。

然后可以使用学习到的奖励函数,作为下一步,通过学习策略/动作序列来执行类似的动作。这是逆强化学习与模仿学习相结合的领域。

行为克隆、直接策略学习和逆强化学习的比较如表 10-1 所示。

表 10-1　模仿学习的类型

	直接策略学习	奖励学习	环境交互	互动演示/专家	预收集示范
行为克隆	是	否	否	否	是
直接策略学习	是	否	是	是	可能
逆强化学习	否	是	是	否	是

逆强化学习是 MDP 设置,我们知道模型动态,但不知道奖励函数。在数学上,可以表示如下：

给定：

$$D = \{\tau_1, \tau_2, \cdots, \tau_m\} = \{(s_0^i, a_0^i, \cdots, s_T^i, a_T^i)\} \sim \pi^*$$

我们的目标是去学习奖励函数 r^*,因此有

$$\pi^* = \underset{\pi}{\arg\max} \, E_\pi [r^*(s, a)]$$

图 10-8 显示了逆强化学习的伪代码。我们从专家那里收集样本轨迹,并使用它们来学习奖励函数。接下来,使用学习到的奖励函数,我们学习能最大化奖励的策略。将学习到的策略与专家策略进行比较,并利用差异调整学习奖励。重复进行上述步骤。

注意,内部的 do 循环有一个迭代学习策略的步骤(给定奖励函数学习策略)。它实际上是一个抽象为一行伪代码的循环。当状态空间是连续的高维空间时,以及当系统动态是未知时,我们需要调整它以使之前的方法有效。在 2016 年题为 *Guided Cost Learning：Deep Inverse Optimal Control via Policy Optimization* 的论文中,作者使用了基于样本的最大熵逆强化学习(Max Entropy Inverse RL)的近似值。读者可以查看以前引用的论文来了解更多详细信息。图 10-9 显示了其流程图。

逆强化学习

专家/人类数据 $D = \{s_1, a_1, \cdots, s_N, a_N\}$

无限循环：

　　学习奖励函数：$r_\theta(s_b, a_t)$

　　给定奖励函数学习策略(RL)

　　将专家与学习到的策略比较

图 10-8　逆强化学习

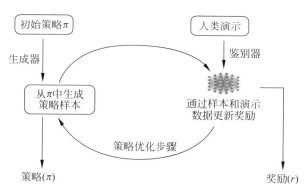

图 10-9　指导成本学习：通过策略优化的深度逆最优控制

可以将该架构与深度学习中的生成式对抗网络（Generative Adversarial Networks，GAN）进行比较。在 GAN 中，生成器网络试图生成合成样本，而鉴别器网络试图对实际样本打高分，而对合成样本打低分。生成器通过不断生成迭代与"现实世界样本"难以区分的样本变得越来越好，而鉴别器则在对合成的与现实世界的样本进行区分时得到越来越好的结果。

同样，图 10-9 给出的指导成本学习可以被认为是一种 GAN 设置，其中鉴别器为人类观测提供高奖励，而由策略网络产生的动作/轨迹则给予较低奖励。策略网络通过不断学习，在产生类似于人类专家的行为方面将变得越来越好。

逆学习和模仿学习的应用很多：

- 制作动画电影角色：可以根据角色所说的话同步移动脸部和嘴唇。首先记录人类专家的面部/嘴唇动作（预计演示），然后训练策略使角色的面部/嘴唇像人类一样运动。
- 词性标注：这基于一些专家/人类的标签。
- 模仿学习：让一个自动摄像机类似于人类一样跟踪一场比赛，在球场上跟踪球，根据特定事件进行缩放和平移。
- 协调多智能体模仿学习：查看类似于足球比赛的录音（人类专家演示），然后学习一种策略，根据序列来预测球员的下一个位置。

模仿学习是一个快速发展的领域，我们仅仅只是浅显地介绍了一下。若感兴趣，可以从很多方面对它进行探索，ICML2018 模仿学习教程是一个很好的开始。这是一个由加州理工学院的两位专家讲解的两小时的视频教程。

10.3　无导数方法

让我们回到本书主要部分——常规无模型强化学习。本节将简要讨论一些方法，使我们能够在不使用策略 $\pi_\theta(a|s)$ 对策略参数 θ 的取导的情况下改进策略。

我们将研究进化方法。为什么称之为进化呢？原因是它们就像自然进化一样。更好/更适合的东西会生存下来，而不适合或不好的东西会被淘汰。

第一种方法称为交叉熵方法，它非常简单。

（1）选择一个随机策略。

（2）展开几个会话。

（3）选择一些带有更高奖励的会话。

（4）改进策略来增加选择这些动作的概率。

图 10-10 给出了用于训练连续动作策略的交叉熵方法的伪代码,这里假设它是具有 d 维动作空间的正态分布。读者也可以使用任何其他分布,但在许多领域中,正态分布在平衡分布的表达性和分布的参数数量方面是最好的。

初始化 $\mu \in \mathbf{R}^d, \sigma \in \mathbf{R}^d_{>0}$,其中 μ 和 σ 是正态分布 $N(\mu \in \mathbf{R}^d, \sigma \in \mathbf{R}^d_{>0})$ 的均值和标准差

For iteration $= 1, 2, \cdots$

    采样 n 个参数: $\theta_i \sim N(\mu, \mathrm{diag}(\sigma^2))$

    每个参数 θ_i 执行一次展开获得回报 $R(\tau_i)$

    选取 θ 的前 k% 个参数,使用最大似然法对这些样本进行对角高斯拟合。

    更新 μ 和 σ

图 10-10　交叉熵方法

一种称为协方差矩阵自适应进化策略（Covariance Matrix Adaptation-Evolutionary Strategy, CMA-ES）的类似方法在图形界中也很受欢迎,主要用于优化角色步态。在交叉熵方法中,我们将对角高斯拟合到前 k% 的展开中。然而,在 CMA-ES 中,我们优化了协方差矩阵,与通常的导数方法中的一阶模型学习相比,它属于二阶模型学习。

交叉熵方法的一个主要缺点是,它们适用于相对低维的动作空间,例如 CartPole、LunarLander 等。那么进化策略是否适用于具有高维动作空间的深度网络策略呢? 在 2017 年题为 *Evolution Strategies as a Scalable Alternative to Reinforcement Learning* 的论文中,作者证明了进化策略能够可靠地训练神经网络策略,通过一种非常适合扩展到现代分布式计算机系统的方法,在 MuJoCo 物理模拟器中控制机器人。

接下来从概念上回顾一下该论文所采用的方法。策略参数的概率分布为 $\theta \sim P_\mu(\theta)$。这里, θ 是策略的参数,这些参数遵循一些由 μ 参数化的概率分布 $P_\mu(\theta)$。

目标是找到策略参数 θ,使其生成最大化累积回报的轨迹。这与我们对政策梯度方法的目标相似。

$$\mathrm{Goal:maximize} \mathop{E}_{\theta \sim P_\mu(\theta), \tau \sim \pi_\theta} \left[R(\tau) \right]$$

与策略梯度一样,我们进行随机梯度上升,但与策略梯度不同的是,我们不是在 θ 中进行,而是在 μ 空间中

$$\mathbf{\nabla}_\mu \mathop{E}_{\theta \sim P_\mu(\theta), \tau \sim \pi_\theta} \left[R(\tau) \right] = \mathop{E}_{\theta \sim P_\mu(\theta), \tau \sim \pi_\theta} \left[\mathbf{\nabla}_\mu \log P_\mu(\theta) R(\tau) \right] \tag{10.1}$$

上述表达式与我们在策略梯度中看到的类似。有一个微妙的区别是我们没有在 θ 中进行梯度步进。因此,我们不需要注意 $\pi_\theta(a|s)$。此外,我们忽略了关于轨迹的大部分信息,比如状态、动作和奖励。我们只关心策略参数 θ 和总轨迹奖励 $R(\tau)$。这反过来又实现了可扩展的分布式训练,它类似于运行多个线程的 A3C 方法,如图 7-10 所示。

举一个具体的例子。假设 $\theta \sim P_\mu(\theta)$ 是均值为 μ、协方差为 σ^2 的高斯分布。那么式（10.1）中"期望"中给出的 $\log P_\mu(\theta)$ 可以表示如下:

$$\log P_{\mu}(\theta) = -\frac{\parallel \theta - \mu \parallel^2}{2\sigma^2} + \text{const}$$

对上式求关于 μ 的梯度,得到

$$\boldsymbol{\nabla}_{\mu}\log P_{\mu}(\theta) = \frac{\theta - \mu}{\sigma^2}$$

假设设置两个参数样本 θ_1 和 θ_2,得到两个轨迹 τ_1 和 τ_2。

$$\mathop{E}_{\theta \sim P_{\mu}(\theta), \tau \sim \pi_{\theta}}[\boldsymbol{\nabla}_{\mu}\log P_{\mu}(\theta)R(\tau)] \approx \frac{1}{2}\left[R(\tau_1)\frac{\theta_1 - \mu}{\sigma^2} + R(\tau_2)\frac{\theta_2 - \mu}{\sigma^2}\right] \quad (10.2)$$

这只是将式(10.1)中的期望转换为基于两个样本的估计。读者可以试着解释式(10.2),它与我们在第 7 章所做的类似。式(10.2)的解释如下:若轨迹的奖励是+ve,则调整均值 μ 以接近 θ。若轨迹奖励是-ve,则将 μ 从采样的 θ 中移开。换句话说,与策略梯度一样,调整 μ 以增加良好轨迹的概率并降低不良轨迹的概率。我们通过直接调整参数的分布来实现这一点,而不是通过调整策略所依赖的 θ 来实现,使我们能够忽略状态和动作等细节。

先前引用的论文使用对偶采样。换句话说,它对一对带有镜像噪声的($\theta_+ = \mu + \sigma\varepsilon$,$\theta_- = \mu - \sigma\varepsilon$)进行采样,然后对两个轨迹 τ_+ 和 τ_- 进行采样。将这些代入式(10.2),表达式可以简化如下:

$$\boldsymbol{\nabla}_{\mu}E[R(\tau)] \approx \frac{\varepsilon}{2\sigma}[R(\tau_+) + R(\tau_-)]$$

前面的操作允许在线程和参数服务器之间进行有效的参数传递。一开始,μ 是已知的,只需要传递 ε,这样就减少了需要来回传递的参数数量。它为并行方法带来了显著的可扩展性。

图 10-11 显示了并行化的进化策略伪代码。

并行化的进化策略

输入:
　　学习率 α,噪声标准差 σ,初始策略参数 θ_0
初始化:
　　n 个具有已知随机数种子和初始参数 θ_0 的线程
for $t = 0, 1, 2, \cdots$ **do**
　　for each worker $i = 1, \cdots, n$ **do**
　　　　采样 $\varepsilon_i \sim N(0, I)$
　　　　计算回报 $F_i = F(\theta_t + \sigma\varepsilon_i)$
　　end for
　　将每个线程的所有标量回报 F_i 发送给其他线程。
　　for each worker $i = 1, \cdots, n$ **do**
　　　　重建所有噪声 $\varepsilon_j, j = 1, \cdots, n$
　　　　令 $\theta_{t+1} \leftarrow \theta_t + \alpha\frac{1}{n\sigma}\sum_{j=1}^{n}F_j\varepsilon_j$
　　end for
end for

图 10-11　并行化的进化策略算法 2

论文总结如下：

- 他们发现使用虚拟批量归一化和其他神经网络策略的重参数化可以大大提高进化策略的可靠性。
- 他们发现进化策略方法是高度可并行化的（如前所述）。它使用了 1440 个线程，在不到 10 分钟的时间内完成了 MuJoCo 3D 类人任务。
- 进化策略的数据效率非常高。一个小时的 ES 结果需要的计算量与发布一天的异步优势演员批判家（A3C）的结果差不多。在 MuJoCo 任务上，我们能够匹配 TRPO 学习的策略性能。
- ES 表现出比 TRPO 等策略梯度方法更好的探索行为。在 MuJoCo 类人任务上，ES 已经能够学习各种各样的步态（如侧走或向后走）。TRPO 从未观察到这些不寻常的步态，这表明探索行为在性质上有所不同。
- 进化策略方法具有较强的鲁棒性。

如果感兴趣，可以通读参考论文，深入了解细节，看看它与其他方法相比性能如何。

10.4 迁移学习和多任务学习

前面的章节研究了使用 DQN 和策略梯度算法来训练智能体玩 Atari 游戏。如果读者查看展示这些实验的论文，将会发现有些 Atari 游戏更容易训练，而有些则更难训练。如果比较 Atari 游戏 Breakout 与 Montezuma's Revenge（如图 10-12 所示），还会发现玩 Breakout 比玩 Montezuma 更容易。这是为什么呢？

这是因为 Breakout 规则简单，而 Montezuma's Revenge 规则较为复杂，不容易学习。作为人类，即使我们是第一次玩这个游戏并且事先不知道确切的规则，我们也知道"钥匙"是我们可以打开新事物或获得丰厚奖励的东西。我们同时也了解"梯子"可以用来爬上或下，而"骷髅"是需要躲避的。因为我们过去玩过其他游戏、读过关于寻宝的故事或看过的一些电影的经验已经为我们提供了背景，让我们能够快速执行以前可能从未见过的新任务。

Breakout
（易）

Montezuma's Revenge
（难）

图 10-12 易学和难学的 Atari 游戏

事先了解问题结构可以帮助我们快速解决新的复杂任务。当智能体解决之前的任务时，它会获得有用的知识，以帮助智能体执行新的任务。但是这些知识存储在哪里呢？以下是一些可能的选项。

- Q-函数：它告诉智能体什么是好的状态和动作。
- 策略：它告诉智能体哪些动作是有用的，哪些是没用的。
- 模型：它们构建了关于世界如何运行的知识，如物理定律（如牛顿定律、摩擦定律、重力定律、动量定律）等。
- 特征/隐藏状态：神经网络的隐藏层抽象出更高层次的结构和知识，这些结构和知识可以跨不同的领域/任务进行概括。我们在监督学习的计算机视觉中看到了这一点。

利用从一组任务中获得的经验来更快、更有效地完成新任务的能力称为迁移学习,即把从过去的经验中获得的知识迁移到处理新任务中。它在监督学习中得到了显著的应用,尤其是在计算机视觉领域:使用流行的卷积神经网络架构(如在 ImageNet 数据集上训练的ResNet)作为预训练网络来训练新的视觉任务。接下来简要介绍如何将这种技术应用于强化学习领域。首先介绍一些在迁移学习文献中常见的术语。

- 任务:在迁移学习中,我们试图训练智能体来解决的 MDP 问题。
- 源域:智能体刚开始被训练的问题。
- 目标域:我们希望通过利用来自"源领域"的知识来更快地解决 MDP 问题。
- 次数:在目标域中尝试的次数。
- 零次:直接在目标域上运行在源域上训练的策略。
- 一次:仅在在目标域上对源域训练过的智能体进行一次训练。
- 多次:在目标域上对源域训练过的智能体再进行几次训练。

接下来看看如何在强化学习的背景下,将从源域获得的知识转移到目标域上。针对这个问题,目前有三大类方法。

- 前向迁移:在一项任务上进行训练并转移到一项新的任务上。
- 多任务迁移:训练多个任务并转移到新任务。
- 迁移模型和价值函数。

我们将简要讨论上述方法。前向迁移是监督学习中最常见的知识迁移方式之一,特别是在计算机视觉中。它其中的一种模型,比如流行的 ResNet,经过训练可以对 ImageNet 数据集上的图像进行分类,这被称为预训练。然后,训练后的模型将通过替换最后一层或最后几层来改变。

该网络在一项称为微调的新任务上进行了重新训练。然而,强化学习中的前向迁移可能会面临一些领域转移的问题。换句话说,在源域中学习的表示在目标域中可能效果不佳。此外,在 MDP 中存在差异。简单来说,某些事情在源域中是可能的,但在目标域中是不可能的。还有一些微调问题,例如,在源域上训练的策略在概率分布中可能有尖峰(这几乎是肯定的),这种尖峰分布在对目标域进行微调的同时,可能会阻碍探索。

监督学习中的迁移学习似乎效果很好,这可能是因为 ImageNet 数据集中的大量不同图像有助于网络学习非常好的广义表示,然后可以对特定任务进行微调。然而,在强化学习中,任务的多样性通常要少得多,这使得智能体更难学习高层次的泛化。此外,还存在策略过于确定的问题,这阻碍了在微调期间对更好的收敛的探索。这个问题可以通过在源域上使用具有熵正则化项的目标学习策略来解决,我们在前几章的几个例子中已经看到了这一点,例如第 8 章的软演员-评论家。熵正则化确保了在源系统上学习的策略保留足够的随机性,以便在微调期间进行探索。

还有另一种方法可以使源域的学习更加通用。我们可以向源域中添加一些随机项。假设我们正在训练一个机器人完成某项任务,可以实例化许多版本的源域,比如使机器人的每只手臂都有不同的质量或者摩擦系数。这将引导智能体学习基本的物理知识,而不是记忆特定的配置。在另一个涉及图像的真实场景中,可以再次借鉴计算机视觉的"图像增强"方法，通过一些随机旋转、缩放等来增强训练图像。

接下来看看多任务迁移，这是迁移学习的第二种方法。对此有两个关键思想：加速学习所有一起执行的任务以及承担多个任务，为目标领域提供更好的预训练。

在多个任务上训练智能体的一种简单方法是使用表示特定任务的代码/指标来增强状态，例如，将状态 S 扩展为(S＋Indicator)。当一个回合开始时，系统随机选择一个 MDP(任务)，然后根据初始状态分布选择初始状态。然后，训练像其他 MDP 一样运行。图 10-13 是这种方法的示意图。

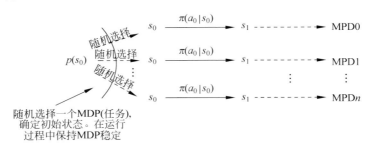

图 10-13 同时承担多个任务

这种方法有时会很困难。让我们设想一个策略在解决特定 MDP 问题方面变得越来越好；优化将以其他部分为代价开始优先考虑该 MDP 的学习。

还可以训练智能体分别承担不同的任务，然后结合这些学习来承担新的任务。我们需要以某种方式将不同任务学到的策略组合/提炼成一个单一的策略。有很多方法可以做到这一点，这里就不详细介绍了。

接下来看看多任务转移的另一种变体：单个智能体在同一环境中学习两个不同的任务。一个例子是机器人学习洗衣服和洗餐具。在这种方法中，我们通过增加状态以来添加任务的背景并训练智能体。这称为上下文策略。使用这种方法，状态表示如下：

$$\tilde{s} = \begin{bmatrix} s \\ w \end{bmatrix}$$

我们了解到的策略如下：

$$\pi_0(a \mid s, w)$$

这里的 w 代表上下文(任务)。

最后是第三种迁移学习方法——迁移模型或价值函数。在这个设置中，假设动态模型 $p(s_{t+1}|s_t, a_t)$ 在源域和目标域中是相同的。但是奖励函数是不同的；例如，自动驾驶汽车学习驾驶到一部分地方(源域)。

然后它必须导航到一个新的目的地(目标域)。我们可以迁移三者中的任何一个：模型、价值函数或策略。由于模型 $p(s_{t+1}|s_t, a_t)$ 原则上独立于奖励函数，因此模型是一种合乎逻辑的选择并且易于转移。策略迁移通常是通过背景策略完成的，否则不容易实现，这是因为策略 $\pi_\theta(a|s)$ 包含的动态函数的信息最少。由于价值函数耦合动态、奖励和策略，价值函数迁移也没有那么简单。

$$Q^\pi(s, a) = \underbrace{r(s, a)}_{\text{奖励}} + \gamma \underbrace{E}_{\substack{s' \sim p(s'|s, a) \\ \text{动态}}, \underset{\text{策略}}{a' \sim \pi(a|s)}} [Q^\pi(s', a')]$$

我们可以利用后继特征和表示进行价值迁移,其细节可以在迁移学习的内容中找到。

10.5　元学习

我们已经研究了各种让智能体从经验中学习的方法。但这就是人类学习的方式吗?当前的人工智能系统只擅长掌握单一技能。我们有像 AlphaGo 这样的系统,它们打败了人类最好的围棋选手。IBM 的 Watson 在游戏 Jeopardy 中击败了最好的人类玩家。但是 AlphaGo 能玩桥牌游戏吗?玩 Jeopardy 的智能体可以进行智能聊天吗?一名专业的特技直升机师能执行救援任务吗?相比之下,人类借助过去的经验或当前的专业知识,在许多新情况下学会了适应性地采取行动。

如果我们希望智能体能够获得跨不同领域的许多技能,我们就不能以一种数据效率低下的方式(当前的强化学习智能体就是这种方式)为每个特定任务的智能体训练。为了获得真正的人工智能,我们需要智能体能够利用他们过去的经验快速学习新任务。这种以学习为目的的学习方法称为元学习。它是使强化学习智能体类人的关键步骤,这能够使智能体总是根据经验和跨不同任务的有效学习进行学习和改进。

元学习系统在许多不同的任务(元训练集)上进行训练,然后在新任务上进行测试。元学习和迁移学习这两个术语可能会让人感到困惑。这些都是不断发展的学科,术语的使用并不一致。区分它们的一种简单方法是将元学习视为学习优化模型的超参数(例如,节点数、架构),而将迁移学习视为对已经调优的网络进行微调。

在元学习过程中,有两种优化在起作用:一是学习器,它的作用是学习(优化)任务;二是元学习器,它的作用是训练(优化)智能体。元学习方法分为三大类。

- 循环模型:这种方法通过元训练集中的任务片段来训练类似于长短时记忆(Long Short-Term Memory,LSTM)循环模型。
- 度量学习:在这种方法中,智能体学习一个新的度量空间(在这个空间中学习是有效的)。
- 学习优化器:在这种方法中,有两个网络,即元学习器和学习器。元学习器学习更新学习器网络,它可以被认为是学习优化模型的超参数,而学习器网络可以被认为是用于预测动作的常规网络。

这是一个有趣的研究领域,具有很大的潜力。有兴趣的读者可以参考机器学习国际会议(the International Conference on Machine Learning,ICML—2019)中的一篇优秀的文章。

10.6　流行的强化学习库

我们将简要介绍强化学习中使用的流行库。典型的库的有 3 类:实现一些流行环境的库、处理深度学习的库以及实现我们在本书中看到的许多流行强化学习算法的库。

OpenAI Gym 是迄今为止在强化学习环境中最受欢迎的库。它有不同类型的环境,从简单的经典控制到 Atari 游戏再到机器人。如果读者想使用 Atari 游戏,则需要额外安装。有一个流行的库,用于使用物理模拟器 MuJoCo 进行连续控制任务。它是 MuJoCo,需要付费许可证。但是它提供了免费的试用许可证和免费的学生许可证。其中,Atari 游戏也需要额外安装，但都是免费的。

我们已经尝试了一些来自 Gym 的环境。作为下一步工作的一部分，读者应该查看许多其他环境并尝试各种学习算法，无论是手工实现的算法还是流行的强化学习库中实现的算法。

接下来是深度学习库。最受欢迎的是来自谷歌的 TensorFlow 和来自 Facebook 的 PyTorch。来自 Deep Mind 的 Sonnet 是建立在 TensorFlow 之上，用来抽象常见的模式的深度学习库。Apache MXNet 是另一个流行的库。还有一些其他的库，我们提到的库都是迄今为止最受欢迎的。我们建议读者可以先掌握其中一种流行的库，然后再学习其他流行的深度学习库。目前，PyTorch 的影响力逐渐大于 TensorFlow，读者可以选择这两个库中的任何一个作为第一个深度学习库，并在接触其他库之前先掌握它。

最后一类是常见的强化学习算法的实现。这里列出了最受欢迎的几种。

- OpenAI Spinning Up：OpenAI Spinning Up 是一个理想的选择，可以帮助读者进一步扩展你知识，并深入了解基本的实现。本书中的一些代码演示就是基于 Spinning Up 的修改版本。
- OpenAI Baselines：OpenAI Baselines 是强化学习算法的一组高质量实现。这些算法使研究社区更容易复制、改进和识别新想法，然后创建良好的基线，以在此基础上进行研究。
- Stable Baselines：Stable Baselines 是一组基于 OpenAI Baselines 的改进的强化学习算法实现。
- Garage：这是一个用于开发和评估强化学习算法的工具包。它附带了一个使用该工具包构建的最先进的实现库。
- Keras RL：Keras RL 在 Python 中实现了一些最先进的深度强化学习算法，并与 Keras 深度学习库无缝集成。此外，Keras RL 与 OpenAI Gym 合作。这意味着评估和使用不同的算法是很容易的。
- TensorForce：TensorForce 是一个开源的深度强化学习框架，具有模块化灵活的库设计和直接的可用性，可以用于研究和实践中的应用。TensorForce 构建在谷歌的 TensorFlow 框架之上，需要 Python 3.0。

可能还有更多强化学习算法的实现，而且总是有新的框架的出现。但是，上述的清单已经相当全面了。正如我们所说，读者应该选择一个深度学习库、一个环境框架和一个强化学习实现。我们优先推荐读者选择带有 Gym 和 Spinning Up 的 TensorFlow 或 PyTorch。

10.7 如何继续学习

深度强化学习取得了令人瞩目的发展成果，这是当今最受青睐的方法，可以让智能体从经验中学习，从而做出明智的行为。我们希望这本书对读者来说只是一个开始，也希望读者可以继续了解这个令人兴奋的领域。读者可以通过以下途径继续学习：

- 寻找课程和在线视频来扩展知识。麻省理工学院、斯坦福大学和加州大学伯克利分校都有许多在线课程，这将是深入研究该学科的非常棒的选择。另外，在 YouTube 上有一些来自 Deep Mind 和该领域其他专家的视频。

- 养成定期访问 OpenAI 和 Deep Mind 网站的习惯。这些网站有大量的材料,这也是我们在这本书中涉及的许多算法的基础。
- 为强化学习领域的新论文设置谷歌提醒,并尝试跟进论文。阅读研究论文是一门艺术,斯坦福大学的吴恩达教授就如何掌握一门学科给出了一些有用的建议。

最后,请按照我们在本书中讨论的算法进行操作,深入研究构成这些算法基础的论文。并尝试自己重新实现代码,或者查看本书配套资源中给出的代码,或者查看一些实现的库,特别是 Open AI spinning Up 库。

10.8 总结

本章是关于强化学习中各种新兴话题快速回顾,但是我们无法在书的核心章节中深入研究这些话题。

我们在前面的章节中已经介绍了很多相关知识,然而,还有大量的主题无法在前面的章节中涵盖。本章的目的是通过讨论这些被遗漏的内容,让读者能够快速并且全方位地了解强化学习。因为有太多内容需要讨论,所以我们的重点是提供一个概览,并为深入研究指明方向。

术　语

A

Action value functions,动作价值函数
Actor-critic(AC)methods,演员-评论家方法
　　A2C,优势演员-评论家
　　advantage,优势
　　asynchronous advantage,异步优势
　　implementing A2C,实现优势演员-评论家
Advantage actor critic(A2C),优势演员-评论家
AlphaGo
　　branching factor,分支因子
　　general approaches,通用方法
　　MCTS,蒙特卡洛树搜索
　　neural network training,神经网络训练
　　policies,策略
　　RL network,强化学习网络
　　SL policy network,SL 策略网络
　　standard search tree,标准搜索树
Artificial intelligence(AI),人工智能
Atari games,Atari 游戏
Auto-differentiation libraries,自动微分库
Autonomous vehicles(AVs),自动驾驶

B

Background planning,上下文规划
Back propagation,反向传播
Backup diagrams,回溯图
Baselines,基线
Bayesian approach,贝叶斯方法
Behavior cloning,行为克隆
Behavior policy,行为策略
Bellman equation,贝尔曼方程
　　algorithms,算法
　　MDP,马尔可夫决策过程
　　Optimal,最优性
　　transition dynamics,转移动态方法
Bias,偏差

F

Factorized networks,分解网络

Fine-tuning,微调

Function approximation approaches,函数逼近方法

    batch methods(DQN),批处理方法

    challenges,挑战

    coarse coding,粗编码

    convergence,收敛

    deep learning libraries,深度学习库

    geometry,几何结构

    gradient temporal difference learning,梯度时序差分学习

    incremental control,增量控制

        evaluation 评估

        q-value,q-值

        SARSA on-policy,SARSA 在线策略

    linear least squares method,线性最小二乘法

    minimizing loss function,最小化损失函数

    nonstationarity,非平稳性

    tile encoding,瓦片编码

    training data,训练数据

G

Generalized policy iteration(GPI),广义迭代策略

Generative adversarial networks(GANs),生成对抗网络

Gradient temporal difference learning,梯度时序差分学习

Greedy in the limit with infinite exploration(GLIE),无限探索的极限贪婪

ϵ-greedy policy,ϵ-贪婪策略

GridworldEnv,网格环境

Gym library documentation,Gym 库文档

H

Hindsight experience replay(HER),事后经验回放

I,J

Imagination-Augmented Agents(IA),想象力增强智能体

Imitation learning,模仿学习

    expert demonstration,专家示例

    expert training data,专家训练数据

    learned policy,学习到的策略

M

Machine learning,机器学习

 approaches,方法

 core elements,核心元素

 reinforcement learning,强化学习

 supervised learning,监督学习

 unsupervised learning,非监督学习

Markov chains(MC),马尔可夫链

Markov decision processes(MDP),马尔可夫决策过程

Markov processes,马尔可夫过程

 chain,链

 decision processes,决策过程

 reward process,奖励过程

Markov reward processes(MRP),马尔可夫奖励过程

Mean squared Bellman error(MSBE),均方贝尔曼误差

Meta-learning,元学习

Metric learning,度量学习

Minimizing loss function,最小化损失函数

Mixture density model-recurrent neural network(MDM-RNN),基于循环神经网络的混合密度模型

Model-based learning,基于模型的学习

Model-based algorithms,基于模型的算法

 asynchronous backups,异步回溯

 dynamic programming,动态规划

 OpenAI Gym,OpenAI 库

 policy evaluation/prediction,策略评估/预测

 policy improvement/iteration,策略改进/迭代

 policy iteration,策略迭代

 value iteration,价值迭代

Model-based approaches,基于模型的方法

Model-Based Reinforcement Learning(RL),基于模型的强化学习

 additional transitions,额外的转移

 advantages,优势

 categorization,分类

 construct model,构建模型

 definition,定义

 DQN,深度 Q 网络

 Dyna,集成学习与规划

 Dyna Q/changing environment,Dyna Q 和变化的环境

upper confidence bound(UCB),上置信界
utility function,效用函数

V
Value-based methods,基于价值的方法
Value function,价值函数
Value iteration,价值迭代
Vanilla policy gradient(VPG),原始策略梯度
Variational auto-encoders(VAEs),变分自动编码器
Vision model(V),视觉模型

W,X,Y,Z
World models 世界模型
    agent model,智能体模型
    controller model,控制器模型
    current state,当前状态
    internal model,内部模型
    modules,模块
    pseudocode,伪代码
    RNN,卷积神经网络
    spatial/temporal aspects,空间/时间方面
    spatial/temporal expressiveness,空间和时间表达能力
    train agents,训练智能体